Rolf Müller

Ausgleichsvorgänge in elektro-mechanischen Systemen mit Maple analysieren

Rolf Müller

Ausgleichsvorgänge in elektro-mechanischen Systemen mit Maple analysieren

Grundwissen für Antriebstechnik und Mechatronik

Mit 69 Abbildungen, 17 Tabellen sowie zahlreichen Beispielen und Maple-Plots

STUDIUM

VIEWEG+ TEUBNER

Bibliografische Information der Deutschen Nationalbibliothek
Die Deutsche Nationalbibliothek verzeichnet diese Publikation in der
Deutschen Nationalbibliografie; detaillierte bibliografische Daten sind im Internet über
<http://dnb.d-nb.de> abrufbar.

Höchste inhaltliche und technische Qualität unserer Produkte ist unser Ziel. Bei der Produktion und
Auslieferung unserer Bücher wollen wir die Umwelt schonen: Dieses Buch ist auf säurefreiem und
chlorfrei gebleichtem Papier gedruckt. Die Einschweißfolie besteht aus Polyäthylen und damit aus
organischen Grundstoffen, die weder bei der Herstellung noch bei der Verbrennung Schadstoffe
freisetzen.

Das in diesem Werk enthaltene Programm-Material ist mit keiner Verpflichtung oder Garantie irgend-
einer Art verbunden. Der Autor übernimmt infolgedessen keine Verantwortung und wird keine daraus
folgende oder sonstige Haftung übernehmen, die auf irgendeine Art aus der Benutzung dieses
Programm-Materials oder Teilen davon entsteht.

Maple ist ein eingetragenes Warenzeichen der Waterloo Maple Inc.
Maple Sim ist ein eingetragenes Warenzeichen der Waterloo Maple Inc.
Modelica ist ein eingetragenes Warenzeichen der Modelica Association.

1. Auflage 2011

Alle Rechte vorbehalten
© Vieweg+Teubner Verlag | Springer Fachmedien Wiesbaden GmbH 2011

Lektorat: Reinhard Dapper | Walburga Himmel

Vieweg+Teubner Verlag ist eine Marke von Springer Fachmedien.
Springer Fachmedien ist Teil der Fachverlagsgruppe Springer Science+Business Media.
www.viewegteubner.de

Umschlaggestaltung: KünkelLopka Medienentwicklung, Heidelberg
Technische Redaktion: FROMM MediaDesign, Selters/Ts.
Druck und buchbinderische Verarbeitung: STRAUSS GMBH, Mörlenbach
Gedruckt auf säurefreiem und chlorfrei gebleichtem Papier.
Printed in Germany

ISBN 978-3-8348-1217-9

Vorwort

Dieses Buch richtet sich an Studentinnen und Studenten der Elektrotechnik, des Maschinenbaus und der Mechatronik an Fachhochschulen und Universitäten sowie an Ingenieure, die in der Praxis auf den genannten Gebieten arbeiten. Modellierung, Analyse und Simulation von elektro-mechanischen Systemen sind angesichts der zunehmenden Bedeutung der Antriebstechnik und der Mechatronik sehr aktuelle Themen und entsprechendes Grundwissen ist für alle, die auf diesen Gebieten tätig sind, daher unverzichtbar. Bei der Lösung der genannten Aufgaben können Computeralgebra-Systeme wertvolle Unterstützung bieten. Die Hürden für eine breitere Anwendung dieser Systeme sind nicht mehr sehr hoch, weil sie auch in der Mathematik-Ausbildung der Gymnasien und Hochschulen eine immer größere Rolle spielen. Trotzdem ist für diejenigen, die ein Computeralgebra-System zur Lösung einer nicht trivialen Aufgabe erstmals nutzen wollen, der Einarbeitungsaufwand relativ groß, sofern zielgerichtete Hilfestellungen fehlen.

Das vorliegende Buch soll einen relativ schnellen Einstieg in das Computeralgebra-System Maple ermöglichen und zeigen, wie dessen Nutzung die Lösung spezieller Aufgaben unterstützt bzw. welche Sprachmittel von Maple dafür einsetzbar sind. Vorausgesetzt wird, dass den Lesenden der Umgang mit einem Computer nicht fremd ist, dass sie schon Berührung mit einer Programmiersprache hatten und über Grundwissen in Mathematik, Elektrotechnik und Mechanik verfügen, wie es im Grundstudium in den eingangs genannten Studienrichtungen gelehrt wird.

Schwerpunkte des Buches sind eine zielorientierte Einführung in Maple, die Beschreibung der symbolischen und numerischen Lösung von Anfangswertproblemen mit diesem Computeralgebra-System und die Modellierung elektrischer Netzwerke sowie einfacher mechanischer Systeme mit Unterstützung von Maple. Den Abschluss bilden Anwendungsbeispiele aus der Elektrotechnik bzw. der Antriebstechnik, die sich gegenüber den vorher verwendeten Beispielen durch etwas größere Komplexität auszeichnen.

Das Buch vermittelt auch bestimmte Grundlagen der Modellierung, weil Modelle realer Systeme die Voraussetzung für deren rechnergestützte Analyse bilden. Allerdings sind diese Darstellungen meist relativ knapp gefasst und dienen nur der Auffrischung des vorausgesetzten Grundwissens bzw. als Bezugspunkt bei der Behandlung der Beispiele. Fehlendes Grundlagenwissen soll dadurch nicht ausgeglichen werden. Auch die Interpretation von Ergebnissen der Beispielrechnungen wird oft dem Leser überlassen. Die verwendeten Beispiele sind, obwohl sie überwiegend praktischen Aufgabenstellungen entnommen sind, meist stark vereinfacht, denn alle Darstellungen orientieren sich vorrangig an der Frage „Welche Unterstützung kann ein Computeralgebra-System wie Maple bei der Modellierung, Analyse und eventuell auch bei der Synthese von Systemen der Elektrotechnik und der Mechatronik bieten?" Der Zugang zur Anwendung von Maple soll daher nicht durch die Komplexität der Beispiele erschwert werden.

Das Computeralgebra-System Maple im Rahmen dieses Buches umfassend zu beschreiben konnte nicht das Ziel sein. Andererseits erschien es aber auch nicht sinnvoll, Maple lediglich anzuwenden, auf die Beschreibung gewisser Grundlagen zu verzichten und nur auf entsprechende Literatur zu verweisen. Beim Verfassen des Textes musste also ein Kompromiss gefunden werden. Bestimmte Maple-Grundlagen und viele für die Lösung der folgenden Aufgaben notwendigen Maple-Befehle werden im Kapitel 2 des Buches in knapper, konzentrierter Form zusammengefasst und anhand von einfachen Beispielen erläutert, um die Einarbeitung bzw. das Nachschlagen von Informationen zu erleichtern. Von Fall zu Fall sind in die Anwendungsbeispiele der einzelnen Kapitel ergänzende Hinweise zur Nutzung von Maple eingefügt. Das Lernen anhand von Beispielen wird also favorisiert, auf eine systematische Darstellung der Fakten aber auch nicht völlig verzichtet. Einige Detailinformationen sind im Anhang zusammengefasst, einerseits um die einführenden Abschnitte zu entlasten, andererseits um das Auffinden spezieller Informationen zu erleichtern.

Eine weitere wesentliche Entscheidung bei der Abfassung des Textes betraf die Form, in der die Maple-Befehle dargestellt werden. Die neueren Maple-Versionen bieten die Wahl zwischen dem *Document Mode* und dem *Worksheet Mode*. Nach der Installation von Maple ist der *Document Mode* eingestellt. Bei diesem werden die Eingaben des Anwenders in einer in der Mathematik üblichen Notation dargestellt und die speziellen Sprachelemente von Maple treten in den Hintergrund oder sind gar nicht mehr sichtbar. Dagegen wird im *Worksheet Mode* für Eingaben eine textorientierte Befehlsform benutzt. Diese ist nach den Erfahrungen des Autors und anderer Maple-Anwender [West08] für die interaktive Arbeit mit Maple übersichtlicher und weniger fehleranfällig. Sie wird daher auch in den Beispielen des Buches verwendet – ebenso wie in vielen anderen neueren Maple-Büchern.

Die in den Beispielen verwendeten Formelzeichen werden im jeweiligen Text erklärt und halten sich an die in der Elektrotechnik und Mechanik üblichen Bezeichnungsweisen. Leider sind diese nicht einheitlich. Während es sich in der Elektrotechnik weitgehend durchgesetzt hat, zeitunabhängige Größen mit Großbuchstaben und zeitabhängige Momentanwerte mit Kleinbuchstaben zu kennzeichnen, ist diese Unterscheidung in der Literatur zur Mechanik unüblich. Beispielsweise werden dort für die mechanischen Größen Kraft und Moment fast immer die Großbuchstaben F und M verwendet, während die Kleinbuchstaben f und m Frequenz und Masse kennzeichnen. Besonders ärgerlich ist dieser Unterschied in der Bezeichnungsweise, weil zur Beschreibung mechatronischer Systeme sowohl elektrische als auch mechanische Größen notwendig sind. Nach reiflicher Überlegung wurde trotzdem darauf verzichtet, die in der Elektrotechnik verwendete Methode der Kennzeichnung von Größen durchgängig bei allen Beispielen anzuwenden, weil die Diskrepanz zur in der Fachliteratur der Mechanik üblichen Form groß wäre und zu Irritationen führen könnte.

Um das Nachvollziehen der Beispiele und das selbständige Experimentieren mit den beschriebenen Programmen zu erleichtern, stehen die Maple-Worksheets der im Buch benutzten Beispiele unter

> www.viewegteubner.de

zum Abruf bereit. Sie wurden mit den Maple-Versionen 12 bis 14 getestet, sind aber fast alle auch mit früheren Versionen lauffähig. Aus drucktechnischen Gründen beschränkt sich die Farbauswahl bei den Maple-Plots auf die Farben Blau und Schwarz.

Verbesserungsvorschläge (auch Hinweise auf etwaige Fehler) nimmt der Autor dankbar an. Sie können ihm über

> mueller@fbeit.htwk-leipzig

zugesandt werden.

Einige Beispiele des Buches basieren auf Material meiner Vorlesungen und Seminare im Fach „Simulationstechnik". Dank gebührt daher allen jenen Studierenden, die durch Fragen und Hinweise die Darstellung in diesem Buch positiv beeinflusst haben. Außerdem danke ich der Firma Waterloo Maple Inc., insbesondere den Herren Dr. Lee und Richard, die meine Arbeit durch die Bereitstellung von Software sowie mit fachlichen Hinweisen unterstützt haben, meinem Kollegen Prof. Dr.-Ing. Baier für die Anregung und das Material zum Trafo-Beispiel, der Firma Fromm MediaDesign für die tatkräftige Hilfe bei der Vorbereitung der Druckvorlagen und den Mitarbeiterinnen und Mitarbeitern des Verlags für das Eingehen auf meine Wünsche bei der Herstellung des Buches.

Ganz besonders danke ich aber meiner Frau Barbara für ihre Rücksichtnahme und moralische Unterstützung in den vielen Monaten, die ich für die Erstellung des Buches benötigte.

Leipzig, im August 2010 Rolf Müller

Inhaltsverzeichnis

1 Einführung

1.1 Ausgleichsvorgänge

Als Ausgleichsvorgang oder transienten Vorgang bezeichnet man den Übergang eines Systems von einem stationären (eingeschwungenen) Zustand in einen anderen stationären Zustand. In Wechselstromnetzen ist ein eingeschwungener Zustand dadurch charakterisiert, dass Amplitude und Frequenz aller sinusförmigen Spannungen und Ströme konstant sind.

Auslöser von Ausgleichsvorgängen sind beispielsweise Schalthandlungen in elektrischen Anlagen und Netzen, Änderungen der Belastung elektrischer Antriebe oder plötzlich auftretende Störungen im jeweiligen System. Der zeitliche Verlauf dieser Vorgänge wird durch die Parameter des Systems, den Zeitpunkt der Zustandsänderung und durch den zeitlichen Verlauf der Anregungsfunktion bestimmt.

Jeder Ausgleichsvorgang ist mit einer Umverteilung der Energie in den Energiespeichern des Systems verbunden. Bei Elektroenergiesystemen unterscheidet man nach der Art der beteiligten Energiespeicher zwischen elektromagnetischen und elektromechanischen Ausgleichsvorgängen. Elektromagnetische Ausgleichsvorgänge treten bei der Umverteilung von Energie zwischen Induktivitäten (magnetischen Speichern) und Kapazitäten (elektrischen Speichern) auf. Sie haben relativ kleine Zeitkonstanten im Bereich von Mikro- bis Millisekunden. Elektromechanische Ausgleichsvorgänge sind solche, bei denen mechanische Energie der rotierenden Massen von Elektromotoren bzw. Generatoren in elektrische Energie oder elektrische Energie in mechanische umgewandelt wird. Die Zeitkonstanten elektromechanischer Vorgänge sind meist wesentlich größer als die der elektromagnetischen Vorgänge; sie liegen im Sekunden- bis Minutenbereich. Je nach Art des Ereignisses überlagern sich beide Arten von Ausgleichsvorgängen (Schalthandlungen, Kurzschluss) oder es dominiert einer der beiden (z. B. Wanderwellen).

Die Untersuchung von Ausgleichsvorgängen ist einerseits wichtig für die Beurteilung der mit dem Vorgang verbundenen erhöhten elektrischen oder mechanischen Beanspruchung der Betriebsmittel. Beispiele dafür sind das Ermitteln der Extremwerte der elektrische Spannungen oder Ströme während des Übergangsvorgangs, der mechanischen Belastung an Kupplungen, Wellen usw. Andererseits können derartige Berechnungen auch Aussagen zur Systemstabilität, zur Dauer von Übergangsvorgängen oder zur Genauigkeit von Regelungen (Drehzahl elektrischer Antriebe, Generatorspannung usw.) liefern.

Voraussetzung für das Berechnen eines Ausgleichsvorgangs ist das Vorhandensein eines mathematischen Modells des Systems. In der Regel bestehen derartige Modelle aus Differentialgleichungen bzw. aus Systemen von Differentialgleichungen und algebraischen Gleichungen (sog. DAEs). Die Berechnung umfasst also die zwei Hauptschritte Modellbildung und Lösung von Differentialgleichungen bzw. Differentialgleichungssystemen. Meist handelt es sich um die Lösung von Anfangswertproblemen mit gewöhnlichen Differentialgleichungen, d. h. es sind Ausgleichsvorgänge ab einem bestimmten Zeitpunkt t_0 zu untersuchen.

1.2   Symbolische oder numerische Berechnung?

Softwarepakete für die numerische Simulation und damit für die numerische Berechnung von Ausgleichsvorgängen sind heute in großer Zahl vorhanden. Sie verfügen i. Allg. über einen guten Bedienkomfort und eine große Leistungsfähigkeit und werden daher sehr häufig eingesetzt. Charakteristisch für die numerische Simulation ist die Tatsache, dass bei ihrer Anwendung für alle Parameter des mathematischen Modells, beispielsweise eines Differentialgleichungssystems, sowie für die Anfangswerte der Zustandsgrößen des Systems Zahlenwerte vorgegeben werden müssen. Ebenso müssen Wertefolgen bzw. Funktionen festgelegt werden, die die (evtl. zeitabhängigen) Eingangsgrößen numerisch bestimmen. Die Lösung des Anfangswertproblems – das Zeitverhalten des betreffenden Systems bei den vorgegebenen speziellen Werten für Parameter, Anfangs- und Eingangsgrößen – wird dann als Wertetabelle berechnet und ggf. als Funktion der Zeit graphisch dargestellt. Es handelt sich also um Ergebnisse, die nur für die vorgegebenen Zahlenwerte eine Aussage über das Systemverhalten liefern und darüber hinausgehende Interpretationen nur in sehr begrenztem Umfang und bei Durchführung einer Vielzahl solcher Rechnungen mit unterschiedlichen Zahlenwerten zulassen. Dagegen ist das Ergebnis der symbolischen Lösung einer Differentialgleichung oder eines Differentialgleichungssystems eine symbolische Formel. Diese ermöglicht tiefere Einblicke in das Systemverhalten, beispielsweise in dessen Verhalten bei Variation einzelner Parameter, erlaubt die Auswertung im Hinblick auf Stabilitätsgrenzen usw.

Die Algorithmen der numerischen Mathematik sind i. Allg. Näherungsverfahren, d. h. die mit ihnen gewonnenen Lösungen sind nicht absolut exakt. Diesen Unterschied zwischen symbolischer Berechnung und numerischen Verfahren soll das folgende Beispiel verdeutlichen. Zu berechnen seien die Integrale

$$\text{a) } \int \frac{1}{x}\,dx \qquad \text{b) } \int_{1}^{3} \frac{1}{x}\,dx$$

Eine symbolische Berechnung liefert für a) die Lösung $\ln(x) + C$ und für b) das Ergebnis $\ln(3)$ – in beiden Fällen also die exakte Lösung.

Mit Hilfe numerischer Methoden kann das unbestimmte Integral nicht und das bestimmte Integral nur näherungsweise berechnet werden. Ein Verfahren der numerischen Integration ist die Newton-Cotes-Formel

$$\int_{x_0}^{x_0+2h} f(x)\,dx \approx \frac{2h}{6}\left(f\left(x_0\right)+4f\left(x_0+h\right)+f\left(x_0+2h\right)\right),$$

die auch als Keplersche Fassregel[1] bekannt ist. Bild 1.1 erläutert die Lösung der Aufgabe b) unter Verwendung dieser Formel. Daraus folgt

---

[1] Johannes Kepler (1571 -1630), Astronom und Mathematiker. Angeblich entwickelte Kepler diese Regel, als er 1612 in Linz beim Kauf einiger Fässer Wein über eine Methode zur Berechnung des Inhaltes der Weinfässer nachdachte.

$$\int_1^3 \frac{1}{x}\,dx \approx \frac{2}{6}\cdot 1\left(\frac{1}{1}+4\cdot\frac{1}{2}+\frac{1}{3}\right)=\frac{10}{9}$$

Die Differenz dieser Lösung zum exakten Resultat ist

$$F_V = \frac{10}{9} - \ln 3\,,$$

der so genannte Verfahrensfehler. Zu diesem Fehler kommt bei numerischer Software noch der Rundungsfehler, der sich durch die rechnerinterne Darstellung der Zahlen im Gleitpunktformat mit begrenzter Mantissenlänge ergibt.

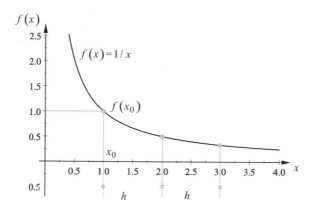

Bild 1.1 Anwendung der Keplerschen Fassregel

Andere Verfahren zur numerischen Integration sind genauer als die Keplersche Fassregel, aber mit allen erhält man nur Näherungswerte. Symbolische Methoden liefern dagegen exakte Lösungen. Ihrer Anwendung sind allerdings häufig Grenzen gesetzt, beispielsweise bei den meisten nichtlinearen Differentialgleichungen und bei komplexen Differentialgleichungssystemen. Der Vorteil numerischer Methoden ist wiederum ihr praktisch unbegrenzter Anwendungsbereich, sofern man auf geschlossene Lösungsfunktionen verzichten kann.

Unabhängig von der Art der Lösung der Modellgleichungen muss man immer auch mit **Modellfehlern** rechnen. Ein Modell ist ein Abbild des wirklichen Systems, aber in der Regel unter mehr oder weniger großen vereinfachenden Annahmen, d. h. es werden vom Modell nur ausgewählte Eigenschaften des Originalsystems erfasst. Welche Eigenschaften von einem Modell wiedergegeben werden müssen, ist vom jeweiligen Anwendungsfall abhängig. Das Verwenden eines Systemmodells, das sich bei einer bestimmten Untersuchung bewährt hat, kann also in einem anderen Fall, unter anderen Bedingungen, zu vollkommen falschen Aussagen führen. Nicht ausgeschlossen werden können auch Fehler beim Aufstellen der Modelle sowie bei der Ermittlung der Modellparameter. Die Berechnungsergebnisse müssen daher immer einer genauen Validierung unterzogen werden, um sicherzustellen, dass sie tatsächlich die Realität richtig, d. h. mit der geforderten Genauigkeit, widerspiegeln.

Zusammenfassung

- Numerische Rechnungen liefern nur singuläre Lösungen. Strukturaussagen oder allgemeine Aussagen über das Verhalten des entsprechenden abstrakten Modells bzw. des realen Systems sind nicht möglich. Numerische Verfahren sind Näherungsverfahren. Ihre Ergebnisse sind nur Näherungswerte, die neben Rundungsfehlern (auf Grund der rechnerinternen Zahlendarstellung) auch Verfahrensfehler enthalten. Allerdings kann man diese Fehler durch Auswahl geeigneter Berechnungsverfahren und andere Maßnahmen i. Allg. in zulässigen Schranken halten.

- Symbolische (analytische) Methoden haben einen kleineren Anwendungsbereich als numerische, liefern jedoch geschlossene Lösungsformeln und erlauben damit tiefere Einblicke in die physikalisch-technischen Zusammenhänge im zu untersuchenden System. Der Einfluss einzelner Parameter bzw. der Effekt des Zusammenwirkens verschiedener Parameter wird deutlich und es können Antworten auf Fragen gefunden werden, die bei rein numerischer Simulation nicht bzw. nur mit sehr großem Aufwand, d. h. durch eine sehr große Zahl von Simulationsrechnungen, zu erzielen wären.

In der Praxis ist in vielen Fällen eine gemischte Vorgehensweise sinnvoll: die Untersuchung von Systemen durch Verknüpfung symbolischer und numerischer Berechnungsmethoden. Leistungsfähige Computeralgebra-Systeme wie Maple bieten für eine derartige Arbeitsweise die Voraussetzungen. Sie stellen sowohl Methoden für symbolische Berechnungen als auch für numerische Operationen zur Verfügung.

1.3 Computeralgebra und Computeralgebra-Systeme

Aufwändige, komplexe mathematische Operationen, wie sie die Analyse von Ausgleichsvorgängen oft erfordert, werden durch die Verwendung von Computer-Algebra-Systemen (CAS) ganz wesentlich erleichtert.

„Unter Computeralgebra versteht man die Verarbeitung symbolischer mathematischer Ausdrücke mit Hilfe des Computers. Im Gegensatz zur numerischen Mathematik beschränkt sich die Computeralgebra nicht auf die Manipulation von Zahlen." [Über92].

Computeralgebra-Systeme rechnen mit Symbolen, die mathematische Objekte repräsentieren, sowie mit beliebig langen Zahlen und liefern exakte Ergebnisse - im Gegensatz zur Numerischen Mathematik mit Gleitkomma-Arithmetik und Rundungsfehlerproblematik. Das symbolische Rechnen verfolgt das Ziel, eine geschlossene Form einer Lösung in einer möglichst einfachen symbolischen Darstellung zu finden [Heck03].

Objekte von Computeralgebra-Systemen können skalare Variablen, Integerzahlen, rationale Zahlen (reell oder komplex), Polynome, Funktionen, Gleichungssysteme usw. sein. „Algebraisch" bedeutet in obigem Zusammenhang, dass Berechnungen unter Verwendung der Regeln der Algebra ausgeführt werden. Der Begriff Computeralgebra kennzeichnet also nicht den Anwendungsschwerpunkt, sondern die Auswahl der Methoden, mit denen die Computeralgebra arbeitet [Über92]. Mit ihrer Hilfe können nicht nur Probleme aus dem Teilgebiet Algebra der Mathematik bearbeitet werden, sondern alle Probleme, für die sich Lösungsverfahren algebraisch beschreiben lassen. Ein Beispiel dafür ist die algebraische Beschreibung der Differentiationsregeln, die man auch als formale Differentiation bezeichnet[1]. Der Funktion

$$f(x) = x^n$$

ist die algebraische Beschreibung ihrer Ableitung

$$f'(x) = n \cdot x^{n-1}$$

zugeordnet. Damit kann dann für eine Funktion $g(x) = x^3$ rein formal die Ableitung $g'(x) = 3x^2$ ermittelt werden. Ebenso lassen sich die Integration von Funktionen, das Lösen von Gleichungen und Differentialgleichungen, das Faktorisieren von Polynomen, die Reihenentwicklung von Funktionen und viele andere mathematische Operationen „algebraisch" beschreiben.

Bereits in den 60er Jahren des 20. Jahrhunderts entwickelte der Physiker A.C. Hearn das Computeralgebra-System REDUCE[2]. Heute ist eine große Zahl von Computeralgebra-Systemen auf dem Markt. Auch bei der Entwicklung der theoretischen Grundlagen der Computeralgebra wurden in den letzten Jahren große Fortschritte erzielt. Zu den Basisfähigkeiten eines Computeralgebra-Systems zählen heute neben exakter Arithmetik, Verarbeiten von Ausdrücken, Polynomen und Funktionen, Matrizenrechnung, Lösen von Gleichungssystemen usw. auch die Visualisierung und die Animation sowie eine kontextsensitive Hilfe, da sich kein Anwender die große Zahl von Kommandos eines modernen Computeralgebra-Systems und deren Parameternotation merken kann.

Manche Computeralgebra-Systeme sind nur in einem Teilgebiet der Mathematik einsetzbar, andere können in fast jedem Teilgebiet verwendet werden. Zu den letzteren gehört Maple. Dieses bietet eine interaktive Analyse- und Simulationsumgebung zur Lösung komplexer mathematischer Aufgaben, angefangen beim symbolischen Rechnen mit algebraischen Ausdrücken über numerische Berechnungen mit beliebig einstellbarer Rechengenauigkeit bis hin zu eindrucksvoller Visualisierung mathematischer Sachverhalte. Hinzu kommt eine Programmiersprache mit einem sehr großen Wortschatz, der sich an mathematischen Inhalten orientiert. Es ist also ein außerordentlich leistungsfähiges Werkzeug für die Bearbeitung mathematischer Probleme, das sich allerdings auch durch eine erhebliche Komplexität auszeichnet, die dem Anfänger den Einstieg nicht ganz leicht macht. Die ersten Schritte für das Arbeiten mit Maple sind zwar relativ schnell zu erlernen, schwieriger ist es jedoch, in dem großen Vorrat von Befehlen bzw. Funktionen die zur Lösung einer konkreten Aufgabe geeigneten zu finden bzw. richtig anzuwenden. Ein weiteres Problem ist häufig der Umstand, dass Computeralgebra-Systeme nicht immer so reagieren, wie es der Anwender erwartet. Das zeigt sich beispielsweise bei der Ergebnisdarstellung bzw. bei der Umformung und Vereinfachung von Ausdrücken.

Ein generelles Problem bei der Lösung komplexer Aufgaben mit einem Computeralgebra-System ist, dass die Größe und die Form der Zwischenergebnisse sowie der entstehenden Ergebnisausdrücke oft vorher nicht abgeschätzt werden kann. Auch kann eine Funktion oder Prozedur eines Computeralgebra-Systems, die in einem Fall gut arbeitet, in anderen Fällen schlechte Ergebnisse liefern. Daher sind ggf. Experimente unverzichtbar. Unter Umständen ist ein Ergebnis, das ein Computeralgebra-System bereitstellt, auch deshalb nicht nutzbar, weil es

---

[1] „formal", weil keine Grenzwertbetrachtungen durchgeführt werden.

[2] REDUCE ist ein offenes System. Sein Quelltext ist jedem Benutzer zugänglich und kann von diesem auch verändert werden, sofern er die Programmiersprache LISP, auf der REDUCE basiert, beherrscht.

sich über so viele Zeilen des Bildschirms erstreckt, dass der Anwender es in seiner Gesamtheit nicht erfassen und bewerten kann.

Zu Problemen kann auch, wie schon angedeutet, eine automatisch durchgeführte Vereinfachung von Ausdrücken führen. Aus diesem Grunde benutzt Maple – wie auch andere CAS – im Allgemeinen nur dann automatisch Vereinfachungsregeln, wenn kein Zweifel besteht, dass es wirklich zu einer Vereinfachung kommt.

$x + 0$ wird vereinfacht zu x

$x + x$ wird vereinfacht zu $2x$

$x \cdot x$ wird vereinfacht zu x^2

Viele Vereinfachungen muss der Anwender selbst steuern. Maple stellt ihm dafür verschiedene Funktionen bzw. Prozeduren zur Verfügung.

Automatisches Vereinfachen kann u. U. auch der mathematischen Korrektheit widersprechen. Beispielsweise benutzen Maple und auch andere Computeralgebra-Systeme die Vereinfachung $0 \cdot f(x) = 0$. Dieses Ergebnis ist falsch, wenn $f(x)$ nicht definiert oder unendlich ist. Hier haben sich die Entwickler der Systeme für einen Kompromiss zwischen absoluter mathematischer Korrektheit und weitgehender Anwenderunterstützung entschieden.

Wegen der bereits erwähnten Grenzen symbolischer Rechnungen verfügen moderne Systeme der Computeralgebra auch über Werkzeuge für die Durchführung numerischer Berechnungen. Allerdings muss man dabei berücksichtigen, dass numerische Berechnungen mit Computeralgebra-Systemen u. U. zeitaufwändiger sind als beim Einsatz höherer Programmiersprachen, wie C oder FORTRAN, oder als bei Verwendung einer Sprache für die numerische Simulation. Das resultiert aus der rechnerinternen Darstellung mathematischer Objekte. Gleitpunktoperationen auf Hardwarebasis können eben viel schneller ausgeführt werden als entsprechende Operationen mit Hilfe von Software auf der Basis einer speziellen internen Repräsentation der Zahlen. Maple bietet aber auch die Möglichkeit, numerische Berechnungen mit der Hardware-Gleitpunktarithmetik durchzuführen und damit zu beschleunigen. Den mit dem Gewinn an Rechenzeit möglicherweise verbundenen Verlust an Genauigkeit gilt es dabei zu beachten.

1.4 Beschreibungsformen dynamischer Systeme – Mathematische Modelle

Dieser Abschnitt gibt in Kurzform einen Überblick über die in den nächsten Kapiteln verwendeten Beschreibungsformen dynamischer Systeme und weist auf bestimmte Zusammenhänge zwischen diesen hin. Grundkenntnisse auf dem Gebiet der Systemtheorie werden dabei vorausgesetzt.

1.4.1 Differentialgleichungen

Die mathematische Beschreibung dynamischer Systeme führt auf Differentialgleichungen. Diese treten in Form gewöhnlicher Differentialgleichungen auf, wenn die Vorgänge nur zeitabhängig und nicht außerdem ortsabhängig sind oder wenn die Ortsabhängigkeit bei der Modellierung vernachlässigt wird. Man spricht in solchen Fällen von Modellbildung mittels konzentrierter Parameter oder auch von Systemen mit konzentrierten Parametern. Als Beispiel soll ein elektrischer Reihenschwingkreis nach Bild 1.2 dienen.

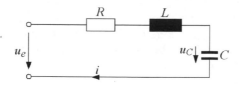

Bild 1.2 Elektrischer Reihenschwingkreis

Über den Maschensatz und die Strom-Spannungs-Beziehungen für R, L und C erhält man für obiges Netzwerk die folgende Differentialgleichung 2. Ordnung (siehe auch Kap. 4).

$$\frac{d^2 u_C}{dt^2} + \frac{R}{L}\frac{du_C}{dt} + \frac{1}{LC}u_C = \frac{1}{LC}u_e \tag{1.1}$$

Um den zeitlichen Verlauf der Kondensatorspannung nach dem Anlegen der Eingangsspannung u_e zu bestimmen, benötigt man noch den Wert der Spannung u_C und den ihrer Ableitung du_C/dt zum Einschaltzeitpunkt.

$$u_C(t_0) = u_{C,0} \qquad \dot{u}_C(t_0) = \dot{u}_{C,0} \tag{1.2}$$

Mit den Gleichungen (1.1) und (1.2) ist eine Anfangswertaufgabe komplett formuliert. Weil sich bekanntlich eine Differentialgleichung n-ter Ordnung in ein System von n Differentialgleichungen 1. Ordnung umwandeln lässt, können an die Stelle der Differentialgleichung (1.1) auch zwei Differentialgleichungen 1. Ordnung treten.

Wenn bei der Modellierung neben der zeitlichen Abhängigkeit der Systemgrößen auch eine örtliche Abhängigkeit zu berücksichtigen ist, erscheinen in den Differentialgleichungen partielle Ableitungen, d. h. die mathematischen Modelle sind dann partielle Differentialgleichungen. Auf solche Anwendungen wird aber in den folgenden Kapiteln nicht eingegangen.

1.4.2 Zustandsgleichungen

Für die Modellierung dynamischer Systeme sind die Begriffe Systemzustand oder kurz Zustand sowie Zustandsvariable bzw. Zustandsgröße besonders wichtig, denn es gilt:

Das zukünftige Verhalten eines Systems kann man berechnen, wenn neben dem zukünftigen Verlauf der Eingangsgrößen $u(t)$ des Systems auch dessen aktueller Zustand zum Zeitpunkt $t = t_0$ bekannt ist.

Der jeweilige Zustand eines Systems lässt sich durch einen Satz von **Zustandsgrößen** (Zustandsvariablen) eindeutig beschreiben. Meist wählt man als Zustandsvariablen die Größen, die die Energie voneinander unabhängiger Energiespeicher des Systems kennzeichnen, denn physikalisch betrachtet ist der Zustand eines dynamischen Systems durch den Energieinhalt dieser Energiespeicher bestimmt. So ist es beispielsweise angebracht, in elektrischen Stromkreisen Ströme in Induktivitäten und Spannungen über Kapazitäten oder bei mechanischen Feder-

Masse-Systemen Federwege und Geschwindigkeiten von Massen als Zustandsgrößen festzulegen. Zustandsgrößen können auch innere Größen des Systems sein. Sie sind dann nicht direkt messbar und müssen gegebenenfalls aus messbaren Ausgangsgrößen berechnet werden.

Als Beispiel dient wieder der oben skizzierte Reihenschwingkreis (Bild 1.2). Für dieses System mit zwei unabhängigen Energiespeichern, der Induktivität L und der Kapazität C, werden als Zustandsgrößen der durch die Induktivität fließende Strom i und die an der Kapazität anliegende Spannung u_C eingeführt. Aus dem Maschensatz

$$R \cdot i + L \cdot \frac{di}{dt} + u_C = u_e \tag{1.3}$$

folgt nach Umstellung die Differentialgleichung

$$\frac{di}{dt} = \frac{1}{L}\left(u_e - u_C - R \cdot i\right). \tag{1.4}$$

Für die Spannung an der Kapazität gilt die Beziehung

$$\frac{du_C}{dt} = \frac{1}{C} \cdot i \tag{1.5}$$

Diese beiden Differentialgleichungen sind die **Zustandsdifferentialgleichungen** des Reihenschwingkreises.

Charakteristisch für die übliche Darstellung von Zustandsdifferentialgleichungen ist, dass es sich um Differentialgleichungen erster Ordnung in expliziter Form handelt, d. h. die Differentialgleichungen sind nach den ersten Ableitungen aufgelöst.

Selbstverständlich kann man das Modell des Reihenschwingkreises in Zustandsform auch aus der Differentialgleichung (1.1) ableiten, indem man diese Differentialgleichung 2. Ordnung in ein System von zwei Differentialgleichungen 1. Ordnung transformiert. Die Umwandlung erfordert die Einführung einer Substitutionsgleichung der Form

$$\frac{du_C}{dt} = \eta . \tag{1.6}$$

Beim vorliegenden Netzwerk ist das zweckmäßigerweise die physikalische Beziehung

$$\frac{du_C}{dt} = \frac{1}{C} \cdot i \qquad \text{bzw.} \qquad \frac{d^2 u_C}{dt^2} = \frac{1}{C} \frac{di}{dt} . \tag{1.7}$$

Durch Einsetzen dieser Gleichungen in die Differentialgleichung zweiter Ordnung entsteht eine neue Differentialgleichung erster Ordnung, die zusammen mit der Substitutionsgleichung die Differentialgleichung 2. Ordnung ersetzt.

Häufig werden alle Zustandsgrößen eines Systems mit dem Buchstaben x und einem Index, also $x_1, x_2, \ldots, x_n$, die Eingangsgrößen mit $u_1, \ldots, u_p$ und die Ausgangsgrößen mit $y_1, \ldots, y_q$ bezeichnet. So erhält man mit der Zeit t als unabhängige Variable die

allgemeine Form eines Zustandsmodells

$$\dot{x}_1 = f_1\left(x_1,...,x_n;u_1,...,u_p;t\right)$$

......

$$\dot{x}_n = f_n\left(x_1,...,x_n;u_1,...,u_p;t\right)$$

$$y_1 = g_1\left(x_1,...,x_n;u_1,...,u_p;t\right)$$ (1.8)

......

$$y_q = g_q\left(x_1,...,x_n;u_1,...,u_p;t\right)$$

Neben den Differentialgleichungen 1. Ordnung - den **Zustandsdifferentialgleichungen** - umfasst obige Zustandsdarstellung die **Ausgangsgleichungen** $y_i = g_i(x_1,...)$. Diese algebraischen Gleichungen beschreiben die Abhängigkeit der Ausgangsgrößen y_i von den Zustands- und Eingangsgrößen. Die Gesamtheit von Zustandsdifferentialgleichungen und Ausgangsgleichungen bezeichnet man als Zustandsgleichungen [Föll92].

Durch den Übergang zur Vektorschreibweise vereinfacht sich die Zustandsdarstellung und wird leichter handhabbar (Bild 1.3).

$$\dot{x}(t) = f(x(t), u(t)) \dots \text{Zustandsdifferentialgleichung}$$ (1.9)

$$y(t) = g(x(t), u(t)) \dots \text{Ausgangsgleichung}$$ (1.10)

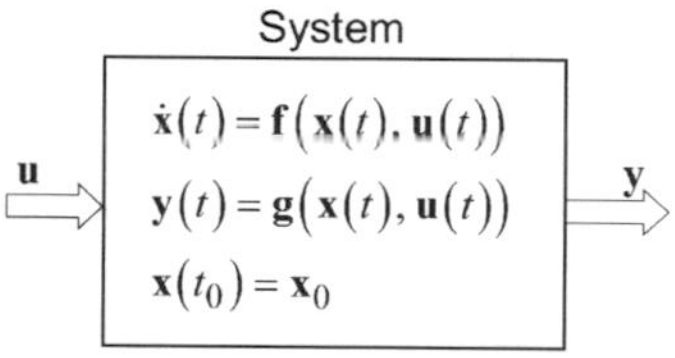

System

$$\dot{x}(t) = f\left(x(t), u(t)\right)$$
$$u \Rightarrow \quad y(t) = g\left(x(t), u(t)\right) \quad \Rightarrow y$$
$$x(t_0) = x_0$$

Bild 1.3 Zustandsbeschreibung eines dynamischen Systems

Modellierungsbedingung

Die Anzahl der Zustandsdifferentialgleichungen soll gleich der der Anzahl der unabhängigen Energiespeicher des Systems sein.

Die Anzahl der unabhängigen Energiespeicher erhält man, indem man von der Gesamtzahl der Energiespeicher die Zahl der algebraischen Beziehungen zwischen den charakteristischen Größen der Energiespeicher abzieht.

Allgemeine Form der Zustandsgleichungen linearer, zeitinvarianter Systeme

Für lineare, zeitinvariante Systeme gehen (1.9) und (1.10) über in

$$\dot{\mathbf{x}}(t) = \mathbf{A}\mathbf{x}(t) + \mathbf{B}\mathbf{u}(t) \dots \text{Zustandsdifferentialgleichung} \tag{1.11}$$

$$\mathbf{y}(t) = \mathbf{C}\mathbf{x}(t) + \mathbf{D}\mathbf{u}(t) \dots \text{Ausgangsgleichung} \tag{1.12}$$

mit

$\mathbf{A}\dots(n, n)$-Systemmatrix $n\dots$Anzahl der Zustandsgrößen

$\mathbf{B}\dots(n, p)$-Eingangsmatrix $p\dots$Anzahl der Eingangsgrößen

$\mathbf{C}\dots(q, n)$-Ausgangsmatrix $q\dots$Anzahl der Ausgangsgrößen

$\mathbf{D}\dots(q, p)$-Durchschaltmatrix

1.4.3 Übertragungsfunktionen

Aus der Differentialgleichung eines linearen Systems mit der Ausgangsgröße y und der Eingangsgröße u

$$a_0 \frac{d^n y}{dt^n} + a_1 \frac{d^{n-1} y}{dt^{n-1}} + \dots + a_n y = b_0 \frac{d^m u}{dt^m} + b_1 \frac{d^{m-1} u}{dt^{m-1}} + \dots + b_m u \tag{1.13}$$

erhält man durch **Laplace-Transformation** und Umformung bei verschwindenden Anfangsbedingungen

$$y(s) = G(s) \cdot u(s) \quad \text{mit}$$

$$G(s) = \frac{y(s)}{u(s)} = \frac{b_0 s^m + b_1 s^{m-1} + \dots + b_m}{a_0 s^n + a_1 s^{n-1} + \dots + a_n} {}^{[1]} \tag{1.14}$$

Dabei sind

$G(s)\dots$die Übertragungsfunktion

$y(s)\dots$die transformierte Ausgangsgröße des Systems

$u(s)\dots$die transformierte Eingangsgröße des Systems

Die Übertragungsfunktion ist der Quotient von transformierter Ausgangsgröße zu transformierter Eingangsgröße des Systems. Beispielsweise erhält man für das im Bild 1.2 gezeigte Netzwerk die Übertragungsfunktion

$$G(s) = \frac{u_C(s)}{u_e(s)} = \frac{1}{1 + CR \cdot s + LC \cdot s^2}$$

mit der Eingangsgröße $u_e(s)$ und der Ausgangsgröße $u_C(s)$.

---

[1] Zur Unterscheidung zwischen Original- und Bildbereich werden die in den Bildbereich transformierten Größen mit dem Zusatz (s) bezeichnet.

Statt der Herleitung der Übertragungsfunktion eines elektrischen Netzwerks aus dessen Differentialgleichungssystems gibt es auch die Möglichkeit, die Übertragungsfunktion unmittelbar im Bildbereich der Laplace-Transformation aufzustellen. Darauf wird im Abschnitt 4.5 eingegangen.

1.4.4 Strukturbilder

Strukturbilder (auch Signalflusspläne, Wirkpläne, Blockschaltbilder genannt) sind graphische Darstellungen mathematischer Modelle. Sie zeichnen sich durch große Anschaulichkeit aus. Man stellt sie auf, indem man jede Gleichung des mathematischen Modells nach einer darin auftretenden zeitveränderlichen Größe, die als abhängige Variable oder Ausgangsgröße betrachtet wird, auflöst. Alle anderen in einer Gleichung vorkommenden zeitabhängigen Größen werden somit zu unabhängigen Variablen oder Eingangsgrößen. Die Funktionalbeziehung zwischen den unabhängigen und den abhängigen Variablen wird durch ein graphisches Symbol (Block) veranschaulicht, das einen Ausgang bzw. eine Ausgangsgröße und einen Eingang oder auch mehrere Eingänge bzw. mehrere Eingangsgrößen hat. Die einzelnen Symbole bzw. Blöcke werden danach zum Strukturbild des Systems zusammengefügt.[1]

Wird ein Strukturbild auf der Basis von Übertragungsfunktionen entwickelt, dann kann jede Übertragungsfunktion einen Block bilden und die Ausgangsgröße eines Blockes ergibt sich einfach durch Multiplikation seiner Eingangsgröße mit dieser Übertragungsfunktion. Ein entsprechendes Strukturbild des Netzwerkes in Bild 1.2 ist im Bild 1.4 dargestellt.

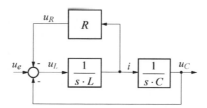

Bild 1.4 Strukturbild des Netzwerks in Bild 1.2

Generell ist die Blockbildung von verschiedenen Gesichtspunkten abhängig. Selbstverständlich ist dabei zu berücksichtigen, welche Größen das Strukturbild repräsentieren soll, gegebenenfalls hat aber auch die weitere Nutzung, z. B. die vorgesehene Umsetzung des Strukturbilds in das Programm eines Simulationssystems unter Berücksichtigung der in diesem vorhandenen Standardblöcke, darauf Einfluss.

---

[1] Eine ausführliche Darstellung der Vorgehensweise beim Aufstellen von Strukturbildern ist in [Föll92] zu finden.

1.4.5 Algebraische Schleifen

Nicht selten entsteht beim Erstellen eines mathematischen Modells ein System von Gleichungen, das sich nicht so sortieren lässt, dass es numerisch einfach lösbar ist. Ein Beispiel dafür liefert das Netzwerk in Bild 1.5.

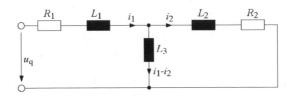

Bild 1.5 Elektrisches Netzwerk

Aus den Maschengleichungen des Netzwerks ergeben sich nach Umstellung die zwei Differentialgleichungen

$$
\frac{di_1}{dt} = \frac{1}{L_1 + L_3}\left(u_q - R_1 i_1 + L_3 \frac{di_2}{dt}\right)
$$
$$
\frac{di_2}{dt} = \frac{1}{L_2 + L_3}\left(L_3 \frac{di_1}{dt} - R_2 i_2\right)
$$

(1.15)

Weil di_1/dt von di_2/dt und di_2/dt wiederum von di_1/dt abhängig ist, lassen sich deren Werte aus den vorliegenden Gleichungen nur mittels Iteration bestimmen: Für eine der Variablen, z.B. di_2/dt, muss ein Anfangswert angenommen (geschätzt) werden, der dann in die Berechnung eines Näherungswertes von di_1/dt eingeht. Dieser Näherungswert wird nun wiederum zur Berechnung eines neuen Wertes di_2/dt genutzt usw. Wenn das Verfahren konvergiert, erhält man sukzessive immer genauere Werte von di_1/dt und di_2/dt.

Konstrukte der in Gl. (1.15) gezeigten Form bezeichnet man als algebraische Schleifen. In ihrem Strukturbild treten Rückkopplungsschleifen auf, die nur algebraische Blöcke enthalten. Algebraische Blöcke sind solche, bei denen eine Änderung der Eingangsgröße ohne Zeitverzögerung auch eine Änderung der Ausgangsgröße bewirkt. Diese Eigenschaft trifft beispielsweise auf Verstärkerblöcke und Summierglieder zu. Dagegen sind Integratoren und Totzeitglieder keine algebraischen Blöcke, denn ihr Ausgangswert ist vom Augenblickswert der Eingangsgrößen unabhängig. Für das als Beispiel benutzte Gleichungssystem (1.15) ist die algebraische Schleife als Strukturbild in Bild 1.6 dargestellt.

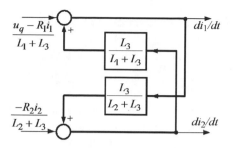

Bild 1.6 Strukturbild der algebraischen Schleife Gl. (1.15); (Schleife fett gezeichnet)

Das iterative Lösen algebraischer Schleifen ist u. U. sehr zeitaufwändig und kann auch zu Konvergenzproblemen führen. Durch geschicktes Vorgehen bei der Modellierung lassen sich algebraische Schleifen oft vermeiden. Bei linearen Systemen sind sie aber immer analytisch – durch Umformung des Differentialgleichungssystems – nach folgender Regel auflösbar:

Das System von Differentialgleichungen 1. Ordnung wird als lineares Gleichungssystem mit den Unbekannten dx_1/dt, dx_2/dt, … betrachtet und nach diesen Unbekannten aufgelöst.

Im vorliegenden Beispiel sind di_1/dt und di_2/dt die Unbekannten, nach denen das Gleichungssystem aufgelöst werden muss. Mit Unterstützung von Maple (siehe Beispiele im Abschnitt 4.3) wurden die folgenden Lösungen bestimmt:

$$\frac{d}{dt}i_1(t) = \frac{(-L_2R_1 - L_3R_1)i_1(t) - L_3R_2i_2(t) + (L_2 + L_3)u_q}{L_1L_2 + L_1L_3 + L_2L_3}$$

$$\frac{d}{dt}i_2(t) = \frac{-L_3R_1i_1(t) - (L_3R_2 + L_1R_2)i_2(t) + L_3u_q}{L_1L_2 + L_1L_3 + L_2L_3}$$

Das gewonnene Differentialgleichungssystem enthält auf den rechten Seiten nur noch Parameter und Größen, für die Werte bzw. Anfangswerte bekannt sind. Die numerische Berechnung dieses Systems ist also ohne Iteration möglich.

2   Das Computeralgebra-System Maple – Grundlagen

Vorbemerkungen

Für die Leser, die über keine oder wenig Erfahrungen im Umgang mit Maple verfügen, werden in diesem Kapitel ausgewählte Grundlagen zum Arbeiten mit diesem Computeralgebra-System zusammengefasst dargestellt. Weitere Detailinformationen zu Maple sind auch im Anhang zu finden. Insgesamt sind die Informationen auf die dem Buch zugrunde liegende Thematik, das Modellieren von dynamischen Systemen sowie das Lösen von Differentialgleichungen ausgerichtet, erheben also nicht den Anspruch einer umfassenden Einführung in Maple.

Maple-Hilfe

In Anbetracht der Vielzahl sehr mächtiger Befehle, die Maple zur Verfügung stellt, ist es auch für den erfahrenen Maple-Nutzer oft unumgänglich, die Maple-Hilfe zu konsultieren, um sich über Spezifika spezieller Befehle, notwendige Parameterangaben usw. zu informieren. Maple verfügt über ein umfangreiches, sehr effektives Hilfesystem, das zu jeder Funktion bzw. Prozedur eine ausführliche Beschreibung mit vielen Beispielen und Verweisen auf verwandte Befehle liefert. Die Beschreibung zu einem Befehl erhält man, indem man den Cursor auf die Stelle auf dem Maple-Arbeitsblatt (Worksheet) setzt, an der der Befehl notiert ist, und dann die Funktionstaste <F2> drückt. Alternativ kann man nach dem Setzen des Cursors auf den betreffenden Befehl das Help-Menü von Maple öffnen und den Menüpunkt „Help on ..." auswählen. Über das Menü Help sind noch weitere Hilfeseiten erreichbar, die insbesondere für Neueinsteiger sehr nützlich sind. Über dessen Untermenü „Manuals, ... and more" kommt man auch zu den Hilfeseiten „Plotting Guide", „Applications and Examples" und „New User Roadmap". Hilfreich sind ebenfalls die auf den Internetseiten zu Maple unter „TIPS & TECHNIQUES" zu findenden Informationen.[1]

2.1   Maple-Arbeitsblätter

2.1.1 Dokument- und Worksheet-Modus

Nach dem Start von Maple erscheint auf dem Bildschirm die Maple-Nutzeroberfläche mit einem leeren Arbeitsblatt, in das der Nutzer seine Maple-Kommandos eintragen muss und auf dem Maple nach deren Ausführung die zugehörigen Ausgaben notiert. Außerdem können in das Arbeitsblatt auch Texte (Erläuterungen, Kommentare usw.) aufgenommen werden. Ein Arbeitsblatt umfasst also in der Regel eine Folge von Eingabe-, Ausgabe- und Textbereichen (Regionen). Ob eine Eingabe als Maple-Kommando oder als Text zu interpretieren ist, legt der Anwender mit Hilfe der Menüleiste (*Insert*), der Symbolleiste oder der Kontextleiste (*Text, Math*) der im Bild 2.1 gezeigten Maple-Nutzeroberfläche fest.

---

[1] Help → On the Web → User Resources → Application Center

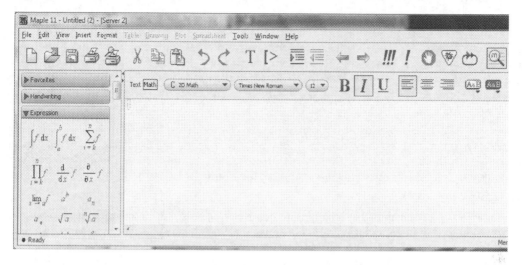

Bild 2.1 Ausschnitt der Maple-Nutzeroberfläche mit leerem Arbeitsblatt

Oberste Zeile: Programmleiste mit dem Namen des aktuellen Worksheets.

Zweite Zeile: Menüleiste (*File, Edit, View, ...*).

Dritte Zeile: Symbolleiste (in Maple 'Tool Bar' genannt); im Bild ist der Menüpunkt *Tools → Options → Interface → Large toolbar icons* aktiviert

Vierte Zeile: Kontextleiste für Maple-Anweisungen und Textregionen

Ganz unten: Statusleiste

Der Anwender kann mit Maple entweder im Dokument- oder im Worksheet-Modus arbeiten. Der Dokument-Modus ist – wie schon der Name andeutet – vorzugsweise für die Erarbeitung mathematischer Dokumente gedacht. Dagegen handelt es sich beim Worksheet-Modus um die traditionelle Maple-Arbeitsumgebung, die für die interaktive Verwendung von Kommandos und die Entwicklung von Maple-Programmen konzipiert ist.

Dokument-Modus

Im Dokument-Modus werden die von Maple zu verarbeitenden mathematischen Ausdrücke im graphikorientierten *2-D Math*-Format, einem Format, das der in der Mathematik üblichen Notationsform entspricht, dargestellt; z. B.

$$\int \sin(x)\,dx$$

Die Maple-Syntax ist also in diesem Modus nicht sichtbar. Auszuwertende mathematische Ausdrücke und erklärende Texte sind im Dokument frei kombinierbar und können auch auf der gleichen Zeile des Arbeitsblattes stehen. Die Umschaltung zwischen der Eingabe mathematischer Ausdrücke (*Math*-Modus) und reiner Texte (*Text*-Modus) erfolgt mit der Taste <F5>. Aber auch die beiden Symbole *Text|Math* der Kontextzeile (Bild 2.1) der Maple-Arbeitsumgebung können für diese Umschaltung genutzt werden. Der aktuelle Zustand wird ebenfalls über diese beiden Symbole und auch über die Cursorform (normal bzw. kursiv) kenntlich gemacht. Ein Eingabe-Prompt wird im Dokument-Modus nicht in das Arbeitsblatt eingetragen.

Worksheet-Modus

In diesem Modus werden Eingabeaufforderungen durch das Zeichen '>' (Prompt) angezeigt und die Bereiche der Anweisungsgruppen am linken Rand des Arbeitsblattes durch ein Klammersymbol kenntlich gemacht. Allerdings lässt sich die Klammerung der Anweisungsgruppen über den Menüpunkt *View → Show/Hide Contents* auch ausblenden – ebenso wie andere Elemente der Anzeige.

Auch im Worksheet-Modus kann man mit der Taste <F5> oder den beiden Symbolen *Text|Math* der Kontextzeile zwischen Math- und Text-Modus umschalten, der Text-Modus dient jedoch in diesem Fall der Eingabe von Befehlen im Format *Maple Input*. Der oben verwendete mathematische Ausdruck hat in diesem die Form

```
> int(sin(x),x);
```

Dagegen erfolgt nach einer Umschaltung in den Math-Modus die Eingabe wie im Dokument-Modus im graphikorientierten *2-D Math*-Format (Farbe Schwarz). Sofern man Maple-Befehle ständig im Format *Maple Input* eingeben will, empfiehlt es sich, dieses Format über *Tools → Options → Display → Input display → Maple Notation → Apply Globally* dauerhaft einzustellen.

Dokument-Modus und Worksheet-Modus mischen

Dokument- und Worksheet-Modus können innerhalb eines Dokuments auch gemischt verwendet werden. So ist es beispielsweise möglich, im Worksheet-Modus Ausführungskommandos (z. B. **int**) durch Einfügen eines **Document Blocks** zu verstecken (*Format → Create Document Block*). Analog dazu kann man im Dokument-Modus über das Insert-Menü einen Maple-Prompt einfügen (*Insert → Execution Group → Before/After Cursor*).

	Math-Modus (Standard)	**Text-Modus**
Dokument-Modus	Eingabe math. Ausdrücke im *2-D Math-Format* $$\int \sin(x)\,dx$$ Cursor kursiv, Syntax verdeckt	Eingabe regulären Textes Cursor vertikal
Worksheet-Modus	Eingabe math. Ausdrücke im *2-D Math-Format* $$\left[\, > \int \sin(x)\,dx\right.$$ Eingabe-Prompt, Cursor kursiv Syntax verdeckt	Eingabe math. Ausdrücke im textorientierten Format *Maple Input* $$\left[\, > \mathrm{int}(\sin(x),x);\right.$$ Eingabe-Prompt, Cursor vertikal Abschluss jedes Befehls durch Semikolon oder Doppelpunkt

Das symbolorientierte *Math*-Format erleichtert zwar die Eingabe mathematischer Ausdrücke für Einsteiger, da sie die Maple-Syntax nicht beherrschen müssen, es hat aber den Nachteil, dass diese Darstellung manchmal Fehler in der internen Repräsentation der Maple-Anweisungen verdeckt, so dass die Ursache fehlerhafter Reaktionen von Maple schwieriger zu erkennen ist als beim textorientierten Format *Maple Input*. Dieses ist außerdem für das interaktive Arbeiten mit Maple übersichtlicher. Das sind auch die Gründe für die Verwendung des Text-Formats bzw. des Worksheet-Modus in den folgenden Kapiteln.

2.1.2 Eingaben im Worksheet-Modus

Eingabeformat Maple Input

Beim diesem Format erfolgt die Eingabe mathematische Ausdrücke in der textbasierten Form, z. B.

```
> solve(x^2+2*x-3/7=0);
```

$$-1 + \frac{1}{7}\sqrt{70}, \; -1 - \frac{1}{7}\sqrt{70}$$

Eine Eingabezeile wird durch <Return> oder durch die Tastenkombination <Shift>+<Return> abgeschlossen. <Return> am Ende einer Eingabe bewirkt die Auswertung des Ausdrucks und die Anzeige des Ergebnisses (hier die Lösung der quadratischen Gleichung) auf der folgenden Zeile, wenn der Befehl durch ein Semikolon abgeschlossen wurde. Steht am Ende des Ausdrucks ein Doppelpunkt, so wird der Maple-Befehl zwar ausgeführt, die Anzeige des Ergebnisses aber unterdrückt. Statt der Standardfarbe Rot für den eingegeben Text kann der Anwender über *Format → Styles* auch eine andere Farbe festlegen.

Beim Abschluss einer Befehlszeile durch <Shift>+<Return> wird der Befehl nicht sofort ausgeführt, sondern das System erwartet auf der neuen Zeile die Eingabe einer weiteren Anweisung. Erst wenn man eine der folgenden Befehlszeilen mit <Return> beendet, wird die gesamte Anweisungsgruppe ausgeführt.

Wird ein Befehl im Format *Maple Input* weder durch ein Semikolon noch durch einen Doppelpunkt abgeschlossen, dann zeigt Maple nach der Eingabe von <Return> eine Warnung an.

```
> y:=x/3+x/17
```

Warning, inserted missing semicolon at end of statement

$$y := \frac{20}{51} x$$

In einer Zeile können auch mehrere Maple-Anweisungen stehen, sofern sie durch Semikolon oder Doppelpunkt getrennt sind. Kommentare (nicht ausführbare Texte) werden durch das Zeichen # eingeleitet. Der Text zwischen # und dem Zeilenende wird dann als Kommentar gewertet.

Maple-Anweisungen im Format *Maple Input* kann man über ihr Kontextmenü (siehe 2.1.4) in ein anderes Format, also beispielsweise in das Eingabeformat *2-D Math* konvertieren. Entsprechendes gilt auch für den umgekehrten Weg. Ein Formatwechsel an der aktuellen Eingabeposition erfolgt über das Menü *Insert → Maple Input* bzw. *Insert → 2-D Math*.

Eingabeformat 2-D Math

Eingaben im *2-D Math*-Format müssen nicht durch Semikolon oder Doppelpunkt abgeschlossen werden, sofern nicht auf der gleichen Zeile ein weiterer Maple-Befehl folgt.

$$> \; solve\left(x_1^2 + 2 \cdot x_1 - \frac{3}{7} = 0 \right)$$

$$-1 + \frac{1}{7}\sqrt{70}, \; -1 - \frac{1}{7}\sqrt{70}$$

Beim Eingeben obiger Gleichung über die Tastatur leitet der Unterstrich $<\_>$ einen Index und das Zeichen $<^>$ einen Exponenten ein. Mit Hilfe der Cursortaste $<\rightarrow>$ wird die Index- bzw. Exponenten-Eingabe wieder verlassen. Multiplikation bzw. Division werden wie allgemein üblich über die Tasten $<*>$ und $</>$ eingegeben und dann wie oben gezeigt auf dem Bildschirm bzw. im Dokument dargestellt. Dabei muss auch die Eingabe des Divisors mit $<\rightarrow>$ beendet werden. Die Eingabe der Gleichung in der oben gezeigten Form erfordert also folgende Tastatureingabe: x_1$\rightarrow^2\rightarrow$+2*x_1$\rightarrow$–3/7$\rightarrow$=0.

Durch <Enter> nach Eingabe des Maple-Befehls wird dieser in der gezeigten Form ausgewertet. Die Ausgabe wird unterdrückt, wenn man die Eingabe mit einem Doppelpunkt abschließt.

Statt des Multiplikationszeichens ´*´ zwischen zwei Faktoren kann auch ein Leerzeichen eingegeben werden. Eine Zahl gefolgt von einer Variablen interpretiert Maple im Modus *2-D-Math* immer als Multiplikation. Auf die Eingabe des Multiplikationszeichens zwischen der 2 und x_1 könnte man also im obigen Beispiel verzichten.

Eingabe von Text

Das Eingeben von Text, der nicht ausgewertet werden soll, ist nach Auswahl des Pull-Down-Menüs *Insert* → *Text* möglich. Wenn Formeln, die nicht ausgewertet werden sollen, in Textpassagen einzufügen sind, kann man für deren Eingabe mittels <F5> in das *2-D-Math*-Format umschalten, muss aber dann unmittelbar hinter der Formel wieder auf die Texteingabe zurückschalten.

Hinter der Region, in der sich der Cursor befindet, kann eine Textregion mit Hilfe des Symbols ´T´ der Symbolleiste (Bild 2.1) oder eine Maple-Befehlszeile mit dem Symbol ´[>´ eingefügt werden. Entsprechende Einfügungen vor oder hinter der Cursorposition erreicht man auch mittels *Insert* → *Paragraph* bzw. *Insert* → *Execution group*.

Gleichungsnummern (Equation Labels)

Je nach Einstellung der Maple-Nutzeroberfläche erscheinen die von Maple produzierten Ausgaben mit oder ohne Label bzw. „Gleichungsnummer". Der Nutzer kann diese über den Menüpunkt *Format* → *Labels* → *Label Display* noch mit einem Vorsatz versehen. Außer für Verweise im Text kann man sie verwenden, um auf vorherige Ergebnisse zurückzugreifen, indem die betreffende Nummer mittels <Ctrl>+<L> oder *Insert* → *Label ...* in den zu berechnenden Ausdruck eingefügt wird.

Die Anzeige der Gleichungsbezeichnungen wird gesteuert über einen Eintrag im Menü *Tools* → *Options* → *Display* → *Show equation labels*. Man kann aber auch über den Menüpunkt *Format* → *Labels* die Anzeige für eine einzelne Anweisungsgruppe oder das gesamte Arbeitsblatt (Worksheet) aus- bzw. einblenden.

2.1.3 Paletten und Symbolnamen

Die Eingabe mathematischer Ausdrücke und Sonderzeichen wird durch eine große Zahl von Paletten unterstützt. Paletten sind Zusammenstellungen von Symbolen, die man durch Anklicken in das aktuelle Arbeitsblatt übernehmen kann. Über die Menüpunkte *View* → *Palettes* wird die jeweils benötigte Palette auf dem Bildschirm platziert, wenn sie nicht schon beim Start von Maple sichtbar war. Durch Anklicken wird sie geöffnet bzw. auch wieder geschlossen. Beispielsweise werde im *2-D*-Modus aus der Palette Expression das Symbol für ein bestimmtes Integral ausgewählt:

$$> \int_a^b f \, dx$$

In diesem Symbol sind a, b, f und x Platzhalter, die editiert werden können. Mittels Tabulatortaste oder Maus wird der Cursor von einem Platzhalter zum nächsten gerückt. Auf diese Weise kann der ursprüngliche Ausdruck beispielsweise geändert werden in

$$> \int_0^1 \tan(x) \, dx$$

$$- \ln(\cos(1))$$

Die Eingabe von <Enter> führt zur Auswertung dieses Ausdrucks und zur Anzeige des angegebenen Resultats. Die gleichen Operationen im textorientierten Modus ergeben

```
> int(f,x=a..b);
```

bzw. nach dem Editieren der Platzhalter

```
> int(tan(x),x=0..1);
```

Im textorientierten Format *Maple Input* sind Paletteneinträge, die nicht nutzbar sind, nicht schwarz, sondern grau dargestellt.

Eine andere Möglichkeit der Eingabe mathematischer Zeichen ist die Verwendung der Zeichenkombination <Ctrl>+<Space> zur Kommando- bzw. Symbolvervollständigung. Beispielsweise liefert im Mathe-Modus die Eingabe von

sqrt <Ctrl>+<Space>	eine Auswahlliste für die Quadratwurzel,
int <Ctrl>+<Space>	eine Liste verschiedener Integraldarstellungen,
diff <Ctrl>+<Space>	eine Liste verschiedener Differentialquotienten usw.

2.1.4 Kontextmenüs

Ein Kontextmenü ist ein Pop-up-Menü, das alle Operationen und Aktionen auflistet, die für einen bestimmten Ausdruck ausführbar sind. Es wird angezeigt, wenn man den betreffenden Ausdruck mit der rechten Maustaste anklickt. Zu den auf diese Art auswählbaren Aktionen zählen auch graphische Darstellungen, Formatierungen von Zeichenketten und Texten sowie Konvertierungen in andere Formate. Beispielsweise bewirkt beim folgenden Ausdruck die Auswahl von *Approximate* → 10 aus dem Kontextmenü die Anzeige des Resultats als Dezimalzahl, gerundet auf 10 Stellen.

$$\frac{1}{9} + \frac{7}{11} \to 0.747474747 \xrightarrow{\text{convert to exact rational}} \frac{298989899}{400000000}$$

Auch für das Ergebnis der Maple-Rechnung (Maple-Output) ist wieder ein Kontextmenü verfügbar. In obigem Beispiel wurde im Pop-up-Menü die Operation *Conversions* → *Exact Rational* gewählt.

2.1.5 Griechische Buchstaben

Griechische Buchstaben kann man durch Auswahl aus der Palette *Greek* eingeben. Das Indizieren griechischer Buchstaben ist ebenfalls problemlos möglich. An das im *Math-Modus* aus der Palette ausgewählte Symbol wird der Index, wie schon für das Eingabeformat *2-D Math* beschrieben, durch den Unterstrich <_> angefügt.

> $\Delta_u := 5;$

$$\Delta_u := 5$$

Beim Arbeiten im *1-D*-Format *Maple Input* wird durch den Zugriff auf die Palette *Greek* die Textdarstellung des griechischen Buchstabens erzeugt, an die dann ggf. ein Index in eckigen Klammern angefügt werden kann.

> `Delta[w]:=7;`

$$\Delta_w := 7$$

Es ist aber auch möglich, griechische Buchstaben unter Verwendung ihrer Namen (siehe Tabelle im Anhang A6) einzugeben. Im *Math-Modus* sind diese Namen durch die Tastenkombination <Ctrl>+<Space> abzuschließen.

2.1.6 Units/ Einheiten

Maple kann nicht nur symbolische und numerische Größen exakt manipulieren, sondern auch mit Einheiten arbeiten. Die Verwendung von Einheiten wird durch die Palette Units (SI) für SI-Einheiten und durch die Palette Units (FPS) für das Einheitensystem Foot-Pound-Second unterstützt.

> $200\big[[m]\big]$

$$200\,[[m]]$$

Wird nach Markierung dieses Eintrags mit dem Cursor das Kontextmenü mittels rechter Maustaste geöffnet und der Eintrag *Units → Convert → System → FPS* ausgewählt, so erzeugt Maple das folgende Kommando, wertet es aus und zeigt das Ergebnis an.

> `convert( combine(200*Unit('m'),'units'), 'system', 'FPS' );`

$$\frac{250000}{381}\,[[ft]]$$

Bezüglich weitergehender Informationen zu Rechnen mit Einheiten wird auf die detaillierten Darstellungen im Maple-Nutzerhandbuch verwiesen.

2.1.7 Gestaltung und Formatierung der Maple-Dokumente

Die erste Maple-Anweisung auf einem Arbeitsblatt sollte immer **restart:** sein. Durch diesen Befehl wird der interne Speicher von Maple auf den Anfangszustand zurückgesetzt, d. h. auch die Werte aller Variablen werden gelöscht. Ohne diese Anweisung würden bei einer erneuten Berechnung des Arbeitsblattes die aktuellen Werte der Variablen, also diejenigen, die ihnen beim vorhergehenden Durchlauf zugewiesen wurden, in die Berechnung eingehen.

Die Grundform der Darstellung von Eingaben, Maple-Ausgaben usw. kann der Anwender über das Menü *Tools → Options → Display* festlegen. Beispielsweise kann er unter *Input display* zwischen *Maple Notation* und *2D Math Notation* wählen.

Für das Formatieren einzelner Arbeitsblätter bzw. Dokumente bietet Maple ähnliche Möglichkeiten wie die bekannten Textverarbeitungssysteme. Dem Nutzer stehen verschiedene Formatvorlagen, z. B. für Überschriften, Texte, Listen, Tabellen, Maple-Anweisungen, die verschiedenen Arten von Maple-Ausgaben usw., zur Verfügung. Er kann die vorhandenen Formatvorlagen über das Menü *Format → Styles* auch ändern oder durch eigene ergänzen. Das Menü *Format → Manage Style Sets* ermöglicht es außerdem, statt des Standardsatzes von Formatvorlagen einen vom Nutzer definierten Satz aus einer Datei zu laden.

Selbstverständlich kann man über Symbole der Maple-Nutzeroberfläche und über das Menü *Format* auch den Stil einzelner Zeichen oder Textabschnitte beeinflussen. Generell unterscheidet Maple zwischen Character- und Paragraph-Styles, was durch ein vorangestelltes *C* bzw. *P* deutlich gemacht wird. Paragraph-Styles geben die Formatierung von Textabschnitten vor, Charakter-Styles die von einzelnen Zeichen.

Sein Arbeitsblatt kann der Nutzer außerdem in Abschnitte (Section) bzw. Unterabschnitte (Subsection) gliedern sowie mit Hyperlinks versehen und dadurch die Übersichtlichkeit des zu erzeugenden Dokuments erhöhen (Bild 2.2).

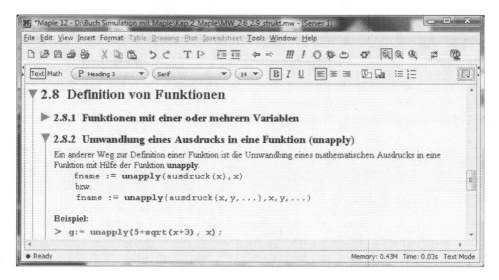

Bild 2.2 Arbeitsblatt mit Klammern für Sektionen und Untersektionen

Das Einfügen von Abschnitten, Unterabschnitten, ausführbaren Anweisungen (*Execution Group*) und Textabschnitten (*Paragraph*) ist über Symbole der *Tool Bar* und über das Insert-Menü möglich. Über *View → Show/Hide Contents* lässt sich die Bildschirmdarstellung des Arbeitsblattes beeinflussen. Bestimmte Komponenten, wie Inputs, Outputs und Graphiken oder bestimmte Gestaltungselemente, wie die Klammern von Sektionen oder Befehls-Ausführungsgruppen, kann man aus- bzw. einblenden. Durch einen Klick mit der Maus auf das Dreieck am

Kopf einer Sektionsklammer wird der betreffende Abschnitt bis auf seine Überschrift versteckt bzw. bei einem weiteren Klick wieder sichtbar.

Einstellungen mit dem Befehl interface

Weitere Möglichkeiten der Einflussnahme auf Darstellungen in den Maple-Dokumenten bzw. des Bildes der Maple-Arbeitsumgebung bietet der Befehl **interface**. Drei davon seien an dieser Stelle hervorgehoben:

interface(imaginaryunit = ...)	Symbol für imaginäre Einheit definieren (s. Abschn. 2.6)
interface(showassumed = n)	Markierung von Annahmen für Variable. n=0: keine M., n=1: Markierung durch Tilde ($\sim$) n=2: Markierung durch „Phrase" hinter dem Ausdruck
interface(warnlevel = n)	n=0: alle Warnungen unterdrücken n=4: alle Warnungen zugelassen

2.1.8 Packages

Packages (Pakete) ergänzen den von Maple nach dem Systemstart zur Verfügung gestellten Befehlsvorrat durch spezialisierte Kommandos. Durch die Ausführung des Befehls

with(Paketname) oder

with(Paketname, Befehl1, Befehl2,...)

werden entweder alle in dem Paket definierten Kommandos oder nur die angegebenen geladen und sind danach in ihrer Kurzform anwendbar.

Auf die Befehle eines Pakets kann man jedoch auch ohne Ausführung von **with** in der Form

paketname[befehl](parameterliste_des_befehls)

zugreifen (Langform).

2.1.9 Maple-Initialisierungsdateien

Durch Erzeugen einer Initialisierungsdatei erreicht man, dass beim Starten von Maple bzw. nach **restart** automatisch eine Reihe von Befehlen ausgeführt wird, die für die folgende Arbeit benötigt werden. Beispielsweise können so globale Variable gesetzt, Pakete geladen und die Genauigkeit der Zahlendarstellung (**Digits**) festgelegt werden. Die Initialisierungsdatei ist eine reine Textdatei (ASCII) und hat unter Windows den Namen **maple.ini**. Die für die Beispiele dieses Buches verwendete Initialisierungsdatei hatte meist folgendes Aussehen:

```
with(plots):
plotsetup("inline",plotoutput=terminal,plotoptions="colour=cmyk,
          noborder, resolution=2000"):
setoptions(font=[TIMES,10], labelfont=[TIMES,12], numpoints=2000):
setcolors(["Blue","Black"]):     # Farbpalette: Blau, Schwarz
interface(showassumed=0):        # unterdrückt Tilde nach assume
```

Auf einem Computer kann eine gemeinsame Initialisierungsdatei für alle Nutzer vorgesehen werden und außerdem noch für jeden Nutzer eine eigene. Beim Start von Maple wird zuerst die

Datei <Maple>\lib\maple.ini ausgeführt, sofern sie existiert. Dabei steht <Maple> für das Verzeichnis, in dem Maple installiert ist. Persönliche Initialisierungsdateien für einzelne Nutzer sind entweder im aktuellen Arbeitsverzeichnis oder im Maple-Verzeichnis des jeweiligen Nutzers, z. B. <Maple>\Users\Name\maple.ini abzulegen.

Eine Alternative zur Initialisierungsdatei ist die Verwendung von Startup-Code-Regionen in einem Maple-Dokument. Die in diesen Bereichen notierten Maple-Anweisungen werden nach jedem Öffnen des Dokuments automatisch ausgeführt. Sie sind im Worksheet nicht sichtbar und können nur mit dem Startup Code Editor (Menü Edit) bearbeitet werden.

2.2 Variablen, Folgen, Listen, Mengen, Vektoren und Matrizen

2.2.1 Variablen

Eine spezielle Stärke von Maple ist das symbolische Rechnen, d.h. das Operieren mit Variablen, denen noch kein Wert zugewiesen wurde. Die Namen (Bezeichner) von Variablen können aus Buchstaben, Ziffern und dem Unterstrich gebildet werden und müssen mit einem Buchstaben beginnen. Dabei wird zwischen Groß- und Kleinbuchstaben unterschieden. Beispielsweise sind also Summe und summe Bezeichnungen für zwei verschiedene Variablen.

Zuweisungen

Den Variablen können nicht nur Zahlen und Terme, sondern auch Gleichungen, Vektoren, Matrizen, Funktionen usw. zugewiesen werden. Im Laufe einer Arbeitssitzung lassen sich die Werte der Variablen beliebig verändern. Als Zuweisungsoperator wird in Maple der Doppelpunkt gefolgt von einem Gleichheitszeichen (:=) verwendet. Beispiele sind

```
> var := 5:                    # Zahlenwert
> Gl := y = x-3:               # Gleichung
> Vek := <a1, b1, c1>:         # Vektor
> Erg := solve(x^2+7*x+13/4=0):  # Ergebnis
> f1 := x -> x^3+5*x^2:        # Funktion
```

Variable können auch einen Index erhalten:

```
> a[1] := 7;
```

$$a_1 := 7$$

Eine Variable, die in Apostroph-Zeichen eingefasst ist, wird in dem betreffenden Ausdruck nicht ausgewertet, sondern so dargestellt, wie bei der Eingabe angegeben. Ausgewertet wird sie erst bei nochmaliger Verwendung. Auch eine mehrfache Apostrophierung ist möglich.

```
> x:= 25: y:= 'x'+15; z:= 2*x; y;
```

$$y := x + 15$$
$$z := 50$$
$$40$$

Eine Wertzuweisung an eine Variable wird wieder aufgehoben, indem man der betreffenden Variablen ihren in Hochkomma gefassten Namen zuweist.

```
> Summe:= 10:   Summe:= 'Summe':
> Summe;
```

$$Summe$$

Sollen die Zuweisungen mehrerer Variabler aufgehoben werden, kann das vorteilhaft mit der Funktion **unassign** geschehen, z. B.

```
> unassign('x','y'):
```

Von der Möglichkeit, Variablen bestimmte Werte global zuzuweisen, sollte man nur in Einzelfällen Gebrauch machen. Die Ergebnisse symbolischer Rechnungen sind meist aussagekräftiger und auch variabler nutzbar. Deren numerische Auswertung kann dann lokal unter Verwendung der Befehle **subs** oder **eval** (siehe Abschn. 2.4) erfolgen. Das bringt u. a. den Vorteil, dass der ursprüngliche Ausdruck erhalten bleibt, also auch mehrfach mit unterschiedlichen Werten der Parameter ausgewertet werden kann.

Bedingte Zuweisung – Die 'if'-Funktion

Soll die Wertzuweisung an eine Variable var von einer Bedingung abhängig sein, so lässt sich das mit der **'if'**-Funktion verwirklichen.

>   Syntax:

>   var:= **'if'**(bedingung, w_argument, f_argument)

Ist *bedingung* wahr, dann wird das *w_argument* ausgewertet, ansonsten das *f_argument*.

```
> a:= 5:   b:= 17:
> Test:= `if`(a>b, true, false);
```

$$Test := false$$

Der if-Operator muss dabei in rückwärtige Hochkommata (backquotes) eingeschlossen werden, weil **if** in Maple ein reserviertes Wort ist (siehe Anhang A: Steuerung des Programmablaufs).

Verbotene Variablennamen

Namen vordefinierter Konstanten, wie die Kreiszahl Pi, sind in Maple geschützt. Ihr Wert kann nicht überschrieben werden und diese Namen sind daher als Variablennamen nicht verwendbar. Die Namen geschützter Konstanten liefert der Befehl **constants**.

```
> constants;
```

$$false, \gamma, \infty, true, Catalan, FAIL, \pi$$

Unzulässig als Variablennamen sind selbstverständlich auch die Schlüsselwörter der von Maple verwendeten Sprache. Das Kommando **?reserved** führt zur Anzeige einer Hilfeseite mit einer Liste dieser Wörter. Daneben sind aber viele weitere Zeichenkombinationen, wie beispielsweise die Namen der mathematischen Funktionen (sin, cos, exp usw.), Namen von Prozeduren (copy, lhs, rhs, type usw.) sowie von Datentypen (list, matrix, usw.), geschützt. Reserviert sind auch die Großbuchstaben D, I und O:

D   Differentialoperator
I   Symbol für Einheitsmatrix, Symbol für imaginäre Einheit
O   Ordnungssymbol

2.2.2 Folgen, Listen, Mengen und Tabellen

Folgen

Eine Folge (sequence) ist eine geordnete Zusammenstellung beliebiger Maple-Ausdrücke, die durch Kommata voneinander getrennt sind.

Beispielsweise gibt der Befehl **solve** zur Lösung algebraischer Gleichungen die Ergebnisse als Folge aus.

```
> solve(x^3-8 = 0);
```

$$2, -1 + I\sqrt{3}, -1 - I\sqrt{3}$$

Auf die Elemente einer Folge kann man mit Hilfe eines Index zugreifen. Mit dem %-Zeichen wird das letzte durch Maple berechnete Ergebnis bezeichnet.

```
> %[2];
```

$$-1 + I\sqrt{3}$$

Eine Folge lässt sich einer Variablen zuweisen.

```
> x := 1,2,u,v;
```

$$x := 1, 2, u, v$$

Folgen, die sich aus Elementen eines größeren Bereichs zusammensetzen, werden u. U. zweckmäßigerweise mittels **seq** gebildet.

```
> seq(2..10);
```

$$2, 3, 4, 5, 6, 7, 8, 9, 10$$

Das Erzeugen einer Folge kann mit einem Maple-Ausdruck oder einem Funktionsaufruf verbunden werden.

```
> seq(n^2, n=1 .. 5);
```

$$1, 4, 9, 16, 25$$

Listen

Listen werden durch Einschließen von Folgen in eckige Klammern gebildet.

```
> A := [x];
```

$$A := [1, 2, u, v]$$

Umgekehrt kann man mittels **op** eine Liste in eine Folge umwandeln.

```
> op(A);
```

$$1, 2, u, v$$

Die in einer Liste enthaltene Folge erhält man aber auch mit der Anweisung

```
> A[];
```

$$1, 2, u, v$$

Der Zugriff auf ein einzelnes Listenelement erfolgt durch Angabe des betreffenden Index hinter dem Listennamen.

```
> a3 := A[3];
```
$$a3 := n$$

Mengen (sets)

Mengen unterscheiden sich von Listen dadurch, dass in ihnen jeder Ausdruck nur einmal auftritt. Sie werden durch Einschließen einer Folge in geschweifte Klammern erzeugt. Maple-Mengen haben die gleichen Eigenschaften wie mathematische Mengen und lassen sich mit speziellen Mengenoperationen behandeln.

```
> a := 1,2,3,1,2,5;
```
$$a := 1, 2, 3, 1, 2, 5$$

```
> {a};
```
$$\{1, 2, 3, 5\}$$

Mengen haben eine festgelegte Ordnung, d. h. unabhängig von der Eingabereihenfolge der Elemente werden diese in der Menge in einer durch Maple festgelegten Ordnung gespeichert bzw. angezeigt. Eine Ausnahme bilden lediglich Mengen mit mehreren veränderlichen Objekten des gleichen Typs. Dann kann die Reihenfolge der Elemente von Session zu Session verschieden sein. Die Elemente einer Menge kann man mit dem Befehl **op** als Folge extrahieren.

```
> op({a});
```
$$1, 2, 3, 5$$

Tabellen

Eine wichtige Datenstruktur in Maple sind auch Tabellen. Sie erlauben die Aufnahme von Werten beliebigen Typs unter einem gemeinsamen Namen. Für die Indizierung der Komponenten einer Tabelle sind alle Maple-Ausdrücke erlaubt.

Erzeugt werden Tabellen entweder mit dem Befehl **table** oder implizit durch Zuweisung von Werten an einen indizierten Namen. Im Laufe einer Sitzung können Tabellen beliebig erweitert werden.

```
> restart: interface(displayprecision=4):
> Leitfaehigkeit:= table();
```
$$Leitfaehigkeit := table([\ ])$$

```
> Leitfaehigkeit[Kupfer]:= 56.2:  Leitfaehigkeit[Alu]:= 36.:
> eval(Leitfaehigkeit);
```
$$table([\ Alu = 36.0000,\ Kupfer = 56.2000\ ])$$

```
> Leitfaehigkeit[Kupfer];
```
$$56.2000$$

Erstellen einer mehrdimensionalen Tabelle „Werkstoff" mit mehreren Kennwerten für verschiedene Werkstoffe: Widerstands-Temperaturkoeffizient α in 1/K, elektrische Leitfähigkeit κ in m/Ω/mm^2.

```
> Werkstoff[(Kupfer,alpha)]:= 3.9*10^(-3):
> Werkstoff[(Alu,alpha)]:= 4.*10^(-3):
```

```
> Werkstoff[(Kupfer,kappa)]:= 56.2:
> Werkstoff[(Alu,kappa)]:= 36.0:
> eval(Werkstoff);
```

$$table\left(\left[\,(Alu,\,\alpha)=0.0040,\,(Kupfer,\,\alpha)=0.0039,\,(Alu,\,\kappa)=36.0000,\,(Kupfer,\,\kappa)=56.2000\,\right]\right)$$

```
> Werkstoff[(Kupfer,kappa)];
```

$$56.2000$$

2.2.3 Vektoren und Matrizen

Vektoren werden mit dem Befehl **Vector** definiert, wobei ein Zusatz [column] bzw. [row] festgelegt, ob es sich um einen Zeilen- oder einen Spaltenvektor handelt. Ohne diesen Zusatz vereinbart Maple Spaltenvektoren. Die Komponenten der Vektoren sind bei der Definition als Liste zu notieren.

```
> V1:= Vector([a1,b1,c1]);
```

$$V1 := \begin{bmatrix} a1 \\ b1 \\ c1 \end{bmatrix}$$

```
> V2:= Vector[row]([a2,b2,c2]);
```

$$V2 := \begin{bmatrix} a2 & b2 & c2 \end{bmatrix}$$

```
> V3:= Vector[column]([a3,b3,c3]);
```

$$V3 := \begin{bmatrix} a3 \\ b3 \\ c3 \end{bmatrix}$$

Matrizen sind in Maple zweidimensionale Felder, deren Elemente durch einen mit 1 beginnenden Zeilen- und Spaltenindex bezeichnet werden. Die Definition einer Matrix erfolgt mit dem Befehl **Matrix**. Die Elemente sind dabei als Liste zeilenweise zu notieren. Zwei Formen sind möglich:

Bei der ersten Variante werden der Liste mit den Elementen der Matrix zwei Integer-Zahlen vorangestellt, die die Zeilen- und die Spaltenzahl der Matrix angeben (siehe Matrix A). Die zweite Variante verzichtet auf diese Dimensionsangaben. Dann müssen jedoch alle zu einer Zeile gehörenden Elemente nochmals in einer Liste zusammengefasst werden (Matrix B).

```
> A:= Matrix(3,2,[1,2,3,4,5,6]);
```

$$A := \begin{bmatrix} 1 & 2 \\ 3 & 4 \\ 5 & 6 \end{bmatrix}$$

```
> B:= Matrix([[2,3,4],[4,5,6]]);
```

$$B := \begin{bmatrix} 2 & 3 & 4 \\ 4 & 5 & 6 \end{bmatrix}$$

Tabelle 2.1 Operationen mit Vektoren und Matrizen (Auswahl)

$+, -$	Addition, Subtraktion
$*$	Multiplikation mit Skalar
. (Punkt)	Skalarprodukt von Vektoren Multiplikation von Matrizen oder von Matrizen mit Vektoren
Transpose(A)	Transponierte der Matrix A
MatrixInverse(A)	Inverse der Matrix A
Determinant(A)	Determinante der Matrix A

Für die Befehle **Transpose**, **MatrixInverse** und **Determinant** muss das Paket **LinearAlgebra** geladen werden, das auch noch weitere Befehle für Operationen mit Matrizen und Vektoren zur Verfügung stellt.

Die oben anhand von Beispielen gezeigte Syntax für die Definition von Vektoren und Matrizen liefert nur einen kleinen Ausschnitt der eigentlichen Syntaxbeschreibung (siehe Maple-Hilfe). Außerdem gibt es auch noch eine Kurzform für diese Definitionen (siehe Beispiel unter 2.2.1), auf die hier aber ebenfalls nicht eingegangen wird.

2.2.4 Der map-Befehl

Mit Hilfe dieses Befehls wird eine Funktionsvorschrift auf alle Elemente einer Liste, einer Menge, einer Matrix oder auf jedes Glied eines algebraischen Ausdrucks angewendet.

```
> L:= [2, 4, 8];
  Rad:= map(sqrt, L);
```

$$L := [2, 4, 8]$$
$$Rad := \left[\sqrt{2}, 2, 2\sqrt{2} \right]$$

Bei Funktionen mit zu übergebenden Argumenten werden diese hinter dem Namen des zu behandelnden Objekts als weitere Parameter des Befehls **map** notiert. Ein Beispiel dafür ist die Berechnung der 3. Wurzel mit der Funktion **surd**.

```
> map(surd, L, 3);
```

$$\left[2^{1/3}, 2^{2/3}, 2 \right]$$

2.3   Zahlen, mathematische Funktionen und Konstanten

2.3.1 Zahlendarstellung

Ein Computeralgebra-System muss neben ganzen Zahlen (Typ Integer) auch gebrochene Zahlen möglichst exakt abbilden und verarbeiten. Daher wird von Maple beispielsweise der Funktionswert von arcsin(5/10) nicht als Approximation 0.5235987756, sondern als $\pi/6$ ausgegeben.

```
> arcsin(5/10);
```

$$\frac{1}{6}\pi$$

Maple kennt aber auch Gleitpunktzahlen und kann sie mit einer vom Nutzer vorgegebenen Genauigkeit darstellen bzw. verarbeiten. Wird in obigem Beispiel das Argument als Gleitpunktzahl 0.5 notiert, dann liefert Maple das Ergebnis ebenfalls als Gleitpunktzahl.

```
> arcsin(0.5);
```

$$0.5235987756$$

Das Resultat hat Maple mit seiner Standard-Genauigkeit von 10 Dezimalziffern berechnet und auch so ausgegeben, weil die Ausgabelänge nicht eingeschränkt wurde (siehe Befehl **interface**(displayprecision=...). Mit Hilfe der Maple-Variablen **Digits** kann man die Genauigkeit aller folgenden Gleitpunktoperationen neu festlegen.

```
> Digits:= 20: arcsin(0.5);
```

$$0.52359877559829887308$$

Gleitpunktzahlen können in Dezimalform oder in Exponentialform eingegeben werden.

```
> a:= 0.1234;
```

$$a := 0.1234$$

```
> b:= 12.34E-2;
```

$$b := 0.1234$$

```
> c:= Float(1.234,-1);
```

$$c := 0.1234$$

Ob eine Zahl von Maple als Integerzahl oder als Gleitpunktzahl gespeichert wird, entscheidet der Dezimalpunkt.

```
> d:= 400;   e:= 400.;
```

$$d := 400$$

$$e := 400.$$

Den Typ einer Variablen kann man mit dem Befehl **whattype** bestimmen.

```
> whattype(d); whattype(e);
```

$$integer$$

$$float$$

Sehr hilfreich ist **whattype** oft auch dann, wenn ein Befehl von Maple nicht angenommen bzw. nicht wie erwartet ausgeführt wird.

```
> SFloatMantissa(e);   SFloatExponent(e);
```

$$400$$

$$0$$

Ausdrücklich sei noch einmal darauf hingewiesen, dass die Vorgabe von **Digits** sich nur auf die Verarbeitung der Gleitpunktzahlen auswirkt. Das folgende Beispiel demonstriert das.

```
> Digits:= 4;
```

$$Digits := 4$$

```
> T:=123456.78;
```

$$T := 1.2345678 \ 10^5$$

```
>   SFloatMantissa(T);   SFloatExponent(T);
```

$$12345678$$

$$-2$$

```
> Prod:= 5*T;
```

$$Prod := 6.175 \ 10^5$$

2.3.2 Konvertierung in Gleitpunktzahl mittels evalf

Der Maple-Befehl **evalf** konvertiert das Argument mit einer Genauigkeit von 10 Ziffern (Standard) in eine Gleitpunktzahl (float) und zeigt diese an. Der Anwender kann Maple jedoch auch veranlassen, **evalf** mit einer größeren Genauigkeit auszuführen, wie die folgenden Beispiele zeigen.

```
> a:=tan(Pi/6);
```

$$a := \frac{1}{3}\sqrt{3}$$

```
> b:=evalf(a);
```

$$b := 0.5773502693$$

```
> d:=evalf(a,25);
```

$$d := 0.5773502691896257645091486$$

Die Zahl der Dezimalstellen von Ergebnisausgaben ist nicht notwendig an die durch Digits vorgegebene Genauigkeit gekoppelt. Der Befehl **interface(displayprecision)** steuert die Zahl der auszugebenden Dezimalstellen.

```
> interface(displayprecision);
```

$$-1$$

Der Standardwert −1 bedeutet, dass die Stellenzahl, die Digits oder der jeweilige Befehl, beispielsweise **evalf**, vorgibt, auch für die Anzeige verwendet wird. Der Variablen **displayprecision** kann vom Nutzer aber auch eine ganze Zahl im Bereich 0...100 zugewiesen werden. Das legt die Anzeige auf eine feste Zahl von Nachkommastellen fest, ohne Rundungsfehler in die im Rechner gespeicherten Werte einzuführen.

```
> y:= evalf(Pi,60);   z:= 125.25;
```

$$y := 3.14159265358979323846264338327950288419716939937510582097494$$

$$z := 125.25$$

```
> Digits;
```

$$10$$

```
> interface(displayprecision=4);
```

$$-1$$

Der angezeigte Wert −1 verweist auf die vorherige Einstellung und zeigt nicht den aktuellen Wert an.

```
> y; z;
```

$$3.1416$$

$$125.2500$$

Der Befehl **interface(displayprecision=4)** hat die Anzeigegenauigkeit auf dem Display auf vier Stellen nach dem Dezimalpunkt eingestellt. Nun werden aber konstant vier Nachkommastellen ausgegeben, auch wenn die letzten Stellen gleich Null sind. Die Einstellung mit **displayprecision** wirkt sich nicht auf die interne Darstellung der Werte aus, wie das folgende Bespiel zeigt.

```
> y*100;
```

$$314.1593$$

2.3.3 Interne Zahlendarstellung

Integerzahlen. Diese werden in Maple i. Allg. als dynamischer Datenvektor gespeichert. Dessen erstes Wort enthält Informationen über die jeweilige Datenstruktur, auch die Längenangabe. Eine Ausnahme bilden Integerzahlen $< 2^{30}$. Aus Effizienzgründen werden diese in einem einzelnen Datenwort abgelegt [Heck03]. Die Anzahl der Ziffern einer Integerzahl in Maple ist aus praktischer Sicht beliebig, die Art der Beschreibung der gespeicherten Daten definiert aber doch eine maschinenabhängige Grenze. Bei einer 32-Bit-Maschine liegt diese bei $2^{28} - 8 = 268$ $435\ 448$. Die bei einem bestimmten Computer zulässige Maximalzahl der Ziffern kann man wie folgt bestimmen:

```
> kernelopts(maxdigits);
```

$$268435448$$

Die in Computeralgebra-Systemen geforderte exakte Abbildung von Zahlen und die Darstellung von Gleitpunktzahlen mit einer einstellbaren Genauigkeit erfordert, dass diese rechnerintern anders gespeichert werden als bei numerischer Software üblich. So legen Computeralgebra-Systeme i. Allg. rationale Zahlen als Quotienten ganzer Zahlen und bestimmte irrationale Zahlen, beispielsweise $\sqrt{2}$, als Symbole ab. Beziehungen wie $(\sqrt{2})^2 = 2$ werden als spezielle Verarbeitungsvorschriften gespeichert.

Gleitpunktzahlen. Eine Gleitpunktzahl besteht intern immer aus den Teilen Mantisse und Exponent. Die Mantisse ist vom Typ Maple-Integer, d. h. für die maximale Anzahl der Mantissenziffern gilt das gleiche wie bei Integerzahlen. Mit dem Befehl **Maple_floats** kann man die Extremwerte ermitteln, die für den benutzten Computer typisch sind.

```
> Maple_floats(MAX_DIGITS);
```

$$268435448$$

```
> Maple_floats(MAX_EXP);   Maple_floats(MIN_EXP);
```

$$2147483646$$

$$-2147483646$$

```
> Maple_floats(MAX_FLOAT);
```

$$1.\ 10^{2147483646}$$

2.3.4 Rechnen mit der Hardware-Gleitpunktarithmetik

Für die beschleunigte Ausführung numerischer Operationen verfügt Maple über die Funktion **evalhf** (**eval**uate using **h**ardware **f**loating-point arithmetic). Diese konvertiert alle ihre Argumente in Hardware-Gleitpunktzahlen, übergibt sie zur Berechnung an die Hardware und konvertiert das ermittelte Ergebnis wieder in eine Maple-Gleitpunktzahl. Die Berechnung auf Hardware-Ebene erfolgt im Format *double precision*. Die Anzahl der dabei verwendeten Dezimalstellen ist hardwareabhängig und lässt sich wie folgt ermitteln:

```
> evalhf(Digits);
```

$$15.$$

Syntax: **evalhf**(ausdruck)

Der als Argument übergebene Ausdruck darf auch Funktionsaufrufe enthalten. Bei nutzerdefinierten Funktionen gibt es jedoch einige Restriktionen, die in der Maple-Hilfe zu **evalhf** beschrieben werden.

Es ist sinnvoll, in einem Aufruf von **evalhf**() so viele Berechnungen wie möglich durchzuführen, weil die mit dem Aufruf verbundene Konvertierung bzw. Rückkonvertierung auch Rechenzeit erfordert, die bei mehrfachen Aufrufen den Effekt von **evalhf** verringert. Ebenso verringert sich der Effekt oder geht ganz verloren, wenn **Digits ≥ evalhf(Digits).**

Mit **evalhf** kann man auch logische Ausdrücke numerisch auswerten.

```
> a:= 3: b:= 5: c:= 7:
> evalhf(a < b);   evalhf(c < b);
```

$$1.$$

$$0.$$

```
> y:= 1.4*evalhf(b < c);
```

$$y := 1.4$$

2.3.5 Mathematische Funktionen

Mathematische Standardfunktionen (sin(), cos(), abs() usw.) stellt Maple selbstverständlich ebenfalls zur Verfügung und sie werden so aufgerufen, wie das auch in anderen Programmiersprachen üblich ist. Neben den Standardfunktionen gibt es noch eine Vielzahl weiterer. Die Tabelle im Anhang A1 enthält eine Auswahl häufig benötigter mathematischer Funktionen, die in Maple genutzt werden können und beschreibt die Syntax ihres Aufrufs.

2.3.6 Nutzerdefinierte Konstanten

Wie bereits beschrieben, sind bestimmte Konstanten, wie die Kreiszahl Pi, mit einem Namen vorgegeben und geschützt, d. h. ihr Wert kann nicht überschrieben werden. Der Anwender kann aber auch eigene symbolische Konstanten mit geschütztem Namen festlegen. Als Beispiel dafür wird hier e, die Basis des natürlichen Logarithmus, verwendet. Die Variable e ist normalerweise nicht geschützt und sie wird in Eingabeanweisungen auch nicht als Basis des natürlichen Logarithmus interpretiert. Dagegen wird in Maple-Ausgaben die Zuordnung exp(1) = e benutzt.

```
> ln(e); exp(1);
```

$$\ln(e)$$

$$e$$

Durch die folgenden Anweisungen wird die Variable e als Basis des natürlichen Logarithmus definiert und mit dem Befehl **protect** gegen Überschreiben geschützt.

```
> e:= exp(1); protect('e'); ln(e);
```

$$e := e$$

$$1$$

```
> e:= 5;
```

Error, attempting to assign to `e` which is protected

Mit Hilfe der Anweisung **unprotect** kann der Schutz wieder aufgehoben werden.

```
> unprotect('e'); e:=5;
```

$$e := 5$$

2.4 Umformen und Zerlegen von Ausdrücken und Gleichungen

2.4.1 Vereinfachung von Ausdrücken und Setzen von Annahmen

Mit Hilfe von **simplify** lässt sich eine von Maple ermittelte Lösung oft vereinfachen. Durch ein zweites Argument von **simplify** kann auch eine Spezifikation einer Variablen oder eines Ausdrucks vorgegeben werden.

```
> y = -(1/2*(-x^2-4-x))*sqrt(2);
```

$$y = -\frac{1}{2}\left(-x^2 - 4 - x\right)\sqrt{2}$$

```
> simplify(%);
```

$$y = \frac{1}{2}\left(x^2 + 4 + x\right)\sqrt{2}$$

```
> simplify(%, {x=2});
```

$$y = 5\sqrt{2}$$

Die Steuerung der von **simplify** vorgenommenen Vereinfachungen ist durch die Angabe einer Option als zweites Argument möglich. Zugelassen dafür sind **abs, exp, ln, power** (Potenzen), **radical, sqrt, trig** (trigonometrische Ausdrücke) und auch **assume** (siehe unten).

Maple verhält sich bei Vereinfachungen und Umformungen von Ausdrücken nicht immer so, wie man es erwartet. Meist ist der Grund dafür, dass bestimmte Aussagen über die Variablen in dem zu vereinfachenden Ausdruck zwar dem Anwender aber nicht Maple bekannt sind. Maple reagiert dann also korrekt. Ein einfaches Beispiel dafür ist

```
> sqrt(x^2);
```

$$\sqrt{x^2}$$

Die Lösung kann sowohl +x als auch –x lauten. Maple muss also beispielsweise mitgeteilt werden, dass x ≥ 0 ist. Annahmen über Variable können mit der **Option assume** im Befehl **simplify,** mit dem **Befehl assume** oder mit dem Schlüsselwort **assuming** formuliert werden.

```
> simplify(%, assume=positive);
```

$$x$$

```
> assume(x>=0);  sqrt(x^2);
```

$$x\tilde{}$$

Eine mit **assume** gesetzte Annahme gilt bis zu ihrer Änderung durch einen weiteren **assume**-Befehl bzw. bis zur Löschung der Variablen oder zur Ausführung von **restart**. Die Tilde (~) hinter dem Variablennamen deutet darauf hin, dass für die Variable eine Annahme gesetzt ist. Man kann sie unterdrücken, indem man im Menüpunkt *Tools* → *Options* → *Display* → *Assumed variables* „No Annotation" oder „Phrase" auswählt. Eine andere Möglichkeit zur Unterdrückung der Tilde ist die Anwendung des Befehls **interface**(showassumed = 0).

Zulässige Schreibweisen des Befehls **assume** sind

> **assume**(var1, eigenschaft_1, var2, eigenschaft_2, ...)

> **assume**(var1::typ_1, var2::typ_2, ...)

> **assume**(relation_1, relation_2, ...)

Dabei bezeichnen die *vari* die Variablen. Beispiele sollen das verdeutlichen:

```
> assume(0 < a, b > a):
> assume(x+y, 'real', 0 < c):
> assume(x::integer):
```

Das Schlüsselwort **assuming** wird hinter den auszuwertenden Ausdruck gesetzt und die damit formulierten Annahmen gelten nur für den betreffenden Ausdruck. Beispiele dafür sind

```
> restart:
> sqrt(x^2) assuming x >= 0;
```

$$x$$

```
> sqrt(x^2) assuming x::negative;
```

$$-x\tilde{}$$

2.4.2 Umformen von Ausdrücken und Gleichungen

Für das Umformen von Ausdrücken stellt Maple eine große Zahl von Befehlen zur Verfügung, von denen im Folgenden nur eine Auswahl vorgestellt wird. Auch die Möglichkeiten, die die einzelnen Befehle bieten, bzw. die Syntax der Befehle wird durch die folgenden Beispiele manchmal nur angedeutet.

```
> eq1:= x^2+4 = y*sqrt(2)-x;
```

$$eq1 := x^2 + 4 = y\sqrt{2} - x$$

Mittels **isolate** kann die Gleichung nach einem beliebigen Teilausdruck umgestellt werden.

```
> isolate(eq1, y);
```

$$y = -\frac{1}{2}\left(-x^2 - 4 - x\right)\sqrt{2}$$

Mit **expand** wird ein Ausdruck "expandiert":

```
> ausdr:=(x+4)*(x+3)*(x+1)*(x-1)*(x-5):
> expand(ausdr);
```

$$x^5 + 2x^4 - 24x^3 - 62x^2 + 23x + 60$$

Dagegen wandelt **factor** einen polynomialen Ausdruck in einen Ausdruck von Linearfaktoren um:

```
> factor(%);
```

$$(x + 4)(x + 3)(x + 1)(x - 1)(x - 5)$$

```
> factor(x^2+x-3.75);
```

$$(x + 2.500000000)(x - 1.500000000)$$

```
> factor(x^2-2);
```

$$x^2 - 2$$

Eine weitere Zerlegung des Ausdrucks x^2-2 in Faktoren ist offensichtlich nicht möglich. Durch Notierung der Konstanten als Gleitpunktzahl wird eine approximierte Lösung ermittelt.

```
> factor(x^2-2.0);
```

$$(x + 1.414213562)(x - 1.414213562)$$

Sind die Nullstellen des Polynoms, wie im obigen Beispiel, nicht rational, so kann man trotzdem eine Faktorisierung vornehmen, indem man den bekannten Wert $\sqrt{2}$ der Nullstelle als zweites Argument angibt.

```
> factor(x^2-2, sqrt(2));
```

$$-\left(-x + \sqrt{2}\right)\left(x + \sqrt{2}\right)$$

```
> factor(x^3+5,complex);
```

$$(x + 1.709975947)(x - 0.8549879733 + 1.480882610\,I)(x - 0.8549879733 - 1.480882610\,I)$$

Zusammenfassen von Teilausdrücken (combine, collect)

Der Befehl **combine** dient dem Zusammenfassen von Summen, Produkten und Potenzen und hat die Syntax

> **combine**(ausdruck)

> **combine**(ausdruck, name)

Für ausdruck und name können auch Listen von Ausdrücken bzw. Namen angegeben werden. Die Namen bezeichnen die Art der Teilausdrücke, die kombiniert werden sollen. Zugelassen sind beispielsweise die Namen abs, arctan, exp, ln, power (Potenzen), product, sum, radical und trig (trigonometrische Ausdrücke).

```
> ausdr:= ln(3)+ln(5)+e^x*e^y;
```

$$ausdr := \ln(3) + \ln(5) + e^x\,e^y$$

```
> combine(ausdr);
```

$$e^{x+y} + \ln(15)$$

Durch die Angabe eines 2. Arguments lässt sich die Wirkung von **combine** auf bestimmte Teilausdrücke beschränken.

```
> combine(ausdr,ln);
```

$$e^x\, e^y + \ln(15)$$

Der Befehl **collect** fasst einen Ausdruck in Bezug auf einen bestimmten Teilausdruck oder eine unausgewertete Funktion zusammen.

Syntax: **collect**(ausdruck, teilausdruck)

Für teilausdruck kann auch eine Liste von Teilausdrücken angegeben werden.

```
> restart:
> ausdr:= a*x+5*x-2*a;
```

$$ausdr := a\,x + 5\,x - 2\,a$$

```
> collect(ausdr, x);
```

$$(a + 5)\,x - 2\,a$$

```
> collect(ausdr, a);
```

$$(x - 2)\,a + 5\,x$$

Aber auch Zusammenfassungen nach mehreren Variablen sind mit einem einzigen Befehl möglich. Die betreffenden Variablen sind dabei in einer Liste anzugeben.

```
> ausdr2:= u*L2+u*L3-R1*i1*L2-L3*R1*i1-L3*R2*i2;
```

$$ausdr2 := u\,L2 + u\,L3 - R1\,i1\,L2 - L3\,R1\,i1 - L3\,R2\,i2$$

```
> collect(ausdr2, [i1,i2,u]);
```

$$(-R1\,L2 - L3\,R1)\,i1 - L3\,R2\,i2 + (L2 + L3)\,u$$

Zusammenfassen nicht-gleichnamiger Brüche (normal)

Der Befehl **normal** dient dem Zusammenfassen nicht-gleichnamiger Brüche.

      normal(ausdruck [,expanded])

Bei Angabe der Option expanded werden Zähler und Nenner ausmultipliziert.

```
> ausdruck:= (2*x+7)/(x^2+4*x+3) + 3/(x+5);
```

$$ausdruck := \frac{2\,x + 7}{x^2 + 4\,x + 3} + \frac{3}{x + 5}$$

```
> normal(ausdruck);
```

$$\frac{5\,x^2 + 29\,x + 44}{\left(x^2 + 4\,x + 3\right)(x + 5)}$$

```
> normal(ausdruck, expanded);
```

$$\frac{5\,x^2 + 29\,x + 44}{x^3 + 9\,x^2 + 23\,x + 15}$$

Wurzeln aus dem Nenner von Brüchen entfernen (rationalize)

Syntax: **rationalize**(ausdruck)

```
> ausdruck2:= (5*x^2+3*x+2)/sqrt(x+7)/sqrt(x+3);
```

$$ausdruck2 := \frac{5\,x^2 + 3\,x + 2}{\sqrt{x+7}\,\sqrt{x+3}}$$

```
> rationalize(ausdruck2);
```

$$\frac{\left(5\,x^2 + 3\,x + 2\right)\sqrt{x+7}\,\sqrt{x+3}}{x^2 + 10\,x + 21}$$

Der Konvertierungsbefehl convert

Dieser Befehl ist für die Umformung trigonometrischer Ausdrücke, für Partialbruchzerlegungen, Datentypumwandlungen, für die Umwandlung von Tabellen und Listen und viele andere Konvertierungen einsetzbar. Die allgemeine Form des Aufrufs lautet:

convert(ausdruck, form [, argument(e)])

form   Form des konvertierten Ausdrucks
argument(e)   optionale Argumente

Beispiel: Partialbruchzerlegung

```
> convert((x^2-1/2)/(x-1), parfrac, x);
```

$$x + 1 + \frac{1}{2\,(x-1)}$$

Zu der außerordentlich großen Zahl von Anwendungsmöglichkeiten (siehe Maple-Hilfe) sind im Anhang A4 weitere Beispiele zusammengefasst.

2.4.3 Herauslösen und Bilden von Teilausdrücken

Die Teilausdrücke bzw. Terme eines Ausdrucks ermittelt der Befehl **op**. Dieser kann in den Formen

op(ausdruck)   und

op(n, ausdruck)

eingesetzt werden. Die Anweisung **op**(ausdruck) liefert alle Teilausdrücke, aus denen sich *ausdruck* zusammensetzt.

```
> eq1:= x^2+4 = y*sqrt(2)-x;
```

$$eq1 := x^2 + 4 = y\,\sqrt{2} - x$$

```
> op(eq1);
```

$$x^2 + 4,\, y\,\sqrt{2} - x$$

Die Gleichung eq1 besteht demnach aus den Teilausdrücken $x^2 + 4$ und $y\sqrt{2} - x$. Auf jeden dieser Teilausdrücke kann man zugreifen, indem im Befehl **op** seine Nummer (der Index) als erstes Argument angegeben wird.

```
> term2:= op(2,eq1);
```

$$term2 := y\sqrt{2} - x$$

Eine weitere Zerlegung ist durch nochmalige Anwendung von **op** auf einen der vorher bestimmten Terme möglich:

```
> op(term2);
```

$$y\sqrt{2},\ -x$$

Der Index 0 liefert in diesen Beispielen den Typ des Ausdrucks zurück:

```
> op(0, eq1);
```

$$`=`$$

```
> op(0, term2);
```

$$`+`$$

Zerlegen von Gleichungen und Quotienten

Aus einer Gleichung wird der linke Teil durch den Befehl **lhs**, der rechte Teil durch den Befehl **rhs** herausgelöst.

```
> lhs(eq1);   rhs(eq1);
```

$$x^2 + 4$$

$$y\sqrt{2} - x$$

Das Zerlegen von Ausdrücken in Quotientenform ist mit den Funktionen **numer** und **denom** möglich.

```
> y2:=(x^2-2*x+6)/(x+5);
```

$$y2 := \frac{x^2 - 2x + 6}{x + 5}$$

```
> Z:= numer(y2);     #Zaehler
```

$$Z := x^2 - 2x + 6$$

```
> N:= denom(y2);     # Nenner
```

$$N := x + 5$$

2.4.4 Ersetzen und Auswerten von Ausdrücken

Die Befehle subs und algsubs

Bei der Umformung bzw. Entwicklung mathematischer Formeln sind häufig Teilausdrücke durch andere Teilausdrücke oder durch eine Variable zu ersetzen. Diese Aufgabe kann man mit den Befehlen **subs**, **subsop**, **algsubs** oder **eval** lösen.

Syntax der Befehle **subs** und **algsubs**:

    subs(ersetzung1, ersetzung2, ..., ausdruck)

    algsubs(ersetzung, ausdruck)

    Parameter:

    ersetzung   Gleichung der Form alter_Teilausdruck = neuer_Teilausdruck

    ausdruck   Ausdruck, in dem Teilausdrücke zu ersetzen sind

Beispiele:

```
> subs(x^2=z, x^6+3*x^2+4);
```

$$x^6 + 3z + 4$$

```
> algsubs(x^2=z, x^6+3*x^2+4);
```

$$3z + z^3 + 4$$

Der Vergleich beider Ergebnisse zeigt, dass **subs** auf Datenstrukturebene ersetzt, **algsubs** dagegen auch mathematische Regeln ($x^6 = z^3$) berücksichtigt. Mittels **sort** kann man die Summanden des letzten Resultats nach der Größe der Potenzen ordnen.

```
> sort(%);
```

$$z^3 + 3z + 4$$

Mit einem Befehl **subs** können auch mehrere Ersetzungen vorgenommen werden:

```
> restart:
> f:= K^2*(L1*L2+L1*L3+L2*L3)/(R1+R2);
```

$$f := \frac{K^2 (L1 \, L2 + L1 \, L3 + L2 \, L3)}{R1 + R2}$$

```
> g:= subs(L1*L2+L1*L3+L2*L3=Z, (R1+R2)=N, K^2=C, f);
```

$$g := \frac{CZ}{N}$$

Die Befehle **subs** und **algsubs** verändern den ursprünglichen Ausdruck nicht, sofern das Ergebnis nicht der Variablen, die den ursprünglichen Ausdruck bezeichnet, zugewiesen wird.

Zu beachten ist, dass **algsubs** nur mit Exponenten vom Typ Integer arbeitet!

Der Befehle subsop

Teilausdrücke an einer bestimmten Position eines Ausdruckes können mittels **subsop** durch neue Ausdrücke ersetzt werden. Der Befehl hat die Syntax

    subsop(position1= neuer_teilausdruck1,..., ausdruck)

```
> op(g);   # Ermittlung der Teilausdrücke von g
```

$$C, Z, \frac{1}{N}$$

```
> g2:= subsop(1=C1, 2=1/20, g);
```

$$g2 := \frac{1}{20} \frac{C1}{N}$$

Der Befehl eval

Dieser Befehl hat einen relativ großen Anwendungsbereich. Ebenso wie **subs** und **algsubs** kann er zum Ersetzen von Teilausdrücken verwendet werden. Im Gegensatz zu **subs** ersetzt er aber nicht nur Teilausdrücke, sondern wertet auch den modifizierten Ausdruck aus, kürzt also beispielsweise Brüche.

```
> eval(g2, [C1=2*Pi, N=3!]);
```

$$\frac{1}{60}\pi$$

Das eigentliche Anwendungsgebiet von **eval** ist die Auswertung von Ausdrücken bzw. Variablen an einem bestimmten Punkt $x = a$. Mit **eval** lassen sich beispielsweise auch die durch **dsolve/numeric** ermittelten Lösungen von Differentialgleichungen den abhängigen Variablen zuweisen (siehe 3.4.2). Das „Gegenstück" zu **eval** ist der Befehl **evaln**, mit dem man die Auswertung eines Bezeichners verhindern kann.

Auch **subsop** und **eval** verändern den ursprünglichen Ausdruck nicht.

Namensersetzungen mit dem Befehl alias

Syntax:

> alias(alias_1, alias_2, ...)

> Parameter:

> alias_i: alias_name = ursprünglicher_name

Neben dem Alias-Namen ist auch der ursprüngliche Name weiterhin gültig. Bei seinen Ausgaben benutzt Maple aber nur die Alias-Namen.

```
> restart:    f2:= Z/N:
```

Für N und Z werden die Alias-Namen Nenner und Zaehler eingeführt:

```
> alias(Nenner=N, Zaehler=Z):    f2;
```

$$\frac{Zaehler}{Nenner}$$

```
> op(f2);
```

$$Zaehler, \frac{1}{Nenner}$$

Zuweisungen an den urprünglichen Namen sind weiterhin möglich und gelten dann für beide Namen.

2.5   Graphische Darstellungen

Graphische Darstellungen sind für die Beschreibung mathematischer Sachverhalte sowie für die Auswertung der Ergebnisse mathematischer Berechnungen oft sehr wichtig. Computeralgebra-Systeme verfügen daher über vielfältige Möglichkeiten der Visualisierung und auch Maple ist in dieser Hinsicht besonders leistungsfähig. Im vorliegenden Abschnitt werden insbesondere die in den folgenden Kapiteln häufig genutzten Graphikfunktionen vorgestellt und erläutert. Ausführlichere Beschreibungen der graphischen Fähigkeiten von Maple sind im Maple-Nutzerhandbuch und in der zum Kapitel 2 aufgeführten Literatur zu finden. Einige tabellarische Zusammenfassungen enthält Anhang B. Wegen der Komplexität der Graphik-Funktionen von Maple wird aber häufig die Konsultation der Online-Hilfe von Maple unverzichtbar sein.

Die folgenden Maple-Plots verwenden aus drucktechnischen Gründen ein gegenüber der originalen Maple-Einstellung sehr eingeschränktes Farbspektrum, d. h. nur die Farben Blau und Schwarz. Diese beiden Farben wurden auch in der Datei maple.ini voreingestellt und sind daher in den Graphik-Befehlen nicht immer extra aufgeführt.

Für die 2D- und 3D-Darstellung von Funktionsgraphen stellt Maple u. a. die Funktionen **plot** und **plot3d** bereit. Darüber hinaus bietet das System in den Graphik-Bibliotheken (Packages) **plots** und **plottools** eine Vielzahl weiterer Funktionen, die sehr flexibel für die Generierung unterschiedlichster graphischer Darstellungen einsetzbar sind.

2.5.1 Erzeugung zweidimensionaler Graphiken mittels plot

Die graphische Darstellung einer Funktion mit einer unabhängigen Variablen, beispielsweise $y = \cos(x)$ im Bereich $0 \leq x \leq 2\pi$, liefert der Befehl

```
> plot(cos(x), x = 0 .. 2*Pi);
```

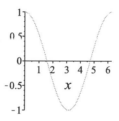

Durch das Markieren einer erzeugten Graphik mit dem Maus-Zeiger werden in der Kontextleiste der Maple-Arbeitsumgebung spezielle Symbole eingeblendet, über die man die Graphik in Teilen ergänzen oder verändern kann. Aber auch über das Kontextmenü, das nach der Markierung durch Betätigen der rechten Maustaste angezeigt wird, sind solche Änderungen sowie der Export der Graphik in verschiedenen Formaten möglich.

Der Befehl **plot** akzeptiert drei verschiedene Funktionstypen.

1. Reelle Funktionen einer Variablen, formuliert als Ausdruck, Maple-Funktion oder Prozedur:

   plot(ausdruck, x=a..b, ‖y=c..d,‖ Optionen)

   plot(f, a..b, ‖c..d,‖ Optionen)

   ausdruck …   Ausdruck in einer Variablen, z. B. x

   f …   Funktion

   a, b, c, d …   reelle Konstanten

   Die Klammern ‖.‖ bezeichnen optionale Angaben, hier den Ordinatenbereich.

2. Parameterdarstellungen von Funktionen:

   plot([ausdr1, ausdr2, t=c..d], Optionen)

plot([f1, f2, c..d], Optionen)

ausdr1, ausdr2 Ausdrücke für Parameterdarstellung

f1, f2 …   Funktionen

t …   Name des Parameters

3. Funktionsbeschreibungen durch Punkte:

plot(m, Optionen)

plot(v1, v2, Optionen)

plot([[x1, y1], [x2, y2], …, [xn, yn]], Optionen)

m …   Matrix

v1, v2 …   Vektoren oder Listen

[x1, y1], …   Punkt einer Funktion

Zu beachten ist die unterschiedliche Angabe der Darstellungsbereiche bei Ausdrücken und Funktionen.

Durch das Angeben von Optionen im Funktionsaufruf kann man eine Graphik schon bei der Ausführung von **plot** in vielerlei Hinsicht speziellen Vorstellungen anpassen. Beispielsweise lassen sich so die automatische Farbwahl des Systems durch die Vorgabe einer Liste von RGB-Farben ersetzen, Achsenbezeichnungen und Überschriften einfügen und formatieren, Koordinatenlinien einfügen oder eine Legende einblenden. Jedes Attribut wird in der Form

optionsname = optionswert

angegeben, wie das folgende Beispiel zeigt.

```
> plot(cos(x), x=0..2*Pi, color=black,
        axis=([gridlines=([10, color=blue])]));
```

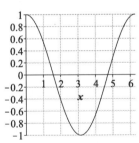

In diesem Beispiel beeinflusst die Option **axis** die Darstellung der Achsen, hier speziell Rasterbreite und Farbe des Gitternetzes. Weitere Optionen werden in den folgenden Beispielen und im Anhang B1 beschrieben.

Parameterdarstellungen

Für Parameterdarstellungen sind die zu einer Kurve gehörigen Komponenten zusammen mit der Bereichsangabe für den Parameter in einer Liste zusammenzufassen.

```
> plot([sin(t), cos(t), t=0..2*Pi], scaling=constrained);
```

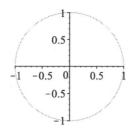

Im Beispiel hat die Option **scaling** die Aufgabe, eine einheitliche Skalierung von Abszisse und Ordinate zu sichern.

Szenen mit mehreren Funktionen

Um mehrere Funktionen in einer Graphik darzustellen, müssen die Funktionen im plot-Befehl durch eckige Klammern zu einer Liste zusammengefasst werden. Die einzelnen Kurvenzüge kann man dabei zwecks besserer Unterscheidung mit unterschiedlichen Farben (Option **color**) oder unterschiedliche Linienarten und Linienstärken ausgeben. Häufig ist es auch zweckmäßig, an die Graphik eine Legende mit Kurzbeschreibungen der Graphen anzuhängen (Option **legend**).

Eine einfarbige Darstellung mehrerer Kurvenverläufe durch Verwendung unterschiedlicher Linienarten (**linestyle**) und verschiedener Linienstärken (**thickness**) demonstriert das folgende Beispiel. Im Sinne der Übersichtlichkeit des Programms wird dabei außerdem eine Strukturierung der Parameter des Befehls **plot** vorgenommen. Die Option **discont** bewirkt, dass vor der Ausgabe der Kurvenzüge die Stellen von Diskontinuitäten bestimmt und diese bei der Graphikausgabe ausgeblendet werden, d. h. es entfallen dann die vertikalen Linien an den Unendlichkeitsstellen der Funktion.

```
> Titel:= title="Trigonometrische Funktionen",
         titlefont=[HELVETICA,BOLD,12]:
> Stil:= color=[black,black,black], thickness=[2,1,1],
         linestyle=[dot,solid,dash], discont=true:
> plot([sin(x),cos(x),tan(x)], x =-Pi..Pi, y=-3..3,
         Stil, legend=["sin","cos","tan"], Titel);
```

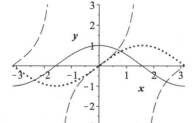

Ausgabe von punktweise beschriebenen Funktionen

Im Beispiel sind Abszissen- und Ordinatenwerte durch die Listen v1 und v2 vorgegeben.

```
> v1:= [0, 1, 2, 3, 4, 6, 7]:
> v2:= [0.8, 0.7, 0.4, 0.6, 0.8, 1.0, 1.3]:
> plot(v1,v2, style=point, symbol=cross, symbolsize=30,
        view=[0..8,0..1.5]);
```

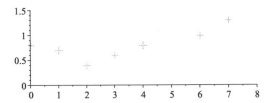

2.5.2 Das Graphik-Paket plots

Das Paket **plots** stellt weitere sehr nützlicher Graphik-Befehle zur Verfügung. Einige davon sind in der Tabelle 2.2 zusammengestellt (siehe auch Anhang B).

Tabelle 2.2 Befehle des Pakets plots (Auswahl)

animate, -3d	Animationen von Graphen erzeugen (siehe 2.5.3)
display	Grafische Ausgabe von Plot-Strukturen
dualaxisplot	Ausgabe mit zwei x-Achsen
implicitplot, -3d	Grafische Darstellung impliziter Funktionen
logplot, loglogplot	einfach-logarithmische Ausgabe: linear skalierte Abszisse; doppelt-logarithmische Ausgabe
polarplot	Darstellung in Polarkoordinaten
setoptions	Voreinstellung von Plot-Optionen
textplot	Bezeichnungen bzw. Texte einfügen

Der Befehl display

Dieser Befehl ermöglicht es, mehrere mit **plot** erzeugte Graphiken, die in Variablen zwischengespeichert wurden, gemeinsam, d. h. in einem Diagramm, auszugeben.

Syntax des Befehls **display**:

> **display**(plotliste, Optionen)

> **display**(plotarray, Optionen)

> Parameter:

> plotliste ...   Liste oder Menge von mit **plot** erzeugten Strukturen

> plotarray ...   ein- oder zweidimensionales Feld von plot-Strukturen

> Optionen ...   wie beim Befehl **plot** (Ausnahmen siehe unten)

Die Erzeugung der vorletzten Graphik des vorangegangenen Abschnitts wäre dann mit Hilfe der folgenden Maple-Befehle möglich, bringt hier aber keinen Vorteil:

```
> with(plots): setoptions(numpoints=1000): setcolors(['black']):
> Intervall:= x=-Pi..Pi, y=-3..3:
> pf:= plot(sin(x), Intervall, linestyle=dot, thickness=2):
> pg:= plot(cos(x), Intervall, linestyle=solid, thickness=1):
> ph:= plot(tan(x), Intervall, discont=true,
             linestyle=dash, thickness=1):
> display([pf, pg, ph], labels=["x","y"], Titel);
```

Der Befehl **setoptions** setzt die Optionen, die für die folgenden Plot-Befehle Gültigkeit haben. Mit **numpoints** wird die Mindestzahl der für die Darstellung der Graphik zu erzeugenden Punkte festgelegt. Der Standardwert dafür ist 50. Mit **setcolors** wird eine Liste von Farben vorgegeben, die zyklisch abgearbeitet wird. Die aktuelle Farbliste bringt der Befehl **setcolors**() zur Anzeige.

Zu beachten ist, dass die Funktion **display** nicht alle Optionen akzeptiert, die bei **plot** zugelassen sind, so auch nicht die Optionen **legend** und **discont**. Über das Kontextmenü, welches man für jede Graphik mit Hilfe der rechten Maustaste öffnen kann, bieten sich jedoch umfangreiche Bearbeitungsmöglichkeiten der ausgegebenen Graphiken. Beispielsweise kann auf diese Weise interaktiv der Stil der Kurven, deren Farbe, die Achsendarstellung u. a. verändert werden. Ebenso lässt sich in eine mit **display** erzeugte Graphik noch eine Legende mit frei wählbarem Text einfügen.

Übergibt man **display** die einzelnen Plots als Feld, dann werden sie je nach Dimension des Feldes entweder nebeneinander oder in mehreren Zeilen und Spalten dargestellt.

```
> display(array([pf, pg, ph]), numpoints=1000);
```

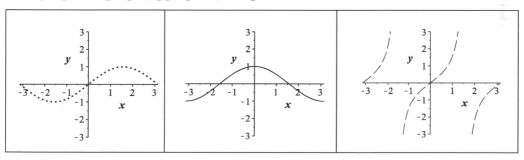

Der Befehl dualaxisplot

Er erzeugt eine Graphik mit zwei y-Achsen und ermöglicht so die Kombination zweier Graphen mit sehr unterschiedlicher Skalierung in einem Diagramm.

Syntax:

    dualaxisplot(ausdruck1, ausdruck2, x=a..b, optionen)

    dualaxisplot(p1, p2)

Parameter:

ausdruck	Ausdruck oder Prozedur
x=a..b	Bereich auf der Abszisse
p1, p2	Plot-Strukturen, die mit plot, plots[display] oder
	plots[animate] erzeugt wurden

Die linke y-Achse ist mit dem ersten Ausdruck von **dualaxisplot** verbunden, die rechte y-Achse mit dem zweiten. Eine begrenzte Zahl der bei **plot** zulässigen Optionen (axis, color, legend, linestyle, symbol, symbolsize, thickness, transperancy) kann als Liste mit zwei Werten vorgegeben werden, alle anderen nur mit einem Wert.

Um den beiden y-Achsen unterschiedlichen Bezeichnungen anzufügen, muss man zwei durch separate Plot-Befehle erzeugte Graphiken mittels **dualaxisplot** kombinieren. Im folgenden Beispiel werden die beiden Graphen $u(t)$ und $i(t)$ mittels **plot** erzeugt, in den beiden Variablen p1 und p2 gespeichert und zum Schluss mit **dualaxisplot** angezeigt.

```
> restart:  with(plots):
> u:= 100*sin(2*Pi*t):  i:= 0.7*sin(2*Pi*t+Pi/3):
> setoptions(gridlines=true, numpoints=1000):
> p1:= plot(u, t=0..3, labels=["t","u(t)"], color=blue,legend="u(t)"):
> p2:= plot(i, t=0..3, y=-1..1, labels=["t","i(t)"],
          color=black, legend="i(t)"):
> dualaxisplot(p1, p2);
```

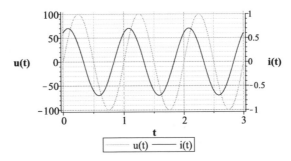

Bei der Vorgabe eines Darstellungsbereiches für die Ordinate (im obigen Beispiel der Ausdruck zur Berechnung von $p2$) ist zu beachten, dass als Bezeichnung der Ordinate y (und nicht beispielsweise i) verwendet werden muss. Im Unterschied dazu ist bei der Darstellung einer echten Funktion der Abszissenbereich in der Form a..b anzugeben (nicht t = a..b). Danach folgt die Vorgabe des Ordinatenbereichs in der gleichen Form. Die folgenden zwei Befehlszeilen demonstrieren das. Aus dem bisher verwendeten Ausdruck i wird die Funktion Fi gebildet und danach die plot-Anweisung mit dieser Funktion notiert.

```
> Fi:= unapply(i,t);
```

$$Fi := t \rightarrow 0.7 \sin\left(2\pi t + \frac{1}{3}\pi\right)$$

```
> p2:= plot(Fi, 0..3, -1..1, labels=["t","i(t)"]);
```

Der Befehl implicitplot

Mit **implicitplot** kann man eine implizit definierte Kurve als zweidimensionale Graphik, beispielsweise im kartesischen Koordinatensystem, ausgeben.

Syntax (Auszug):

> **implicitplot**(ausdruck, x=a..b, y=c(x)..d(x), Optionen)

> **implicitplot**(funktion, a..b, c..d, Optionen)

In der ersten Form von **implicitplot** steht *ausdruck* für einen Ausdruck oder eine Gleichung. Sofern *ausdruck* nicht als Gleichung angegeben ist, wird die Graphik für *ausdruck* = 0 dargestellt. Die Variablen *x* und *y* stehen stellvertretend für die zwei Variablen, die im Argument *ausdruck* verwendet werden. Im zweiten Aufruf von **implicitplot** kann die Funktion auch eine Prozedur sein. Ausgegeben wird der Graph zur Gleichung *funktion* = 0.

Die meisten Optionen des Befehls **plot** sind auch für **implicitplot** verwendbar. Außerdem gibt es eine Reihe spezieller Optionen, die vor allem die Verbesserung der Darstellungsqualität der durch Abtastung und Interpolation gewonnen Punkte des Graphen zum Ziel haben.

Tabelle 2.3 Spezielle Optionen für implicitplot

Option	Werte
grid = [m, n]	Punkte für Initialisierung der 2-D-Kurve; m, n >1, Integer (Standard: m, n = 26)
gridrefine = p	p ≥ 0, Integer (Standard: p = 0)
crossingrefine = q	q ≥ 0, Integer (Standard: p = 0)

Die voreingestellten Werte obiger Optionen von **implicitplot** sind niedrig, um die Rechenzeiten klein zu halten. Die Qualität der Ergebnisse ist daher u. U. schlecht, kann aber durch Erhöhung der Werte für obige Optionen (siehe Beispiel) verbessert werden.

Beispiel:

```
> ## Stabilitätsbereich der Runge-Kutta-Verfahren 3. und 4. Ordnung ##
> restart: with(plots):
> setoptions(view=[-3..1,-3..3], labelfont=[TIMES,14]):
> Opt:= a=-3..3,b=-3..3, grid=[100,100],crossingrefine=3,gridrefine=2:
> RK3:= abs(1+a+I*b+1/2*(a+I*b)^2+1/6*(a+I*b)^3)=1;
```

$$RK3 := \left| 1 + a + Ib + \frac{1}{2}\,(a + Ib)^2 + \frac{1}{6}\,(a + Ib)^3 \right| = 1$$

```
> RK4:= abs(1+a+I*b+1/2*(a+I*b)^2+1/6*(a+I*b)^3+1/24*(a+I*b)^4)=1;
```

$$RK4 := \left| 1 + a + Ib + \frac{1}{2}\,(a + Ib)^2 + \frac{1}{6}\,(a + Ib)^3 + \frac{1}{24}\,(a + Ib)^4 \right| = 1$$

```
> implicitplot([RK3,RK4], Opt, color=["Black","Blue"],
           labels=["ha","ihb"],legend=["RK3","RK4"]);
```

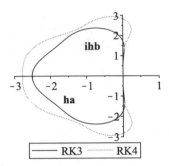

Die Option **view** übernimmt die Festlegung des Darstellungsbereichs unabhängig von der berechneten Werten der Graphen. Beim Symbol I in den Ausdrücken RK3 und RK4 handelt es sich um die imaginäre Einheit (siehe 2.6).

2.5.3 Animationen unter Maple

Animationen kann man mit Hilfe der Funktionen **animate** und **animate3d** des Paketes **plots** oder auch mit der Funktion **seq** erzeugen. Es handelt sich dabei um Sequenzen (Folgen) von Bildern, die nacheinander in einem Animationsfenster dargestellt werden. Eine 2D-Animation wird in der Form

       animate(plotkommando, plotarg, t=a..b, Optionen)

aufgerufen. Das Argument *plotkommando* bezeichnet die Maple-Funktion, mit der der 2D-Plot erzeugt wird, *plotarg* die Argumente von *plotkommando*. Dahinter stehen der Name *t* des Parameters, dessen Einfluss die Animation verdeutlichen soll, und dessen Wertebereich in der Form t=a..b. Weitere Optionen für die Funktionen **plot** oder **animate** können folgen. Ein Beispiel soll das verdeutlichen.

```
> with(plots,animate): animate(plot, [a*(x^2-1), x=-4..4], a=-2..2);
```

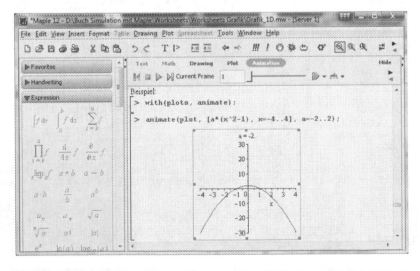

Bild 2.3 Maple-Arbeitsumgebung mit Kontextleiste für die Steuerung der Animation

In oberen Teil des durch diesen Befehl erzeugten Achsenkreuzes (Bild 2.3) wird der aktuelle Wert des Animationsparameters eingeblendet. Nach Anklicken der Graphik erscheinen in der Kontextleiste (Leiste über Worksheet) zusätzliche Symbole, über die man die Animation steuern kann: schrittweiser oder kontinuierlicher Ablauf, Geschwindigkeit der Animation usw. Die Zahl der Frames ist auf 25 voreingestellt. Für 25 Werte des Parameters a im Bereich –2 bis 2 wird im Beispiel der Funktionsverlauf fortlaufend berechnet und angezeigt.

Mit der Option **frames** = n (n... ganze Zahl) kann man eine feinere oder gröbere Animation einstellen und über die Option **numpoints** die minimale Anzahl der berechneten Bildpunkte steuern. Animierte 3D-Plots erzeugt der Befehl **animate3d**.

2.6 Komplexe Zahlen und Zeigerdarstellungen

2.6.1 Komplexe Zahlen

Das Symbol für die imaginäre Einheit, in Maple normalerweise der Buchstabe **I**, ist mit Hilfe der Funktion **interface/ imaginaryunit** frei wählbar. In diesem Abschnitt wird dafür der Buchstabe j verwendet.

```
> restart:  interface(imaginaryunit = j):
```

Eine komplexe Zahl kann man als Zeiger in der komplexen Zahlenebene darstellen. In den folgenden Beispielen wird die komplexe Zahl

$$a = e^{-j\frac{2\pi}{3}} = \cos\left(\frac{2\pi}{3}\right) + j \cdot \sin\left(\frac{2\pi}{3}\right) = -\frac{1}{2} + j\frac{\sqrt{3}}{2}$$

benutzt. Durch Multiplikation mit a wird ein Zeiger in der komplexen Ebene um $2\pi/3$ im Uhrzeigersinn gedreht.

```
> a:= exp(-(2*j*Pi)*(1/3));
```

$$a := -\frac{1}{2} - \frac{1}{2}j\sqrt{3}$$

```
> zeiger1:= 1;
```

$$zeiger1 := 1$$

```
> zeiger2:= zeiger1*a;
```

$$zeiger2 := -\frac{1}{2} - \frac{1}{2}j\sqrt{3}$$

```
> zeiger3:= zeiger2*a;
```

$$zeiger3 := \left(-\frac{1}{2} - \frac{1}{2}j\sqrt{3}\right)^2$$

Der Befehl **evalc** wandelt komplexe Ausdrücke in die Form $a+jb$ um.

```
> zeiger3:= evalc(zeiger2*a);
```

$$zeiger3 := -\frac{1}{2} + \frac{1}{2}j\sqrt{3}$$

Die Funktionen Re und Im

trennen Real- und Imaginärteil eines komplexen Ausdrucks.

```
> a2:= Re(zeiger2);   b2:= Im(zeiger2);
```

$$a2 := -\frac{1}{2}$$

$$b2 := -\frac{1}{2}\sqrt{3}$$

Umgekehrt kann aus Real- und Imaginärteil mittels **Complex** eine komplexe Variable gebildet werden:

```
> z:= Complex(2, 3);
```

$$z := 2 + 3j$$

```
> zeiger2:= Complex(a2, b2);
```

$$zeiger2 := Complex\left(-\frac{1}{2}, -\frac{1}{2}\sqrt{3}\right)$$

```
> zeiger2:= evalc(%);
```

$$zeiger2 := -\frac{1}{2} - \frac{1}{2}j\sqrt{3}$$

Viele mathematische Funktionen von Maple sind auch auf komplexe Zahlen anwendbar.

2.6.2 Zeigerdarstellung im Grafikpaket plots

Für die graphische Darstellung von Zeigern stellt das Paket **plots** den Befehl **arrow** zur Verfügung. Er kann in mehreren Formen verwendet werden:

> **arrow**(u, optionen)

> **arrow**(u, v, optionen)

> u, v … Vektoren oder Liste oder Menge von Vektoren

Bei der Variante **arrow**(u, optionen) beschreiben die Komponenten *u* den oder die Zeiger, die im Nullpunkt des Koordinatensystems beginnen. Je nach Anzahl der Komponenten wird eine zwei- oder eine dreidimensionale Darstellung erzeugt. Die zweite Form des Aufrufs von **arrow** gibt für jeden Zeiger Anfangs- und Endpunkt durch einen Vektor vor. Für die Festlegung der Form des Zeigers existieren die in Tabelle 2.4 beschriebenen Optionen.

Tabelle 2.4 Optionen des Befehls arrow im Paket plots

shape	Form Zeigerspitze: *harpoon, arrow, double_arrow* (Standard für *2-D: double_arrow*)
length	Zeigerlänge: length=länge oder length=[länge, relative=*true, false*]
width	Zeigerdicke: width=dicke oder width=[dicke, relative=*true, false*]
head_length	Länge Zeigerspitze: head_length=länge oder head_length=[länge, relative=...]
head_width	Dicke Zeigerspitze: head_width=dicke oder head_width=[dicke, relative=...]

Ohne Angabe der Option **width** wählt Maple als Zeigerdicke 1/20 der Zeigerlänge. Fehlt die Angabe der Option **length**, dann wird die Zeigerlänge durch die beschriebenen Endpunkte der Vektoren festgelegt. Sofern die Länge der Zeigerspitze nicht vorgegeben ist, wird für diese automatisch 1/5 der Zeigerlänge angenommen.

Alle Längen- und Dickenangaben können absolut oder relativ erfolgen. Standard ist relativ = false, d. h. die Werte werden als Absolutwerte interpretiert. Bei relativer Vorgabe beziehen sich die Zeigerdicke und die Länge der Zeigerspitze auf die Zeigerlänge und die Dicke der Zeigerspitze steht in Relation zu deren Länge. Wird die Zeigerlänge als Relativwert vorgegeben, dann bezieht sich diese Angabe auf die Distanz zwischen den Endpunkten des Vektors.

Beispiel:

```
> with(plots):  Opt := width=0.1e-1, head_width=0.1:
> pzeiger1:= arrow([0,0],[Re(zeiger1),Im(zeiger1)], Opt, color=blue):
> pzeiger2:= arrow([0,0],[Re(zeiger2),Im(zeiger2)], Opt, color=black):
> pzeiger3:= arrow([0,0],[Re(zeiger3),Im(zeiger3)], Opt, color=gray):
> display([pzeiger1, pzeiger2, pzeiger3]);
```

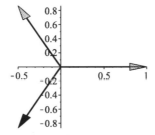

Die gleiche Zeigerdarstellung wie oben lässt sich mit etwas weniger Schreibaufwand mit Hilfe der Funktion **seq** erzeugen.

```
> zeiger:= [1, a, a^2]:  farbe:= [blue, black, gray]:
> pzeiger:= seq(arrow([0,0],[Re(zeiger[i]),Im(zeiger[i])],Optionen,
           color=farbe[i]), i=1..3):
> display(pzeiger, axes=none, scaling=constrained);
```

2.6.3 Zeigerdarstellung in Polarkoordinaten

Funktionen:

polar   formt komplexe Ausdrücke in ihre Polarkoordinatendarstellung um,

abs   bildet den Betrag eines Zeigers bzw. eines komplexen Ausdrucks

argument   ermittelt den Winkel eines Zeigers in der komplexen Ebene

```
> abs(zeiger2); argument(zeiger2);
```

$$1$$
$$\frac{2}{3}\pi$$

2.7 Lösung von Gleichungen bzw. Gleichungssystemen

2.7.1 Symbolische Lösung von Gleichungen mit solve

Als einführendes Beispiel diene eine quadratische Gleichung.

```
> restart:
> solve(x^2-2*x+4 = 0);
```

$$1 + I\sqrt{3}, 1 - I\sqrt{3}$$

Für dieses Beispiel ermittelt Maple zwei imaginäre Lösungen. Sofern in der Gleichung nur eine Unbekannte auftritt, wird automatisch die Lösung der Gleichung für diese − im obigen Beispiel für x − ermittelt. Bei mehreren Unbekannten muss die Variable, nach der die Gleichung aufgelöst werden soll, im Funktionsaufruf als zweiter Parameter angegeben werden.

```
> eq1:= x^2+4 = y*sqrt(2);
```

$$eq1 := x^2 + 4 = y\sqrt{2}$$

```
> solve(eq1, x);
```

$$\sqrt{-4 + y\sqrt{2}}, -\sqrt{-4 + y\sqrt{2}}$$

Bei Polynomen ermittelt **solve** alle Lösungen, auch mehrfache Nullstellen.

```
> poly := (x-2)^3*(x-1)^2*(x+1):
> solve(poly);
```

$$2, 2, 2, 1, 1, -1$$

Ist der Grad des Polynoms größer als vier, dann bestimmt **solve** meist keine expliziten Lösungen und benutzt die sogenannte **RootOf-Darstellung**. In diesem Fall kann man anschließend mittels **evalf** die numerischen Lösungen bestimmen.

```
> solve(x^4-2*x-1 = 0);
```

$$\text{RootOf}\left(\_Z^4 - 2\_Z - 1, index = 1\right), \text{RootOf}\left(\_Z^4 - 2\_Z - 1, index = 2\right),$$

$$\text{RootOf}\left(\_Z^4 - 2\_Z - 1, index = 3\right), \text{RootOf}\left(\_Z^4 - 2\_Z - 1, index = 4\right)$$

```
> evalf(%);
```

$$1.395336994, -.4603551885+1.139317680\,I, -.4746266176, -.4603551885-1.139317680\,I$$

In manchen Fällen kann man zur RootOf-Darstellung mit Hilfe der Funktion **allvalues** symbolische Lösungen ermitteln.

```
> res:= allvalues([%%]):
```

Man beachte, dass in dieser Anweisung das Argument in eckigen Klammern stehen muss. Wegen des großen Umfangs dieser Lösung wird hier auf eine Ausgabe verzichtet.

Bei Polynomen und nur bei Polynomen ermittelt **solve** alle Lösungen.

```
> solve(cos(x),x);
```

$$\frac{1}{2}\,\pi$$

Um beispielsweise auch für die obige trigonometrische Funktion eine allgemeine Lösung zu erhalten, muss man die Umgebungsvariable **_EnvAllSolutions** auf den Wert **true** setzen:

```
> _EnvAllSolutions:= true:
> solve(cos(x),x);
```

$$\frac{1}{2}\,\pi + \pi\_Z1\!\sim$$

Der Bezeichner *_Z1~* steht dabei für die Menge der ganzen Zahlen.

2.7.2 Symbolische Lösung von Gleichungssystemen

Beim Lösen von Gleichungssystemen mit **solve** bilden die einzelnen Gleichungen als Menge das erste Argument. Die Unbekannten des Gleichungssystems werden als zweites Argument und zweckmäßigerweise als Liste übergeben. Zwar wäre es auch möglich, sie als Menge zu notieren, doch ist dann die Reihenfolge der Ausgabe der Ergebnisse zufallsabhängig und von Session zu Session verschieden, so dass ein Zugriff auf einzelne Ergebnisse über Indizes problematisch wird.

```
> eq1:= -2*x+2*y+7*z=0:
  eq2:= x-y-3*z-1:
  eq3:= 3*x+2*y+2*z=5:
> sol:= solve({eq1,eq2,eq3},[x,y,z]);
```

$$sol := [[x = 3, y = -4, z = 2]]$$

Nach Ausführung des Befehls **solve** sind die Ergebnisse noch nicht den Variablen *x*, *y* und *z* zugewiesen. Mit dem Befehl **assign** kann man die Zuweisung durchführen.

```
> assign(sol);
> x,y,z;
```

$$3, -4, 2$$

Die durch **assign** zugewiesenen Werte werden nun auch in den Ausgangsgleichungen verwendet. Damit kann man die Richtigkeit der Ergebnisse wie folgt überprüfen.

```
> eq1,eq2,eq3;
```

$$0 = 0, 1 = 1, 5 = 5$$

Ein sehr wesentlicher Nachteil der eben praktizierten Zuweisung mittels **assign** ist jedoch die Tatsache, dass danach das Gleichungssystem *eq1* bis *eq3* und auch die Lösung *sol* nicht mehr zur Verfügung stehen, weil die Variablen *x*, *y*, und *z* mit den Ergebniswerten belegt wurden. Günstiger als die Verwendung von **assign** ist daher in der Regel eine lokale Zuweisung mit den Befehlen **subs** oder **eval**.

```
> x1:= subs(sol[],x):  y1:= subs(sol[],y):  z1:= subs(sol[],z):
```

Unterbestimmte lineare Gleichungssysteme

Maple bestimmt mit **solve** auch Lösungen für Gleichungssysteme, bei denen die Zahl der Gleichungen geringer ist als die Zahl der Unbekannten.

```
> restart:
> solve({x-y+z=4, 2*x+3*y-z=-1}, [x,y,z]);
```

$$\left[\left[x = x,\ y = -\frac{3}{2}\,x + \frac{3}{2},\ z = -\frac{5}{2}\,x + \frac{11}{2}\right]\right]$$

In diesem Beispiel wählt Maple die Unbekannte x als Parameter. Diese Wahl ist nicht beeinflussbar.

2.7.3 Numerische Lösung von Gleichungen und Gleichungssystemen mit fsolve

Notation und Ergebnisausgabe von **fsolve** entsprechen weitgehend dem zu **solve** Gesagten. Über Optionen lässt sich jedoch die Ausführung des Befehls beeinflussen, so dass die Beschreibung der Syntax von **fsolve** etwas aufwändiger ist. Die einfachste Ausführung des Befehls hat die Form

fsolve(gleichung) bzw. **fsolve**(gleichungssystem).

Handelt es sich bei der Gleichung um ein Polynom, findet **fsolve** meist alle Lösungen.

```
> fsolve(x^5+2*x^4-24*x^3-62*x^2+23*x+60=0);
```

$$-4.,\ -3.,\ -1.,\ 1.,\ 5.$$

Bei transzendenten Funktionen gibt **fsolve** nur eine Nullstelle an.

```
> fsolve(tan(x));
```

$$0.$$

Man kann allerdings im Befehl auch einen Näherungswert oder einen Bereich für die gesuchte Nullstelle vorgeben und so weitere Nullstellen berechnen lassen.

```
> fsolve(tan(x), x=3);
```

$$3.141592654$$

```
> fsolve(tan(x), x=6..8);
```

$$6.283185307$$

Kann Maple in dem vorgegebenen Bereich keine Nullstelle ermitteln, dann wiederholt es in der Ergebnisausgabe den eingegebenen Befehl.

```
> fsolve(tan(x), x=4..5);
```

$$fsolve(\tan(x),\ x,\ 4..5)$$

Anders als **solve** ermittelt **fsolve** ohne spezielle Aufforderung nur reelle Lösungen. Soll **fsolve** auch komplexe Lösungen berechnen, dann muss man das mit der **Option complex** anweisen. In diesem Fall ist vor der Option als zweites Argument außerdem die Unbekannte zu notieren.

```
> fsolve(x^2-2*x+4 = 0, x, complex);
```

$$1.000000000 - 1.732050808\ I,\ 1. + 1.732050808\ I$$

Zum Befehl **fsolve** sind außer **complex** noch weitere Optionen verfügbar (siehe Maple-Hilfe).

2.8 Definition von Funktionen und Prozeduren

2.8.1 Funktionen mit einer oder mehreren Variablen

Zusätzlich zu dem großen Vorrat vordefinierter Funktionen, die man mit **?inifunctions** auflisten kann, hat der Anwender auch die Möglichkeit, eigene Funktionen zu definieren.

Funktionsdefinition:

fname := var $\rightarrow$ ausdruck(var) oder

fname := (var1, var2, ...) $\rightarrow$ ausdruck(var1,var2,...)

Parameter:

fname	Name der Funktion
var, var1, var2,...	unabhängige Variablen
ausdruck(var)	Funktionsausdruck

Beispiele:

```
> f:= x -> (x-3)^2-5;
```

$$f := x \rightarrow (x-3)^2 - 5$$

```
> f(5);  # Aufruf dieser definierten Funktion f
```

$$-1$$

```
> c:= (a,b) -> sqrt(a^2+b^2);
```

$$c := (a,b) \rightarrow \sqrt{a^2 + b^2}$$

```
> c(1,1);
```

$$\sqrt{2}$$

2.8.2 Umwandlung eines Ausdrucks in eine Funktion (unapply)

Ein anderer Weg zur Definition einer Funktion ist die Umwandlung eines mathematischen Ausdrucks in eine Funktion mit Hilfe von **unapply**.

fname := **unapply**(ausdruck(var), var)

bzw.

fname := **unapply**(ausdruck(var1, var2,...), var1, var2,...)

Beispiel:

```
> c:= unapply(sqrt(a^2+b^2), a, b);
```

$$c := (a,b) \rightarrow \sqrt{a^2 + b^2}$$

```
> c(2,3);
```

$$\sqrt{13}$$

2.8.3 Zusammengesetzte Funktionen (piecewise)

Abschnittsweise zusammengesetzte Funktionen werden mit **piecewise** formuliert.

Syntax:

> f := **piecewise**(Bed_1, f1, Bed_2, f2, ..., Bed_n, fn, fsonst)

Parameter:

Bed_i ... Bedingung i; wenn Bed_i erfüllt ist, dann gilt die Funktion fi

Die Auswertung des Klammerausdrucks erfolgt wie bei einer CASE-Anweisung: if Bed_1 = true then f1, else if Bed_2 = true then f2, und so weiter. Wenn keine der Bedingungen wahr ist, dann gilt fsonst.

Beispiel:

Eine Sägezahnfunktion wird mit Hilfe der Funktion **piecewise** beschrieben.

```
> g1 := piecewise(x<1,x, x<2,1-(x-1), x<3,x-2, x<4,4-x);
```

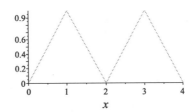

$$g1 := \begin{cases} x & x < 1 \\ 2 - x & x < 2 \\ x - 2 & x < 3 \\ 4 - x & x < 4 \end{cases}$$

```
> plot(g1, x=0..4);
```

Eine mit **piecewise** definierte Funktion kann differenziert, integriert, vereinfacht (simplify) sowie mit **plot** graphisch dargestellt werden. Außerdem kann man sie in Differentialgleichungen folgender Typen benutzen: in Differentialgleichungen mit durch **piecewise** definierten Koeffizienten, in linearen Differentialgleichungen mit konstanten Koeffizienten und durch **piecewise** definierter Störfunktion, in Riccati-Gleichungen usw. (siehe Maple-Hilfe).

2.8.4 Approximation von Funktionen

Häufig wird ein funktionaler Zusammenhang nicht durch eine Formel, sondern durch n Wertepaare (Stützpunkte) beschrieben. Für die Verarbeitung solcher punktweise vorgegebenen Funktionen wird dann eine analytische Funktion gesucht, deren Parameter so gewählt sind, dass sich ihr Verlauf den Stützpunkten möglichst gut annähert. Für diese Anpassung (Approximation) einer analytischen Funktion stellt Maple verschiedene Befehle zur Verfügung, von denen hier nur die Funktion **Spline** aus dem Paket **CurveFitting** vorgestellt wird. Eine andere Form der Anpassung über eine Ausgleichsrechnung liefert die Prozedur **Fit** (Paket **Statistics**), die im Abschnitt 4.6.2 beschrieben und in einem Beispiel verwendet wird.

Die Funktion Spline

Die Funktion **Spline** approximiert eine durch Stützpunkte vorgegebene Funktion $y(x)$ abschnittsweise durch Interpolationspolynome eines wählbaren Grades d. Für jedes durch die Stützpunkte definierte Intervall berechnet sie ein Interpolationspolynom $P_i(x)$, das sich dadurch auszeichnet, dass die aus den einzelnen Polynomen zusammengesetzte interpolierende Funktion an den inneren Stützstellen stetig und – abhängig vom Grad der Polynome – ein- oder mehrfach stetig differenzierbar ist. Die zusammengesetzte interpolierende Funktion bezeichnet man als Spline-Funktion oder kurz als Spline.

Beispielsweise wird ein kubischer Spline durch mehrere Polynome dritten Grades gebildet, für die an den Teilungspunkten des Interpolationsintervalls $[a, b]$, den Knotenstellen, die Funktionswerte sowie die erste und zweite Ableitung mit den entsprechenden Werten des benachbarten Polynoms übereinstimmen. Die Teilpolynome $P_i(x)$ haben die Form

$$P_i(x) = a_i + b_i(x - x_i) + c_i(x - x_i)^2 + d_i(x - x_i)^3 \; ; \quad i = 0(1)n - 1 .$$

Für die Berechnung der Spline-Funktionen ist außerdem die Festlegung von Randbedingungen notwendig. Je nach deren Vereinbarung unterscheidet man

1. Natürliche kubische Splines: $\quad P_0''(x_0)=0; \quad P_{n-1}''(x_n)=0$

2. Periodische kubische Splines: $\quad P_0'(x_0)=P_{n-1}'(x_n)$

   $$P_0''(x_0)=0; \quad P_{n-1}''(x_n)=0$$

3. Kubische Splines mit vorgegebener Randableitung:

   $P_i'(x_0) = f'(a)$ und $P_i'(x_i) = P_{i-1}'(x_i)$; $\quad P_i''(x_0) = f''(a)$ und $P_i''(x_n) = f''(b)$

Syntax von **Spline:**

Spline(xdata, ydata, v [, **degree**=d] [, **endpts**=e]) oder

Spline(xydata, v [, **degree**=d] [, **endpoints**=e])

Parameter:

xdata	Liste, Feld oder Vektor der x-Werte (Stützstellen)
ydata	Liste, Feld oder Vektorder y-Werte (Stützwerte)
xydata	Liste, Feld od. Matrix d. Stützpunkte in Form [[x0,y0], [x1, y1], ..., [xn, yn]]
v	Variable der Spline-Funktion
degree	Grad der Teilpolynome; d ist eine ganze positive Zahl, Standard: d=3
endpts	Festlegung für Endpunkte der Spline-Fkt.; e = natural, periodic, notaknot

Beispiel:

Die Kennlinie der nichtlinearen Induktivität $L = f(i)$ soll mittels Spline-Interpolation modelliert werden. Gegeben sind die Stützstellen *idata* und die Stützwerte *Ldata*.

```
> idata:= [0, 1.5, 9, 15, 25, 40, 67.5, 125]:
> Ldata:= [0.072, 0.071, 0.043, 0.031, 0.021, 0.015, 0.01, 0.007]:
> with(CurveFitting):
> L1:= Spline(idata, Ldata, i, degree=1); # Spline-Interpol. linear
```

$$L1 := \begin{cases} 0.07200000000 - 0.00066666666667\,i & i < 1.5 \\ 0.07660000000 - 0.003733333333\,i & i < 9 \\ 0.06100000000 - 0.002000000000\,i & i < 15 \\ 0.04600000000 - 0.001000000000\,i & i < 25 \\ 0.03100000000 - 0.00040000000000\,i & i < 40 \\ 0.02227272727 - 0.0001818181818\,i & i < 67.5 \\ 0.01352173913 - 0.00005217391304\,i & \textit{otherwise} \end{cases}$$

```
> plot(L1, i=0..124);
```

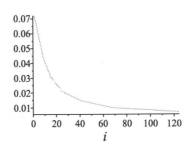

Die Berechnung der Spline-Polynome kann man auch mit der Erzeugung einer Funktion zur Berechnung interpolierter Werte verbinden. Die folgende Befehlszeile erzeugt eine kubische Spline-Funktion für die oben angegebenen Wertepaare:

```
> L3:= i -> Spline(idata, Ldata, i); # Def.einer kub. Splinefunktion
```

$$L3 := i \rightarrow CurveFitting:\text{-}Spline\,(idata,\,Ldata,\,i)$$

```
> L3(5);
```

$$0.06014175220$$

2.8.5 Prozeduren

Etwa 90 % der in Maple vorhandenen Befehle sind Prozeduren, die in der Sprache von Maple erstellt wurden [Walz02]. Prozeduren sind demnach sehr vielseitige Sprachkonstrukte, die im Folgenden nur stark vereinfacht beschrieben werden. Weitergehende Informationen liefert neben der Maple-Hilfe das Buch [Walz02], in dem ca. 60 Seiten diesem Thema gewidmet sind.

Definition einer Prozedur

　　　prozedur_name:= **proc**(fparam1,f param2, ...)
　　　　　local var1, var2,...;
　　　　　global vari1, vari2,...;
　　　　　option ...
　　　　　anweisung(en)
　　　end proc;　　　# Ende der Prozedur

Hinter dem Schlüsselwort **proc** im Prozedurkopf steht die Parameterliste. Diese enthält eine beliebige Zahl formaler Parameter, die für die beim Prozeduraufruf zu übergebenden aktuellen Parameter stehen. Die Parameter können aber auch ganz entfallen. Auf den Prozedurkopf folgt der Deklarationsteil mit den Schlüsselworten **local** und **global**. Sofern in der Prozedur andere Variablen als die in der Parameterliste aufgeführten verwendet werden, sind diese je nach Gültigkeitsbereich hier einzutragen. Lokale Variablen gelten nur innerhalb der Prozedur, haben also keinen Bezug zu eventuellen Variablen gleichen Namens außerhalb derselben. Auf das Schlüsselwort **option** können verschiedene Optionen, beispielsweise **remember**, folgen. Die Option **remember** veranlasst, dass für die Prozedur eine Erinnerungstabelle angelegt wird, in der alle berechneten Ergebnisse abgelegt werden. Folgt dann ein Aufruf der Prozedur mit den gleichen Eingangswerten, so werden die Ergebnisse aus dieser Tabelle entnommen. Die Zeitersparnis kann unter Umständen beträchtlich sein.

Aufruf einer Prozedur

> prozedur_name(param1, param2, ...) oder
>
> Erg := prozedur_name(param1, param2, ...)

Der Variablen Erg werden die Rückgabewerte der Prozedur zugewiesen.

Rückgabewerte

Eine Maple-Prozedur liefert den Wert zurück, der von der letzten bearbeiteten Anweisung bestimmt wird. Soll ein Wert zurückgegeben werden, der nicht in der letzten Anweisung ermittelt wurde, so muss dieser in die letzte Zeile vor **end proc** eingetragen werden. Gleiches gilt, wenn mehrere Werte zurückgegeben werden sollen.

Enthält eine Prozedur eine Verzweigungsanweisung, kann auch das Verlassen der Prozedur über eine andere Stelle als **end proc** erwünscht sein. Das ermöglicht der Befehl **return** *ausdruck*. Den Rückgabewert liefert dann der hinter dem Schlüsselwort **return** befindliche Ausdruck und die Prozedur wird danach verlassen. Stellt eine Prozedur je nach internem Ablauf eine unterschiedliche Zahl von Rückgabewerten bereit, dann erfolgt deren Übergabe zweckmäßigerweise über eine Liste.

Beispiele zur Verwendung von Prozeduren sind in den Abschnitten 3.4 und 6 zu finden.

2.9 Differentiation und Integration

2.9.1 Ableitung eines Ausdrucks: diff, Diff

Gewöhnliche und partielle Ableitungen von Ausdrücken werden mit dem Befehl **diff** berechnet. Das gilt auch für höhere und gemischte Ableitungen.

Syntax von **diff**:

> **diff**(ausdruck, x)
>
> **diff**(ausdruck, x, y,...)
>
> **diff**(ausdruck, xm, yn)

Parameter:

ausdruck	algebraischer Ausdruck oder Gleichung in den Variablen x, y,...
x, y	Namen der Variablen, nach denen abgeleitet werden soll
m, n	Ordnung der Ableitung

Die Syntax von **Diff** entspricht der von **diff**, aber **Diff** ist ein **inerter Befehl**, d. h. im Gegensatz zu **diff** wird bei der Verwendung von **Diff** die Ableitung von *ausdruck* nicht berechnet, sondern nur symbolisch dargestellt. Eine spätere Auswertung des Ergebnisses von **Diff** ist mit dem Befehl **value** möglich.

Neben **Diff** verfügt Maple über weitere inerte Befehle. Alle haben sie die Eigenschaft, dass sie nicht sofort ausgewertet werden, sondern ggf. erst in einem späteren Programmabschnitt. Ihr Name unterscheidet sich von den aktiven Befehlen durch einen großen Anfangsbuchstaben. Beispiele sind **Int, Diff, Limit, Sum, Svd** und **Eigenvalues**. Vorteilhaft werden diese Funktionen u. a. dann angewendet, wenn eine numerische Auswertung vorgesehen ist und vermieden werden soll, dass Maple erst nach einer symbolischen Lösung sucht, die es ggf. auch gar nicht ermitteln kann.

Beispiele:

Vom Ausdruck f(x) werden die erste und die zweite Ableitung berechnet.

```
> f:= 3*x^2+1/x+5;
```

$$f := 3x^2 + \frac{1}{x} + 5$$

```
> Diff(f, x) = diff(f, x);
```

$$\frac{d}{dx}\left(3x^2 + \frac{1}{x} + 5\right) = 6x - \frac{1}{x^2}$$

```
> Diff(f, x$2) = diff(f, x$2);
```

$$\frac{d^2}{dx^2}\left(3x^2 + \frac{1}{x} + 5\right) = 6 + \frac{2}{x^3}$$

Ganz analog lassen sich mit **diff** bzw. **Diff** partielle Ableitungen berechnen bzw. darstellen.

```
> g := 1/sqrt(2*x+y^2);
```

$$g := \frac{1}{\sqrt{2x + y^2}}$$

```
> Diff(g, y) = diff(g, y);
```

$$\frac{\partial}{\partial y}\left(\frac{1}{\sqrt{2x + y^2}}\right) = -\frac{y}{\left(2x + y^2\right)^{3/2}}$$

Im nächsten Beispiel wird eine mit **Diff** symbolisch dargestellte Ableitung anschließend mit dem Befehl **value** berechnet.

```
> Diff(g, x$2, y$2);  value(%);
```

$$\frac{\partial^4}{\partial y^2 \partial x^2}\left(\frac{1}{\sqrt{2x+y^2}}\right)$$

$$\frac{105\,y^2}{(2x+y^2)^{9/2}} - \frac{15}{(2x+y^2)^{7/2}}$$

Berechnung einer partiellen 2. Ableitung von g am Punkt (x=1, y=2):

```
> subs(x=1, y=2, diff(g,y$2));
```

$$\frac{1}{36}\sqrt{6}$$

2.9.2 Der Differentialoperator D

D ist ebenso wie **diff** ein Befehl zum Differenzieren. Zwischen beiden besteht aber ein wesentlicher Unterschied. Der Befehl **diff** differenziert einen Ausdruck und liefert als Ergebnis einen Ausdruck; **D** differenziert eine Funktion und liefert als Ergebnis eine Funktion. Mit **D** können auch Ableitungen von Prozeduren berechnet werden.

Syntax von D

D(f)	Bildung der Ableitung der Funktion f
D[i](f)	Ableitung der Funktion f nach ihrer i-ten Variablen
D[i](f)(x, y,...)	Auswertung von **D**[i](f) an der Stelle (x, y, ...)
D[i$n](f)	n-fache Ableitung von f nach der i-ten Variablen
(**D**@@n)(f)	n-fache Ausführung von D
Parameter:	
f	Funktion
i	Index einer Variablen der Funktion f
$	Sequenz-Operator
@@	Wiederholungsoperator

Beispiele:

```
> f := x -> 1/x^2 + x^3 +5;
```

$$f := x \rightarrow \frac{1}{x^2} + x^3 + 5$$

Erste Ableitung von f und ihren Wert an der Stelle $x=2$ berechnen:

```
> D(f);  D(f)(2);
```

$$x \rightarrow -\frac{2}{x^3} + 3\,x^2$$

$$\frac{47}{4}$$

Vierte Ableitung von f an der Stelle $x=2$:
> `(D@@4)(f)(2);`

$$\frac{15}{8}$$

Partielle Ableitungen von Funktionen mit mehreren unabhängigen Variablen
> `g := (x,y) -> 1/x^2 + x*y^3 +5*y*x;`

$$g := (x,y) \rightarrow \frac{1}{x^2} + x y^3 + 5 y x$$

Ableitung von g nach der 2. Variablen der Funktion g, d. h. nach y:
> `D[2](g);`

$$(x,y) \rightarrow 3 x y^2 + 5 x$$

Zweifache Ableitung von g nach x:
> `D[1$2](g);`

$$(x,y) \rightarrow \frac{6}{x^4}$$

Ableitung von g nach x und y :
> `Diff(g, x, y) = D[1,2](g);`

$$\frac{\partial^2}{\partial y \partial x} g = \left((x,y) \rightarrow 3y^2 + 5\right)$$

2.9.3 Integration eines Ausdrucks: int, Int

Der Befehl **int** (Langform: **integrate**) berechnet unbestimmte, bestimmte und uneigentliche Integrale.

Syntax von int

    int(ausdruck, x);

    int(ausdruck, x=a..b);

    int(ausdruck, [x=a..b, y=c..d, ...]);

    Parameter:

    ausdruck   algebraischer Ausdruck, Integrand

    x, y   Namen der Integrationsvariablen

    a, b, c, d   Integrationsgrenzen

Werden keine Integrationsgrenzen angegeben, dann berechnet **int** eine Stammfunktion.

Der Befehl **Int** hat die gleiche Syntax wie **int**, ist aber eine **inerte Funktion**. Im Gegensatz zu **int** wird also bei der Verwendung von **Int** das Integral nur symbolisch dargestellt, nicht berechnet. Eine spätere Auswertung ist jedoch, analog zu **Diff**, möglich (siehe auch 2.9.4).

Beispiele:

```
> f:= 3*x^2+1/x+5;
```

$$f := 3\,x^2 + \frac{1}{x} + 5$$

```
> int(f, x);
```

$$x^3 + \ln(x) + 5\,x$$

```
> Int(f, x=1..3) = int(f, x=1..3);
```

$$\int_1^3 \left(3x^2 + \frac{1}{x} + 5\right) dx = 36 + \ln(3)$$

Die folgende Anweisungszeile verdeutlicht, dass die Angabe der Argumente von **Int** und **int** nicht immer identisch ist.

```
> Int(sin(x),x=0..Pi/2) = int(sin,0..Pi/2);
```

$$\int_0^{\frac{1}{2}\pi} \sin(x)\,dx = 1$$

Besitzt eine Funktion eine Stammfunktion, die sich nicht elementar darstellen lässt, so liefert Maple als Ergebnis das nicht ausgewertete Integral.

```
> Integral:=int(tan(x)/x, x=-1..1);
```

$$Integral := \int_{-1}^{1} \frac{\tan(x)}{x}\,dx$$

Den numerischen Wert eines bestimmten Integrals kann man mit dem Befehl **evalf** berechnen. Dabei dürfen jedoch weder der Integrand noch die Integrationsgrenzen Parameter enthalten.

```
> evalf(Integral);
```

$$2.298302461$$

Uneigentliche Integrale notiert man wie folgt:

```
> Int(1/x^2, x=1..infinity) = int(1/x^2, x=1..infinity);
```

$$\int_1^{\infty} \frac{1}{x^2}\,dx = 1$$

Mehrfachintegrale kann Maple ebenfalls lösen:

```
> Int(x/y, [x=a..b, y=c..d]) = int(x/y, [x=a..b, y=c..d]);
```

$$\int_c^d\int_a^b\frac{x}{y}\,dx\,dy = \int_c^d\frac{1}{2}\frac{b^2-a^2}{y}\,dy$$

2.9.4 Numerische Integration

Kombiniert man den Befehl **Int** mit **evalf**, dann wird das Integral ohne den Versuch einer symbolischen Berechnung sofort numerisch ausgewertet. Dabei können als Optionen auch die Genauigkeit (3. Argument epsilon) und das Integrationsverfahren (4. Argument) vorgegeben werden.

Beispiel:

```
a:= k -> evalf(2/T*Int(i(t)*cos(k*2*Pi/T*t), t=0..T, epsilon=eps)):
```

2.10 Speichern und Laden von Dateien

Maple-Variablen aller Typen (auch Funktionen, Prozeduren usw.) können in Dateien gespeichert bzw. aus Dateien gelesen werden. Zwei Dateiformen sind möglich: Textdateien und m-Dateien. Die Form der Speicherung wird durch die Erweiterung ".txt" bzw. ".m" des Dateinamens festgelegt. Die Befehle für das Speichern und das Laden von Dateien sind

> **save** folge_von_variablen, "dateiname"

> **read** "dateiname".

Beispiel:

Es soll eine Tabelle mit dem Namen "Werkstoff", die als Datei "Material.txt" auf der Festplatte gespeichert wurde, gelesen werden.

```
> restart:
> interface(displayprecision=4):
> read "Material.txt";
```

$$Werkstoff := table\big(\big[\,(Alu,\,\kappa) = 36.0000,\,(Kupfer,\,\kappa) = 56.2000,\,(Alu,\,\alpha) = 0.0040,$$
$$(Kupfer,\,\alpha) = 0.0039\,\big]\big)$$

Ohne Angabe eines Verzeichnisses wird beim Lesen bzw. beim Speichern auf das aktuelle Arbeitsverzeichnis zugegriffen. Wird ein Pfad vorgegeben, dann müssen die Besonderheiten des jeweiligen Betriebssystems beachtet werden. Unter Windows werden die Verzeichnisnamen im Befehl entweder durch einfache Schrägstriche oder durch je zwei Backslashes (Schrägstrich rückwärts) abgegrenzt.

Die Beispiel-Tabelle „Werkstoff" wird nun um einen Eintrag erweitert und danach im Verzeichnis d:\temp gespeichert.

```
> Werkstoff[(Eisen,kappa)]:= 10.3:
> eval(Werkstoff);
```

$$table\left(\left[(\textit{Eisen}, \kappa) = 10.3000, (\textit{Alu}, \kappa) = 36.0000, (\textit{Kupfer}, \kappa) = 56.2000, (\textit{Alu}, \alpha) = 0.0040, \right.\right.$$
$$\left.\left.(\textit{Kupfer}, \alpha) = 0.0039\right]\right)$$

```
> save Werkstoff, "d:/temp/Material.txt";
```

Das aktuelle Arbeitsverzeichnis kann man mit dem Befehl **currentdir** ermitteln und ändern.

```
> currentdir();
```

$$\text{"D:\Buch Simulation mit Maple\Kap 2\_Maple"}$$

```
> currentdir("D:/temp");
```

$$\text{"D:\Buch Simulation mit Maple\Kap 2\_Maple"}$$

Die Änderung wurde ausgeführt, es wird aber das bisherige Verzeichnis angezeigt.

```
> currentdir();
```

$$\text{"D:\temp}$$

Ein neues Verzeichnis wird mit **mkdir** (make directory) angelegt, ein bestehendes mit **rmdir** (remove directory) gelöscht.

3 Lösen von gewöhnlichen Differentialgleichungen

3.1 Einführung

Die Ausführungen dieses Kapitels konzentrieren sich auf die Anwendung von Maple zur Lösung von Anfangswertproblemen mit gewöhnlichen Differentialgleichungen. Aufgaben dieser Art haben die allgemeine Form

$$\frac{d^n y}{dt^n} = f\left(t, y, \frac{dy}{dt}, \frac{d^2 y}{dt^2}, \dots, \frac{d^{(n-1)} y}{dt^{(n-1)}}\right) \tag{3.1}$$

$$y(t_0) = y_0, \quad \dot{y}(t_0) = \dot{y}_0, \dots \tag{3.2}$$

Die Anfangsbedingungen (3.2) bestehen aus einem Anfangspunkt (t_0, y_0) und umfassen – sofern die Differentialgleichung eine Ordnung größer als Eins hat – zusätzlich auch die Werte der Ableitungen von y an der Stelle t_0 bis zur Ordnung n–1.

Sind bei der Modellierung eines Systems mehrere zusammenwirkende Variable und deren Funktionen sowie Ableitungen der Funktionen zu berücksichtigen, so führt die mathematische Formulierung in der Regel auf ein System gekoppelter Differentialgleichungen.

Angestrebt werden analytische (symbolische) Lösungen in geschlossener Form, da sie tiefere Einsichten in die Struktur des zugrunde liegenden Problems erlauben als numerische. Oft ist die Bestimmung analytischer Lösungen jedoch mit großem Rechenaufwand verbunden und Computeralgebra-Systeme sind dann besonders hilfreich. Mit Hilfe des Maple-Befehls **dsolve** (**d**ifferential equation **solve**r) kann man ungefähr 97 % der gewöhnlichen Differentialgleichungen, die in dem Standardwerk [Kamke56] aufgeführt sind, ohne Angabe zusätzlicher Argumente lösen [Heck03]. Nichtlineare Differentialgleichungen und lineare Differentialgleichungen mit einer Ordnung größer als drei besitzen allerdings in der Regel keine explizit darstellbaren Lösungen und man muss dann zu numerischen Methoden greifen. Maple ist auch für diese Fälle gerüstet, denn es verfügt über sehr effektive numerische Lösungsverfahren.

Um eine ungefähre Vorstellung von Maples Leistungsfähigkeit bei der Lösung von Differentialgleichungen und vom Umfang der Unterstützung, die es dem Anwender dabei bietet, zu gewinnen, empfiehlt sich ein Blick auf die Hilfe-Seiten von Maple. Diese enthalten Informationen zu einer großen Zahl von Differentialgleichungen unterschiedlichen Typs und zu deren Lösung. Außerdem findet man dort Beschreibungen mehrerer spezieller Pakete für die Behandlung von Differentialgleichungen, wie DEtools und PDEtools. PDEtools ist eine Zusammenstellung von Routinen zur Ermittlung von Lösungen partieller Differentialgleichungen.

Das vorliegende Kapitel beschränkt sich auf Anfangswertaufgaben mit gewöhnlichen Differentialgleichungen. Zur Demonstration werden einfache Beispiele vor allem aus der Elektrotechnik verwendet. Im Vordergrund steht dabei aber immer das Arbeiten mit Maple und nicht der physikalische Sachverhalt. Als weiterführende Literatur über das hier behandelte eingeschränkte Anwendungsgebiet hinaus sind u. a. [Forst05, Wes08 und Heck03] sowie die Maple-Hilfen (?dsolve) zu empfehlen.

3.2 Analytische Lösung von Differentialgleichungen

3.2.1 Die Befehle dsolve und odetest

Viele gewöhnliche Differentialgleichungen in expliziter oder impliziter Form kann Maple analytisch lösen. Dafür stehen ihm unterschiedliche mathematische Methoden zur Verfügung, die aber alle über den universellen Befehl **dsolve** (differential equation solver) zum Einsatz kommen. Dieser löst sowohl einzelne Differentialgleichungen als auch Differentialgleichungssysteme, und zwar ohne oder mit Anfangsbedingungen. Er kann in folgenden Formen angewendet werden:

>**dsolve**(DG);

>**dsolve**(DG, y(t), optionen);

>**dsolve**({DG, AnfBed}, y(t), optionen);

>Parameter:

>| | |
>|---|---|
>| DG | gewöhnliche Differentialgleichung oder Menge oder Liste von Differentialgleichungen. |
>| y(t) | gesuchte Funktion oder Menge oder Liste von Funktionen |
>| AnfBed | Anfangsbedingungen in der Form y(a)=b, D(y)(a)=d; a,b,d Konstanten. |
>| optionen | Diese sind abhängig vom Typ der Differentialgleichungen und dem Lösungsverfahren (siehe Hilfe zu **dsolve**), z. B. |

>> | | |
>> |---|---|
>> | type = series | Lösung in Form einer Potenzreihe |
>> | type = numeric | Anwendung eines numerischen Verfahrens |
>> | method = laplace | Lösung mittels Laplace-Transformation |
>> | method = fourier | Lösung mittels Fourier-Transformation |

Die Anfangswerte können auch als Variablen oder als mathematische Ausdrücke vorgegeben werden. Für die Anfangswerte von Ableitungen ist die Schreibweise mit dem D-Operator zu verwenden. Dazu einige Beispiele:

$$y(0) = 1, \quad D(y)(0) = 0, \quad D(y)(t0)=y0, \quad (D@@2)(y)(a) = b\text{\textasciicircum}c.$$

Das Ergebnis des Befehls **dsolve** ist eine Gleichung $y(t)$, eine Gleichungsliste oder eine Gleichungsmenge (je nach Ordnung des Systems und Form der Vorgabe der gesuchten Funktionen). In allen Fällen ist aber die rechte Seite der Gleichung den zu berechnenden Funktionen $y_i(t)$ noch nicht zugewiesen. Die Zuweisung einer Lösung an $y_i(t)$ oder eine andere Variable muss extra vorgenommen werden.

Werden im Befehl **dsolve** keine Anfangswerte vorgegeben, dann enthält die von Maple ermittelte Lösung freie Parameter, die mit _C1, ..., _Cn bezeichnet sind. Den Ablauf der Arbeit von **dsolve** zeigt Maple an, wenn die Variable **infolevel[dsolve]** auf einen höheren Wert, beispielsweise 3, gesetzt wird.

Im Allgemeinen sollte man niemals darauf verzichten, die Richtigkeit einer Lösung zu überprüfen. Mit dem Befehl **odetest** ist das sehr einfach möglich. Dieser hat folgende Syntax:

odetest(Loes, DG)

odetest(Loes, DG, y(t))

odetest(Loes, DG, **series**, **point** = t_0)

Parameter:

Loes	zu prüfende Lösung
DG	Differentialgleichung oder Menge od. Liste v. Differentialgleichungen
y(t)	berechnete Funktion oder Menge oder Liste von Funktionen
series	Test einer Potenzreihenlösung
point = t_0	(optional) Expansionspunkt t_0 für Potenzreihenlösung

3.2.2 Differentialgleichungen 1. Ordnung

Beispiel: Einschalten eines RL-Kreises mit Gleichspannungsquelle

Die Berechnung des Einschaltvorgangs in einem Gleichstromkreis (Bild 3.1) mit einem ohm-schen Widerstand und einer Induktivität diene als erstes Beispiel. Zum Zeitpunkt $t = t_0$ wird der Schalter geschlossen. Im Einschaltaugenblick hat der Strom den Wert Null.

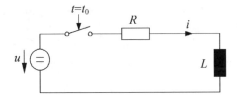

Bild 3.1 RL-Kreis mit Gleichspannungsquelle

Differentialgleichung:

$$u = i \cdot R + L\frac{di}{dt} \quad \text{bzw.} \quad \frac{di}{dt} = \frac{u}{L} - \frac{R}{L}i$$

Anfangsbedingung:

$$i(t_0) = i(0) = 0$$

Es folgt die Lösung des Anfangswertproblems mit Maple.

```
> restart:
```

Notierung der Differentialgleichung:

Die Ableitung wird mit dem Befehl **diff** ausgedrückt. Dabei muss der Strom i als Funktion von t beschrieben werden. Das zweite Argument von **diff** bezeichnet die Größe, nach der abzuleiten ist.

```
> DG:= diff(i(t),t) = u/L-i(t)*R/L;
```

$$DG := \frac{d}{dt} i(t) = \frac{u}{L} - \frac{i(t) R}{L}$$

Lösen der Differentialgleichung DG ohne Anfangsbedingung:

```
> Loe1:= dsolve(DG);
```

$$Loe1 := i(t) = \frac{u}{R} + e^{-\frac{R t}{L}} \_C1$$

Weil keine Anfangsbedingung angegeben wurde, erscheint in der Lösung die Integrationskonstante _C1. Mit dem Befehl **odetest** wird das Ergebnis geprüft.

```
> odetest(Loe1, DG);
```

$$0$$

Die Ausgabe von **odetest** zeigt an, dass die ermittelte Lösung korrekt ist.

Für die gleiche Differentialgleichung wird noch eine zweite Lösung durch Vorgabe einer Lösungsmethode ermittelt.

```
> Loe2:= dsolve(DG, i(t), method=laplace);
```

$$Loe2 := i(t) = \frac{u}{R} + \frac{(i(0) R - u) e^{-\frac{R t}{L}}}{R}$$

Lösen der Differentialgleichung DG mit Anfangsbedingung:

```
> AnfBed:= i(0)=0;
```

$$AnfBed := i(0) = 0$$

```
> Loes:= dsolve({DG,AnfBed});
```

$$Loes := i(t) = \frac{u}{R} - \frac{e^{-\frac{R t}{L}} u}{R}$$

```
> odetest(Loes, DG);
```

$$0$$

Auswertung der Lösung:

Bei der Auswertung der Lösung ist zu beachten, dass diese bisher als Gleichung der Variablen *Loes* zugewiesen ist, d. h. es ist keine Wertzuweisung an die Variable $i(t)$ erfolgt. Mittels **assign**(Loes) kann man die Zuweisung der auf der rechten Gleichungsseite stehenden Lösung an die Variable auf der linken Seite der Gleichung ganz einfach vornehmen. Im Hinblick auf die weiteren Schritte der Auswertung ist das aber nicht immer die beste Variante, weil dadurch Möglichkeiten der weiteren Programmgestaltung eingeengt werden. Eine zweite Variante des Zugriffs ist die Form i1:= **rhs**(Loes). Im Folgenden bevorzugt wird aber die lokale Zuweisung durch Verwendung der Befehle i1:= **subs**(Loes, i(t)) oder i1:= **eval**(i(t), Loes). Dabei steht i1 für einen beliebigen Namen. Die genannten Möglichkeiten werden auf den folgenden Zeilen demonstriert.

```
> i1:= rhs(Loes);
```

$$i1 := \frac{u}{R} - \frac{e^{-\frac{Rt}{L}} u}{R}$$

```
> i2:= subs(Loes,i(t));;
```

$$i2 := \frac{u}{R} - \frac{e^{-\frac{Rt}{L}} u}{R}$$

```
> i3:= eval(i(t), Loes);
```

$$i3 := \frac{u}{R} - \frac{e^{-\frac{Rt}{L}} u}{R}$$

Mit dem Befehl **assign** wird die ermittelte Lösungsfunktion der abhängigen Variablen der Differentialgleichung, im vorliegenden Beispiel also $i(t)$, zugewiesen. Das funktioniert auch dann, wenn es sich um mehrere abhängige Variable bzw. mehrere Lösungsfunktionen handelt. Nachteil bei der Verwendung von **assign** ist, dass sowohl die Differentialgleichung (DG) als auch die Lösungsvariable (Loes) verändert werden, im weiteren Ablauf der Rechnung also nicht mehr nutzbar sind.

```
> assign(Loes);   i(t);
```

$$\frac{u}{R} - \frac{e^{-\frac{Rt}{L}} u}{R}$$

Festlegung von Werten für die Parameter und die Eingangsgröße u:

```
> param:= [R=1, L=0.1, u=10]:
> i1:= eval(i(t), param);
```

$$i1 := 10 - 10 e^{-10.00000000\, t}$$

Graphische Darstellung der Ergebnisse:

Schließlich fehlt noch die graphische Darstellung des Ausgleichvorgangs, d. h. des Verlaufs des Stromes $i(t)$ und der Spannungen an R und L nach dem Zuschalten auf die Gleichspannungsquelle:

```
> with(plots):
> setoptions(font=[TIMES,10], labelfont=[TIMES,12],
             gridlines=true, numpoints=1000):
> plot(i1, t=0..0.6, labels=["t","i(t)"]);
```

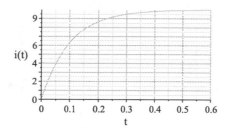

Für die Spannungen an den Netzwerkelementen *R* und *L* gelten die folgenden Beziehungen:

```
> uR:= eval(R*i1, param):   uL:= eval(L*diff(i1, t), param):
> plot([uR, uL], t=0..0.6, labels=["t","uR(t),uL(t)"],
  legend=["uR","uL"]);
```

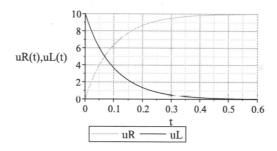

Eine Analyse der Zeitverläufe bestätigt die Plausibilität der Ergebnisse: Der Strom *i* nähert sich mit zunehmender Zeit immer mehr dem Endwert *u*/*R*. Der Anfangswert der Spannung an der Induktivität nach dem Schließen des Schalters ist gleich *u* und fällt dann nach einer e-Funktion auf den Wert Null.

Beispiel: Einschalten eines RL-Kreises mit Wechselspannungsquelle

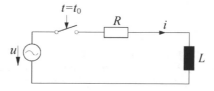

Bild 3.2 RL-Kreis mit Wechselspannungsquelle

Die Differentialgleichung für diesen Vorgang unterscheidet sich vom vorangegangenen Beispiel nur durch die Beschreibung der Spannungsquelle.

Differentialgleichung:

$$U_{\max} \sin\left(\omega t + \psi\right) = i \cdot R + L \frac{di}{dt} \quad \text{bzw.} \quad \frac{di}{dt} = \frac{U_{\max} \sin\left(\omega t + \psi\right)}{L} - \frac{R}{L} i$$

Anfangsbedingung:

$$i(t_0) = i(0) = 0$$

Maple-Programm:

```
> DG:= diff(i(t), t) = Umax*sin(omega*t+psi)/L-i(t)*R/L;
```

$$DG := \frac{d}{dt} i(t) = \frac{Umax \sin(\omega t + \psi)}{L} - \frac{i(t) R}{L}$$

```
> AnfBed:= i(0)=0:
```

Informationen über den internen Ablauf bei der Ausführung des Befehls **dsolve** erhält man, wenn die Variable **infolevel[dsolve]** auf einen höheren Wert gesetzt wird (Standard: 0).

```
> infolevel[dsolve]:= 3;
```

$$infolevel_{dsolve} := 3$$

```
> Loes:= dsolve({DG,AnfBed});
Methods for first order ODEs:
--- Trying classification methods ---
trying a quadrature
trying 1st order linear
<- 1st order linear successful
```

$$Loes := i(t) = \frac{e^{-\frac{R t}{L}} Umax \left(\cos(\psi) \omega L - \sin(\psi) R\right)}{R^2 + \omega^2 L^2}$$

$$- \frac{Umax \left(\cos(\omega t + \psi) \omega L - \sin(\omega t + \psi) R\right)}{R^2 + \omega^2 L^2}$$

Test der Richtigkeit der Lösung:

```
> odetest(Loes,DG);
```

$$0$$

Der erste Summand von $i(t)$ beschreibt einen nach einer e-Funktion abklingenden Gleichstromanteil, der zweite Summand stellt den stationären Wechselstrom, der auch nach Abklingen des Ausgleichsvorgangs im RL-Kreis fließt, dar.

Das Ergebnis *Loes* wird der Variablen $i(t)$ zugewiesen:

```
> assign(Loes);
```

Term für den Gleichstromanteil des Stroms $i(t)$ herauslösen:

```
> gleichanteil:= op(1, i(t));
```

$$gleichanteil := \frac{e^{-\frac{R t}{L}} Umax \left(\cos(\psi) \omega L - \sin(\psi) R\right)}{R^2 + \omega^2 L^2}$$

Bestimmung des Einschaltwinkels ψ, bei dem der Gleichanteil verschwindet:

```
> psi_gl_null:= solve(gleichanteil=0,psi);
```

$$psi\_gl\_null := \arctan\left(\frac{\omega L}{R}\right)$$

Bestimmung des Einschaltwinkels ψ, bei dem der Gleichanteil seinen Maximalwert erreicht:

```
> psi_gl_max:= solve(diff(gleichanteil,psi)=0, psi);
```

$$psi\_gl\_max := -\arctan\left(\frac{R}{\omega L}\right)$$

Parameterwerte festlegen:

```
> R:= 5:  L:= 0.1:  Umax:= 10:  omega:= 314:
```

Einschaltwinkel (in Grad) für verschwindenden und maximalen Gleichanteil bei den vorgegebenen Parametern berechnen:

```
> psi_0:= evalf(psi_gl_null*180/Pi); psi_1:= evalf(psi_gl_max*180/Pi);
```

$$psi\_0 := 80.95693894$$

$$psi\_1 := -9.043061072$$

Setzen der Optionen für die graphische Darstellung der Ergebnisse:

```
> Optionen:= font=[TIMES,10],labelfont=[TIMES,12],gridlines=true:
> with(plots):  setcolors([blue,black]):
```

Graphische Darstellung des Einschaltvorgangs ohne Gleichstromanteil:

```
> psi:= psi_gl_null:
> plot([i(t),gleichanteil], t=0..0.1, labels=["t","i(t)"], Optionen);
```

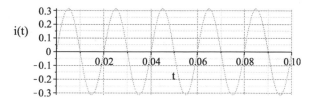

Verlauf des Einschaltvorgangs bei maximalem Gleichstromanteil:

```
> psi:= psi_gl_max:
> plot([i(t),gleichanteil], t=0..0.1, labels=["t","i(t)"],
    legend=["i(t)","Gleichanteil"], Optionen);
```

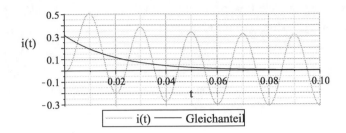

3.2.3 Abschnittsweise definierte Differentialgleichungen 1. Ordnung

Der Befehl **piecewise** erlaubt es, Differentialgleichungen abschnittsweise zu definieren. Beispielsweise kann man so für verschiedene Zeitabschnitte unterschiedliche Differentialgleichungen vorgeben.

Beispiel: Zeitabhängige Umschaltung im RC-Kreis

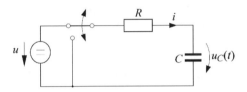

Bild 3.3 Laden/ Entladen im RC-Kreis

In einem RC-Kreis werde abwechselnd zwischen Laden und Entladen des Kondensators umgeschaltet. Jeder Ladevorgang dauere $3T$, jeder Entladevorgang $1T$, wobei T beliebig groß sei. Zu berechnen ist das Verhalten über je zwei Lade- und Entladevorgänge. Die Differentialgleichungen haben die Form

Laden: $\dfrac{du_C}{dt} = \dfrac{u - u_C}{R \cdot C}$ \qquad Entladen: $\dfrac{du_C}{dt} = -\dfrac{u_C}{R \cdot C}$

Anfangsbedingung: $u_C(0) = 0$

Für die Formulierung der abschnittsweise zusammengesetzten Differentialgleichung wird die Funktion **piecewise** genutzt.

```
> Dgl:= diff(uc(t),t)=piecewise(t<3*T,(u-uc(t))/(C*R),
      t<4*T,-uc(t)/(C*R), t<7*T,(u-uc(t))/(C*R), t<8*T,-uc(t)/(C*R));
```

$$Dgl := \frac{d}{dt}\,uc(t) = \begin{cases} \dfrac{u - uc(t)}{C\,R} & t < 3\,T \\[2ex] -\dfrac{uc(t)}{C\,R} & t < 4\,T \\[2ex] \dfrac{u - uc(t)}{C\,R} & t < 7\,T \\[2ex] -\dfrac{uc(t)}{C\,R} & t < 8\,T \end{cases}$$

```
> AnfBed:= uc(0)=0:
> assume(R>0, C>0, T>0, u>0);
> Dsol:= simplify(dsolve({Dgl, AnfBed}));
```

Der Befehl **dsolve** wird hier mit **simplify** kombiniert, um einen Schritt bzw. eine relativ umfangreiche Ergebnisausgabe einzusparen.

$$Dsol := uc(t) = \begin{cases} -u\left(-1 + e^{-\frac{t}{C\,R}}\right) & t < 3\,T \\[2ex] -u\left(e^{-\frac{t}{C\,R}} - e^{\frac{3T-t}{C\,R}}\right) & t < 4\,T \\[2ex] -u\left(-1 + e^{-\frac{t}{C\,R}} - e^{\frac{3T-t}{C\,R}} + e^{\frac{4T-t}{C\,R}}\right) & t < 7\,T \\[2ex] -u\left(e^{-\frac{t}{C\,R}} - e^{\frac{3T-t}{C\,R}} + e^{\frac{4T-t}{C\,R}} - e^{\frac{7T-t}{C\,R}}\right) & t < 8\,T \\[2ex] u\,e^{-\frac{T}{C\,R}}\left(-e^{\frac{7T}{C\,R}} + e^{\frac{4T}{C\,R}} - e^{\frac{3T}{C\,R}} + 1\right) & 8\,T \le t \end{cases}$$

```
> assign(Dsol);
> param1:= [R= 20, C=0.02, T=1, u=10]:
> uc1:= eval(uc(t), param1): eval(uc1, t=0.5);
```
$$7.134952031$$
```
> plot(uc1, t=0..8, gridlines=true, labels=["t","uc(t)"]);
```

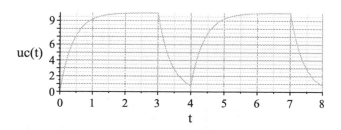

3.2.4 Differentialgleichungen 2. und höherer Ordnung

Differentialgleichungen 2. Ordnung und höherer Ordnung werden ebenfalls mit dem Befehl **dsolve** gelöst. Bei einer Anfangswertaufgabe n-ter Ordnung sind dann n Anfangsbedingungen vorzugeben, wobei die k-te Ableitung einer Funktion y an der Stelle t_0 mit dem **D**-Operator in der Form **(D@@k)(y)(t$_0$)** zu notieren ist.

Als Beispiel wird ein Anfangswertproblem der Form

$$\ddot{y} + a \cdot \dot{y} + b \cdot y = s(t), \quad (a, b \in \mathbb{R}); \quad y(t_0) = y_0, \quad \dot{y}(t_0) = \dot{y}_0 \qquad (3.3)$$

gewählt, da dieses sehr viele Vorgänge in Naturwissenschaft und Technik beschreibt. Die Differentialgleichung ist eine inhomogene, lineare Differentialgleichung 2. Ordnung mit konstanten Koeffizienten. Obwohl Maple die eigentliche Arbeit des Lösens der Differentialgleichung übernehmen wird, sollen einige Bemerkungen zur Form der Lösung vorangestellt werden, weil diese für den betreffenden Aufgabentyp Allgemeingültigkeit haben und daher u. a. für die Prüfung der Plausibilität der Ergebnisse wichtig sind.

Bekanntlich erhält man die allgemeine Lösung der inhomogenen Differentialgleichung (3.3), indem man zu einer beliebigen partikulären Lösung derselben alle Lösungen der zugehörigen homogenen Gleichung

$$\ddot{y} + a \cdot \dot{y} + b \cdot y = 0 \qquad (3.4)$$

addiert. Die Form der Lösungen der homogenen Differentialgleichung aber wird durch das Vorzeichen der Diskriminante $\Delta = a^2 - 4b$ bestimmt. Folgende Ergebnisse sind bei der Lösung von (3.4) zu erwarten (z. B. [Heu04]):

I) $y(t) = C_1 e^{\lambda_1 t} + C_2 e^{\lambda_2 t}$ mit $\lambda_{1,2} = \frac{1}{2}\left(-a \pm \sqrt{\Delta}\right)$, falls $\Delta > 0$

II) $y(t) = \left(C_1 + C_2 \cdot t\right) e^{-(a/2)t}$, falls $\Delta - 0$ $\qquad (3.5)$

III) $y(t) = e^{\alpha t} \left(C_1 \cos \beta t + C_2 \sin \beta t\right)$ mit $\alpha = -\frac{a}{2}$, $\beta = \frac{\sqrt{-\Delta}}{2}$, falls $\Delta < 0$.

Die Konstanten C_1 und C_2 ergeben sich aus den Anfangsbedingungen.

Beispiel: RLC-Glied auf Gleichspannungsquelle schalten

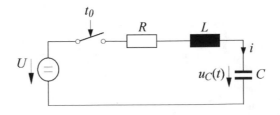

Bild 3.4 RLC-Kreis an Gleichspannungsquelle

Differentialgleichung:

$$\frac{d^2 u_C(t)}{dt^2} + \frac{R}{L} \cdot \frac{du_C(t)}{dt} + \frac{u_C(t)}{L \cdot C} = \frac{1}{L \cdot C} U$$

Anfangsbedingungen:

$$u_C(0) = 0; \qquad \frac{du_C(0)}{dt} = \frac{i(0)}{C} = 0$$

Maple-Programm:

```
> restart:
> DG:= diff(uc(t),t$2)+R/L*diff(uc(t),t)+1/(L*C)*uc(t)=1/(L*C)*U;
```

$$DG := \frac{d^2}{dt^2} uc(t) + \frac{R \left(\dfrac{d}{dt} uc(t) \right)}{L} + \frac{uc(t)}{LC} = \frac{U}{LC}$$

```
> AnfBed:= uc(0)=0, D(uc)(0)=0;
```

$$AnfBed := uc(0) = 0, \ D(uc)(0) = 0$$

```
> Dsol:= dsolve({DG, AnfBed});
```

$$Dsol := uc(t) = -\frac{1}{2} \frac{1}{R^2 C - 4L} \left[e^{-\frac{1}{2} \frac{\left(CR - \sqrt{C^2 R^2 - 4LC} \right) t}{LC}} \left(R\sqrt{C^2 R^2 - 4LC} + R^2 C - 4L \right) U \right]$$

$$-\frac{1}{2} \frac{1}{R^2 C - 4L} \left[e^{-\frac{1}{2} \frac{\left(CR + \sqrt{C^2 R^2 - 4LC} \right) t}{LC}} \ U \left(R^2 C - R\sqrt{C^2 R^2 - 4LC} - 4L \right) \right] + U$$

Zum Vergleich wird eine zweite Lösung mit der Option **method = laplace** ermittelt. Diese unterscheidet sich in der Darstellung, ist aber ebenso korrekt wie *Dsol*, wie die nachfolgende Kontrolle mit **odetest** zeigt.

```
> Dsol_2:= dsolve({DG, AnfBed}, uc(t), method=laplace);
```

$$Dsol\_2 := uc(t) = U \left[1 + \frac{1}{R^2 C - 4L} \left(\left(\cosh\left(\frac{1}{2} \frac{t\sqrt{C(R^2 C - 4L)}}{LC} \right) \right) \left(-R^2 C + 4L \right) \right. \right.$$

$$\left. \left. - R\sqrt{C(R^2 C - 4L)} \sinh\left(\frac{1}{2} \frac{t\sqrt{C(R^2 C - 4L)}}{LC} \right) \right) e^{-\frac{1}{2} \frac{tR}{L}} \right]$$

```
> odetest(Dsol,DG);   odetest(Dsol_2,DG);
```

$$0$$
$$0$$

Die gefundene Lösung *Dsol_2* wird nun zur weiteren Auswertung mittels **eval** der Variablen *UC* zugewiesen, wobei gleichzeitig eine Division durch die Quellenspannung *U* vorgenommen wird. *UC* ist also die bezogene Kondensatorspannung $uc(t)/U$. Anschließend wird *UC* mit **unapply** in eine Funktion umgewandelt.

```
> UC:= eval(uc(t)/U, Dsol_2);
```

$$UC := 1 + \frac{1}{R^2 C - 4L} \left(\left(\cosh\left(\frac{1}{2} \frac{t\sqrt{C(R^2 C - 4L)}}{LC} \right) \right) (-R^2 C + 4L) \right.$$
$$\left. - R\sqrt{C(R^2 C - 4L)} \, \sinh\left(\frac{1}{2} \frac{t\sqrt{C(R^2 C - 4L)}}{LC} \right) \right) e^{-\frac{1}{2}\frac{tR}{L}}$$

```
> UC:= unapply(UC, t, R, L, C);
```

$$UC := (t, R, L, C) \rightarrow 1 + \frac{1}{R^2 C - 4L} \left(\left(\cosh\left(\frac{1}{2} \frac{t\sqrt{C(R^2 C - 4L)}}{LC} \right) \right) (-R^2 C + 4L) \right.$$
$$\left. - R\sqrt{C(R^2 C - 4L)} \, \sinh\left(\frac{1}{2} \frac{t\sqrt{C(R^2 C - 4L)}}{LC} \right) \right) e^{-\frac{1}{2}\frac{tR}{L}}$$

Durch die Vorgabe von Werten für die freien Parameter erhält die Lösungsfunktion *UC* eine übersichtlichere Gestalt. Gewählt werden $R = 1\Omega$, $L = 1$H und $C = 1/100$ F.

```
> UC(t,1,1,1/100);
```

$$1 - \frac{100}{399} \left(\frac{399}{100} \cosh\left(\frac{1}{200} t\sqrt{-399}\sqrt{10000} \right) \right.$$
$$\left. - \frac{1}{10000} \sqrt{-399}\sqrt{10000} \, \sinh\left(\frac{1}{200} t\sqrt{-399}\sqrt{10000} \right) \right) e^{-\frac{1}{2}t}$$

```
> simplify(%);
```

$$1 - e^{-\frac{1}{2}t} \cos\left(\frac{1}{2} t\sqrt{399} \right) - \frac{1}{399} e^{-\frac{1}{2}t} \sqrt{399} \sin\left(\frac{1}{2} t\sqrt{399} \right)$$

Den zeitlichen Verlauf der bezogenen Kondensatorspannung bei den oben aufgeführten Parametern zeigt die folgende Graphik.

```
> plot(UC(t,1,1,1/100), t=0..3, gridlines, labels=["t","uc(t)/U"]);
```

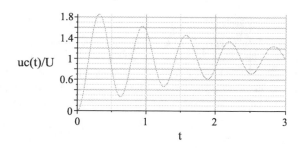

Die gefundene Lösung entspricht der am Anfang des Abschnitts beschriebenen Lösungsform III. Einen völlig anderen Charakter erhält der Ausgleichsvorgang bei einer Erhöhung des Widerstands R auf 30 Ω:

```
> plot(UC(t,30,1,1/100), t=0..3, gridlines, labels=["t","uc(t)/U"]);
```

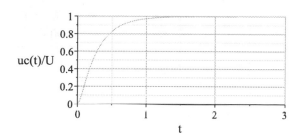

Der vorgegebene Wert des Widerstands R hat einen aperiodischen Verlauf des Ausgleichsvorgangs zur Folge, d. h. es tritt keine Schwingung auf (Fall I der eingangs beschriebenen Lösungsformen). Die Bedingung für den Übergang von einer Verlaufsform des Ausgleichsvorgangs zur anderen liefert der Wert der Diskriminanten $\Delta = R^2C - 4L$ in den Wurzelausdrücken von *Dsol_2*. Mit $\Delta < 0$ ergibt sich die Schwingungsbedingung $R < 2\sqrt{(L/C)}$.

Bei den oben gewählten Werten für L und C verläuft der Ausgleichvorgang demnach schwingend, wenn $R < 20\ \Omega$ ist. Will man aber mit der Funktion *UC* den Verlauf des Einschaltvorgangs für $R = 20\ \Omega$ berechnen, dann bricht Maple die Rechnung ab, weil die Lösungsformel *Dsol_2* (ebenso wie *Dsol*) bei diesen Parametern zu einer Division durch Null führt. Daher wird unter der Annahme $\Delta = R^2C - 4L = 0$ eine neue Lösung gesucht.

```
> assume(R^2*C-4*L=0):
> Dsol_3:= dsolve({DG, AnfBed}, uc(t), method=laplace);
```

$$Dsol\_3 := uc(t) = U\left(1 - e^{-\frac{1}{2}\frac{Rt}{L}}\right)$$
$$\textit{With assumptions on } R, L$$

Die Lösung für $\Delta = R^2C - 4L = 0$ ist demnach unabhängig vom Wert der Kapazität C. Der Stromkreis verhält sich praktisch wie ein Kreis mit RL-Glied, jedoch mit doppeltem Wert der Zeitkonstanten.

3.2.5　Differentialgleichungssysteme

Die Syntax für die Verwendung von **dsolve** zur Lösung von Differentialgleichungssystemen wurde bereits unter 3.2.1 angegeben. Sie schreibt vor, dass die einzelnen Differentialgleichungen und die Anfangsbedingungen zu einer Menge zusammengefasst das 1. Argument von **dsolve** bilden. Alternativ dazu kann man jedoch auch aus der Menge der Differentialgleichungen und der Menge der Anfangsbedingungen mit Hilfe des Operators **union** die Vereinigungsmenge bilden.

```
> AnfBed:= y(0)=1, D(y)(0)=0, ... :
  dsolve({DG1, ..., DGn, AnfBed}, [y1(t), ..., yn(t)]);

  ...

> DGsys:= {DG1, ..., DGn}:
  AnfBed2:= {y(0)=1, D(y)(0)=0, ... }:
  dsolve(DGsys union AnfBed2, [y1(t), ..., yn(t)]);
```

Die gesuchten Lösungsfunktionen $y(t)$ könnte man ebenfalls als Menge notieren, aber dann ist nicht garantiert, dass diese Funktionen nach jeder Ausführung von **dsolve** in der Ergebnismenge in der gleichen Reihenfolge vorliegen. Bei einer Vorgabe als Liste erscheinen sie in der durch die Liste vorgegebenen Reihenfolge, wodurch ein eindeutiger Zugriff auf die Listenelemente gesichert ist. Beispiele für die Behandlung von Differentialgleichungssystemen bringen die folgenden Abschnitte.

3.3　Laplace-Transformation

Analytische Lösungen von Differentialgleichungen lassen sich auch – und oft sehr vorteilhaft – auf dem Weg über die Laplace-Transformation gewinnen. Weil diese Transformation für die Behandlung anderer Aufgaben ebenfalls von Bedeutung ist, wird ihr ein eigener Abschnitt gewidmet.

3.3.1　Maple-Befehle für Transformation und Rücktransformation

Im Paket **inttrans** (Integraltransformation) stellt Maple die Befehle **laplace** und **invlaplace** für die Laplace-Transformation und die inverse Laplace-Transformation (Rücktransformation) zur Verfügung.

Syntax von **laplace** und **invlaplace**:

> **laplace**(f(t), t, s)　　　　　Laplace-Transformation

> **invlaplace**(F(s), s, t)　　　inverse Laplace-Transformation

Parameter:
f(t)... ausdruck　　　　　　　　　　t... 　unabhängige Variable von f
s... 　Variable der Transformierten　　F(s)... Transformierte in s (Bildfunktion)

Die Laplace-Transformierte F(s) darf Parameter enthalten. Bei einfachen Funktionen ist Maple in der Lage, bei der Rücktransformation vom Bild- in den Originalbereich die zugehörige Zeitfunktion mit diesen Parametern zu bestimmen. Liegen komplizierte Funktionen vor, dann müssen ggf. Annahmen über die Parameter getroffen werden (z. B. mit **assume**).

Für die Rücktransformation komplizierter Ausdrücke ist häufig die vorherige Partialbruchzerlegung des Ausdrucks, d. h. eine Zerlegung in mehrere Teilbrüche, erforderlich bzw. sinnvoll. Dafür kann der Befehl **convert/parfrac** genutzt werden.

Syntax von **convert/parfrac**:

> **convert**(G(s), parfrac, s)
>
> **convert**(G(s), parfrac, s, real)
>
> **convert**(G(s), parfrac, s, complex)

Parameter:

G(s)	Ausdruck, gebrochen-rationales Polynom
s	Variable, nach der zerlegt werden soll
real, complex	Zerlegung über reellen bzw. komplexen Gleitpunktzahlen

3.3.2 Lösung gewöhnlicher Differentialgleichungen

Zur Lösung einer Differentialgleichung mittels Laplace-Transformation sind drei Schritte erforderlich:

1. Laplace-Transformation der Differentialgleichung
2. Auflösen der transformierten Gleichung nach der Transformierten der gesuchten Lösungsfunktion
3. Rücktransformation der gefundenen Beziehung

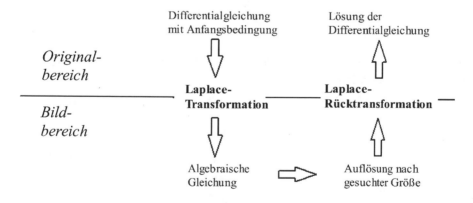

Bild 3.5 Lösung von Differentialgleichungen mittels Laplace-Transformation

Beispiel: Feder-Masse-System mit Dämpfung

Eine Masse m hängt an einem Feder-Dämpfer-System (siehe auch Beispiel unter 5.3.2). Bis zum Zeitpunkt $t = 0$ wird die Masse durch eine äußere Kraft bei einer Auslenkung $x(0) = 1\,\text{m}$ festgehalten, dann wird sie freigegeben. Der darauf folgende Einschwingvorgang bis zum annähernden Erreichen der neuen Ruhelage soll berechnet werden. Es gilt die Differentialgleichung

$$m \cdot \ddot{x} + d \cdot \dot{x} + c \cdot x = 0$$

x ... Federweg, c ... Federkonstante, d ... Dämpfungskonstante

Maple-Worksheet:

```
> with(inttrans):
> DG:= m*diff(x(t),t$2)+d*diff(x(t),t)+c*x(t)=0;
```

$$DG := m \left(\frac{d^2}{dt^2} x(t) \right) + d \left(\frac{d}{dt} x(t) \right) + c x(t) = 0$$

Laplace-Transformation:

```
> DG_trans:= laplace(DG, t, s);
```

$$DG\_trans := m s^2 \, laplace(x(t), t, s) - m \, \mathrm{D}(x)(0) - m s x(0)$$
$$+ d s \, laplace(x(t), t, s) - d x(0) + c \, laplace(x(t), t, s) = 0$$

Verbesserung der Übersichtlichkeit des Ergebnisses der Laplace-Transformation durch Einführung der Variablen X(s) mit Hilfe des Befehls **alias**:

```
> alias(X(s)=laplace(x(t),t,s));
```

$$X(s)$$

```
> DG_trans;
```

$$m s^2 X(s) - m \, \mathrm{D}(x)(0) - m s x(0) + d s X(s) - d x(0) + c X(s) = 0$$

Festlegung der Anfangswerte:

```
> D(x)(0):= 0: x(0):= 1:
```

Auflösen der Gleichung nach der Transformierten der gesuchten Lösungsfunktion:

```
> X(s):= solve(DG_trans, X(s));
```

$$X(s) := \frac{m s + d}{m s^2 + d s + c}$$

Rücktransformation von X(s) – Berechnung von x(t):

```
> X(t):= invlaplace(X(s), s, t);
```

$$X(t) := e^{-\frac{1}{2} \frac{t d}{m}} \left(\cosh\left(\frac{1}{2} \frac{t \sqrt{d^2 - 4 m c}}{m} \right) + \frac{d \sinh\left(\frac{1}{2} \frac{t \sqrt{d^2 - 4 m c}}{m} \right)}{\sqrt{d^2 - 4 m c}} \right)$$

Festlegung der Parameter und graphische Darstellung des Ergebnisses:

```
> param:= [m=10, d=5, c=100]:
> x1:= eval(X(t), param);
```

$$x1 := e^{-\frac{1}{4} t} \left(\cosh\left(\frac{1}{20} t \sqrt{-3975} \right) - \frac{1}{795} \sqrt{-3975} \sinh\left(\frac{1}{20} t \sqrt{-3975} \right) \right)$$

```
> plot(x1, t=0..10, labels=["t", "x(t)"], gridlines=true);
```

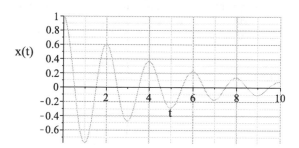

3.4 Numerisches Lösen gewöhnlicher Differentialgleichungen

Numerische Lösungen von Anfangswertaufgaben und Randwertaufgaben, bestehend aus Differentialgleichungssystemen oder Systemen von Differentialgleichungen und algebraischen Gleichungen (DAE), werden wie analytische mit dem Befehl **dsolve** ermittelt, allerdings mit dem zusätzlichen Argument **numeric** bzw. **type=numeric**. Den Typ des Problems – Anfangswert- oder Randwertaufgabe – ermittelt **dsolve** automatisch. Für die Lösung von Anfangswertaufgaben wird als Standard die Methode *rkf45* (Runge-Kutta-Fehlberg 4./5. Ordnung) eingesetzt. Der Anwender kann jedoch aus einer Liste (siehe 3.4.5) ein anderes Verfahren auswählen.

Syntax von **dsolve/numeric**:

> **dsolve**({DG, AnfBed}, **numeric**, var)
>
> **dsolve**({DG, AnfBed}, **numeric**, method= , var, optionen)
>
> Parameter:
>
> | | |
> |---|---|
> | DG | Differentialgleichungssystem oder DAE |
> | AnfBed | Anfangs- bzw. Randbedingungen |
> | var | zu bestimmende Funktion oder Liste oder Menge von Funktionen |
> | method | Lösungsverfahren (optional) |

Zur grafischen Darstellung der mit **dsolve/numeric** ermittelten Lösungen kann der Befehl **odeplot** des Pakets **plots** verwendet werden.

Syntax von **odeplot**

> **odeplot**(Dsol, var, bereich , optionen)
>
> Parameter:
>
> | | |
> |---|---|
> | Dsol | Ergebnis des Aufrufs von dsolve(... , numeric) |
> | var | (optionale Liste): darzustellende Achsen und Funktionen |
> | bereich | (optional) Bereich der unabhängigen Variablen |
> | optionen | Gleichungen mit spezifischen Vorgaben (siehe Befehl **plot**) |

Vor der Beschreibung möglicher Optionen von **dsolve/numeric** sollen zwei Beispiele die numerische Lösung eines Differentialgleichungssystems unter Verwendung dieses Befehls ohne Angabe von Optionen verdeutlichen, denn die Lösung vieler Aufgaben ist auch mit den Standard-Vorgaben für die Parameter von **dsolve** möglich.

3.4.1 Einführende Beispiele

Beispiel: Periodische Umschaltungen im RC-Stromkreis

Ausgegangen wird von dem im Bild 3.3 (Abschnitt 3.2) dargestellten, aus einer Gleichspannungsquelle versorgten RC-Netzwerk. Periodisch wird zwischen Laden und Entladen des Kondensators umgeschaltet, wobei im jetzigen Fall der Vorgang ohne eine durch das Modell vorgegebene Zeitbegrenzung beschrieben werden soll. Deshalb wird die periodische Umschaltung über eine periodische Funktion, im vorliegenden Beispiel die Sinusfunktion, definiert. Außerdem wird für die Spannungsquelle noch ein innerer Widerstand R_i angenommen. Die Periodendauer, eine Aufladung und eine Entladung umfassend, sei T. Das zeitliche Verhältnis der Teilzustände „Aufladung" (t_{auf}) und „Entladung" ist im Programm beliebig festlegbar.

Notierung der Differentialgleichung:

```
> Dgl:= diff(uc(t),t) = piecewise(sin(2*Pi*t/T+phi)>=sin(phi),
            (u-uc(t))/(C*(Ri+R)), -uc(t)/(C*R));
```

$$Dgl := \frac{\mathrm{d}}{\mathrm{d}t} uc(t) = \begin{cases} \dfrac{u - uc(t)}{C\,(Ri + R)} & \sin(\phi) \leq \sin\left(\dfrac{2\,\pi\,t}{T} + \phi\right) \\[2ex] -\dfrac{uc(t)}{C\,R} & \textit{otherwise} \end{cases}$$

Festlegung der Parameter und der Eingangsgröße u:

Bei der numerischen Berechnung von Differentialgleichungen müssen alle Parameter und alle Eingangsgrößen durch Zahlenwerte belegt sein.

```
> T:=2: tauf:=0.75*T: # T..Periodendauer, tauf..Dauer einer Aufladung
> phi:= Pi/2-Pi*tauf/T;
```

$$\phi := -0.2500000000\,\pi$$

```
> R:= 20: Ri:= 20: C:=0.04: u:=10:
```

Anfangsbedingung für die Kondensatorspannung *uc*:

```
> AnfBed:= uc(0)=0:
```

Lösung der Differentialgleichung:

Differentialgleichung und Anfangsbedingung werden in einer Menge zusammengefasst.

```
> Dsol:= dsolve({Dgl, AnfBed}, uc(t), numeric);
```

$$Dsol := \mathbf{proc}(x\_rkf45) \ \dots \ \mathbf{end\ proc}$$

Beispiele für die Auswertung der Lösungen von dsolve/numeric:

Die Lösungen des Differentialgleichungssystems werden beim Aufruf von **dsolve/numeric** als Prozedur übergeben, wenn nicht durch eine Option **output** eine andere Vorgabe erfolgt. Die folgenden Anweisungen sind Beispiele für verschiedene Möglichkeiten des Zugriffs auf die berechneten Ergebnisse.

1. Grafische Darstellung der Lösung *uc*(*t*) mit Hilfe des Befehls **odeplot** des Pakets **plots**:

```
> with(plots,odeplot):
> odeplot(Dsol, [t,uc(t)], t=0..8, numpoints=2000, gridlines=true);
```

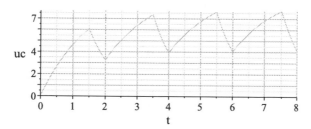

Die Angabe der darzustellenden Funktion [t, uc(t)] im obigen Befehl **odeplot** könnte auch entfallen, weil die Lösung *Dsol* nur eine Funktion enthält.

2. Ermittlung von Einzelwerten der Lösung:

```
> Dsol(0.03);
```

$$[t = 0.03, uc(t) = 0.185753122635992390]$$

```
> A := subs(Dsol(0.04),[t,uc(t)]);
```

$$A := [0.04, 0.246900879766587034]$$

```
> uc1:= A[2];
```

$$uc1 := 0.246900879766587034$$

3. Umwandlung der numerischen Lösung *Dsol* in eine Funktion:

Im Anschluss an die Umwandlung kann man die Funktion auswerten bzw. mittels **plot** graphisch darstellen.

```
> UC:= theta -> eval(uc(t), Dsol(theta));
```

$$UC := \theta \rightarrow eval(uc(t), Dsol(\theta))$$

```
> UC(1);
```

$$4.64738601603157876$$

```
> plot(UC, 0..8, numpoints=2000, gridlines=true, color=blue);
```

Auf die Darstellung dieser Graphik wird verzichtet, weil sie sich nicht vom obigen Bild unterscheidet.

Beispiel: Einschalten einer Drehstromdrossel

Die Drehstromdrossel bestehe aus drei magnetisch nicht gekoppelten Spulen, die in einem freien Sternpunkt verbunden sind und zum Zeitpunkt $t = t_0$ auf das Drehstromnetz geschaltet werden. Die Drossel arbeite abschnittsweise im gesättigten Bereich, d. h. die Induktivitäten L_1, L_2 und L_3 der drei Drosselspulen sind abhängig von den in ihnen fließenden Strömen. Die Funktion $L_k = L(|i_k|)$ ist als Wertetabelle vorgegeben. Der Verlauf der Ströme in den drei Strängen nach dem Schließen des Schalters soll berechnet werden [Jent69].

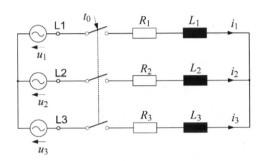

Bild 3.6 Einschalten einer Drehstromdrossel

Für das Drehstromsystem gelten die Gleichungen

$$u_1 = \hat{u} \cdot \cos\left(\omega \cdot t + \varphi_0\right); \quad u_2 = \hat{u} \cdot \cos\left(\omega \cdot t + \varphi_0 - \frac{2\pi}{3}\right); \quad u_3 = \hat{u} \cdot \cos\left(\omega \cdot t + \varphi_0 - \frac{4\pi}{3}\right)$$

Zwischen den Strömen der drei Induktivitäten besteht die algebraische Beziehung

$$i_1 + i_2 + i_3 = 0$$

Das dynamische Verhalten des Netzwerks wird durch zwei Differentialgleichungen erster Ordnung beschrieben (Herleitung siehe Kapitel 4).

$$\frac{di_1}{dt} = \frac{\left(-L_2R_1 - L_2R_3 - L_3R_1\right)i_1 + \left(L_3R_2 - L_2R_3\right)i_2 + \left(L_2 + L_3\right)u_1 - L_3u_2 - L_2u_3}{L_1L_2 + L_1L_3 + L_2L_3}$$

$$\frac{di_2}{dt} = \frac{\left(L_3R_1 - L_1R_3\right)i_1 - \left(L_1R_2 + L_1R_3 + L_3R_2\right)i_2 - L_3u_1 + \left(L_1 + L_3\right)u_2 - L_1u_3}{L_1L_2 + L_1L_3 + L_2L_3}$$

Maple-Notierung der Differentialgleichungen:

```
> N:= L1*L2+L1*L3+L2*L3:
> Dgl1:= diff(i1(t),t) = ((-L2*R1-L2*R3-L3*R1)*i1(t)+
        (L3*R2-L2*R3)*i2(t)+(L2+L3)*u1-L3*u2-L2*u3)/N;
```

$$Dgl1 := \frac{d}{dt}\,i1(t) = \frac{1}{L1\,L2 + L1\,L3 + L2\,L3}\Big(\left(-L2\,R1 - L2\,R3 - L3\,R1\right)i1(t)$$

$$+ \left(L3\,R2 - L2\,R3\right)i2(t) + \left(L2 + L3\right)u1 - L3\,u2 - L2\,u3\Big)$$

```
> Dgl2:= diff(i2(t),t) = ((L3*R1-L1*R3)*i1(t)-
        (L1*R2+L1*R3+L3*R2)*i2(t)-L3*u1+(L1+L3)*u2-L1*u3)/N;
```

$$Dgl2 := \frac{d}{dt}\, i2(t) = \frac{1}{L1\,L2 + L1\,L3 + L2\,L3}\,((L3\,R1 - L1\,R3)\,i1(t) - (L1\,R2$$
$$+ L1\,R3 + L3\,R2)\,i2(t) - L3\,u1 + (L1 + L3)\,u2 - L1\,u3)$$

Anfangsbedingungen:

```
> Anfangsbed:= i1(0)=0, i2(0)=0:
```

Die Differentialgleichungen und die Anfangsbedingungen werden zur Menge *Dsys* zusammengefasst:

```
> Dsys:= {Dgl1, Dgl2, Anfangsbed}:
> i3(t):= -i1(t)-i2(t);
```

$$i3(t) := -i1(t) - i2(t)$$

Festlegung der Eingangsgrößen und der Parameter:

Bei der numerischen Lösung von Differentialgleichungen müssen alle Parameter und alle Eingangsgrößen durch Zahlenwerte belegt sein.

```
> u1  := Umax*cos(omega*t):
> u2  := Umax*cos(omega*t-2*Pi/3):
> u3  := Umax*cos(omega*t-4*Pi/3):
> Umax:= 220*sqrt(2): omega:= 314:
> R1:= R: R2:= R:  R3:= R: R:= 0.2:
```

Definition der Funktionen L_1, L_2 und L_3:

Der Zusammenhang zwischen dem Betrag von *i* und der Induktivität *L* wird durch Wertepaare beschrieben, die in der Variablen *Stuetzpunkte* als Tabelle angegeben sind.

```
> Stuetzpunkte:= [[0,0.072],[1.5,0.071],[9,0.043],[15,0.031],
             [25,0.021],[40,0.015],[67.5,0.01],[125,0.007]]:
```

Zwischenwerte sollen durch lineare Interpolation ermittelt werden. Zur Berechnung der Ausdrücke für die Beschreibung des Funktionsverlaufs *L(i)* wird der Befehl **Spline** des Pakets **CurveFitting** verwendet (siehe 2.8).

```
> with(CurveFitting):
> L1:= Spline(Stuetzpunkte, i1, degree=1);
```

$$L1 := \begin{cases} 0.07200000000 - 0.0006666666667\,i1 & i1 < 1.5 \\ 0.07660000000 - 0.003733333333\,i1 & i1 < 9 \\ 0.06100000000 - 0.002000000000\,i1 & i1 < 15 \\ 0.04600000000 - 0.001000000000\,i1 & i1 < 25 \\ 0.03100000000 - 0.0004000000000\,i1 & i1 < 40 \\ 0.02227272727 - 0.0001818181818\,i1 & i1 < 67.5 \\ 0.01352173913 - 0.00005217391304\,i1 & \text{otherwise} \end{cases}$$

Die Induktivitäten sind vom Betrag des durchfließenden Stromes abhängig. Daher wird $i1$ durch $|i1(t)|$ ersetzt.

```
> L1:= subs(i1 = abs(i1(t)), L1);
```

$$L1 := \begin{cases} 0.07200000000 - 0.0006666666667\,|i1(t)| & |i1(t)| < 1.5 \\ 0.07660000000 - 0.003733333333\,|i1(t)| & |i1(t)| < 9 \\ 0.06100000000 - 0.002000000000\,|i1(t)| & |i1(t)| < 15 \\ 0.04600000000 - 0.001000000000\,|i1(t)| & |i1(t)| < 25 \\ 0.03100000000 - 0.0004000000000\,|i1(t)| & |i1(t)| < 40 \\ 0.02227272727 - 0.0001818181818\,|i1(t)| & |i1(t)| < 67.5 \\ 0.01352173913 - 0.00005217391304\,|i1(t)| & \textit{otherwise} \end{cases}$$

Die Ausdrücke für L_2 und L_3 werden aus L_1 durch Ersetzen von $i_1(t)$ gebildet:

```
> L2:= algsubs(i1(t) = i2(t), L1):
> L3:= algsubs(i1(t) = i3(t), L1):
```

Lösung des Differentialgleichungssystems:

Die Unbekannten des Differentialgleichungssystems, die zu berechnenden Funktionen $i_1(t)$ und $i_2(t)$, werden im Folgenden als Liste und nicht als Menge notiert, weil bei der Angabe als Menge die Reihenfolge der von **dsolve** ausgegebenen Lösungsfunktionen nicht bei jeder erneuten Berechnung gleich ist und sich dadurch bei Wiederholung der Berechnung Probleme bei nachfolgenden Operationen, die auf die einzelnen Lösungen zugreifen, ergeben können.

```
> Dsol:= dsolve(Dsys,numeric,[i1(t),i2(t)]);
```

$$Dsol := \mathrm{proc}(x\_rkf45) \ \dots \ \mathbf{end \ proc}$$

Für die graphische Darstellung der numerisch ermittelten Lösungen wird wieder die Prozedur **odeplot** des Pakets **plots** verwendet.

```
> with(plots): setcolors(["Blue"]):
> Stil:= gridlines=true, numpoints=1000,linestyle=[solid,dashdot,dot]:
> Varlist:= [[t,i1(t)],[t,i2(t)],[t,i3(t)]]:
> odeplot(Dsol, Varlist, 0..0.06, Stil, labels=["t","i1,i2,i3"],
          legend=["i1","i2","i3"]);
```

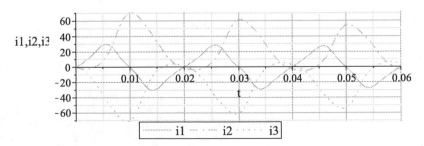

3.4.2 Steuerung der Ergebnisausgabe über die Option *output*

Diese Option legt fest, in welcher Form die Resultate von **dsolve** zu übergeben sind. Sie kann als Schlüsselwort (keyword) oder als Feld (array) angegeben werden. Als Schlüsselworte sind die Werte *procedurelist*, *listprocedure*, *operator* oder *piecewise* zugelassen.

Option *output=procedurlist*

Diese Form der Ergebnisausgabe von **dsolve** wurde in den Beispielen unter 3.4.1 verwendet. Sie ist die Standardform, wird also von **dsolve** gewählt, wenn die Option **output** nicht angegeben wird. Bei ihr liefert **dsolve** eine Prozedur, die Werte der unabhängigen Variablen als Argument akzeptiert und eine Liste der Lösungen in der Form *variable=wert* zurückgibt.

Aus dem Beispiel „Drehstromdrossel" unter 3.4.1:

```
> Dsol(0.01);
```
$$[t = 0.01, i1(t) = -0.579793459539629906, i2(t) = 70.6979716111470680]$$

Option *output=listprocedure*

Bei dieser Belegung der Option *output* erfolgt die Ergebnisausgabe als Liste von Gleichungen der Form *variable = procedure*. Dabei stehen auf den linken Seiten die Namen der unabhängigen und der abhängigen Variablen sowie der Ableitungen und auf den rechten Seiten Prozeduren zur Berechnung der Lösungswerte für die jeweilige Komponente.

Diese Ausgabeform ist nützlich, wenn eine zurückgegebene Prozedur für weitere Berechnungen verwendet werden soll. Zur Demonstration wird wieder das Beispiel „Drehstromdrossel" benutzt.

```
> Dsol_2:= dsolve(Dsys,numeric,[i1(t),i2(t)], output=listprocedure);
```
$$Dsol\_2 := [t = proc(t) \ldots \text{end proc}, i1(t) = proc(t) \ldots \text{end proc}, i2(t) = proc(t) \ldots \text{end proc}]$$
```
> Ausgabeliste:= [[t,i1(t)],[t,i2(t)],[t,i3(t)]]:
> odeplot(Dsol_2, Ausgabeliste, 0..0.04, Stil);
```

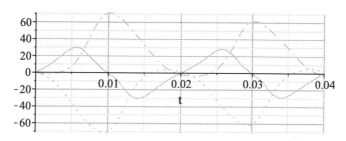

Aus der Liste der Lösungsprozeduren kann man eine Prozedur separieren und damit weiter operieren.

```
> i1_:= eval(i1(t),Dsol_2);
```
$$i1\_ := proc(t) \ldots \text{end proc}$$

```
> i1_(0.01); i1_(0.03); i1_(0.04);
```

$$-0.5797934595396629906$$
$$-0.470016022398098976$$
$$-0.0598675616957622948$$

```
> seq(i1_(t), t=0..0.04, 0.005);
```

$$0., 28.5732356586419556, -0.5797934595396629906, -28.2748921835213239,$$
$$-0.0288354334291615924, 26.9759032790278788, -0.470016022398098976,$$
$$-26.7863547229231004, -0.0598675616957622948$$

Option *output=array* oder *output=Array*

Bei Verwendung der Option ***output=Array*** muss ein Vektor von Gleitpunktzahlen (*float*) mit den Werten der unabhängigen Variablen, für die Lösungswerte zu berechnen sind, vorgegeben werden. Demonstrationsbeispiel ist wieder die „Drehstromdrossel".

```
> Dsol_3:= dsolve(Dsys,numeric,[i1(t),i2(t)],
        output=Array([0.01,0.02,0.03,0.04]));
```

$$Dsol\_3 := \begin{bmatrix} \begin{bmatrix} t & i1(t) & i2(t) \\ \begin{bmatrix} 0.010000000000000002 & -0.579777925497687584 & 70.6983251759956916 \\ 0.020000000000000004 & -0.0287645201256380260 & -1.50239776039024719 \\ 0.029999999999999990 & -0.470052715822209199 & 61.1146699692580455 \\ 0.040000000000000010 & -0.0598947300869692446 & -2.81710399442378989 \end{bmatrix} \end{bmatrix} \end{bmatrix}$$

Bei Wahl dieser Option wird eine Lösungsmatrix zurückgegeben, die in eine (2,1)-Matrix eingebettet ist. Die erste Zeile dieser Matrix ist ein Feld, das die Namen der unabhängigen Variablen und der abhängigen Variablen und deren Ableitungen enthält, das also gewissermaßen die Überschriften für die Spalten der darunter befindlichen Lösungsmatrix liefert. Die erste Spalte der Lösungsmatrix ist eine Kopie des output-Vektors, d. h. der vorgegebenen Werte der unabhängigen Variablen. Die anderen Spalten enthalten die Werte der abhängigen Variablen und der Ableitungen. Zeile *i* dieser Matrix ist demnach der Vektor, der sowohl den Wert der unabhängigen Variablen als auch die berechneten Werte der abhängigen Variablen zum Element *i* des output-Vektors enthält.

Beispiele für den Zugriff auf die Lösungsmatrix oder einzelne Komponenten derselben:

```
> A:= Dsol_3[2,1];
```

$$A := \begin{bmatrix} 0.010000000000000002 & -0.579777925497687584 & 70.6983251759956916 \\ 0.020000000000000004 & -0.0287645201256380260 & -1.50239776039024719 \\ 0.029999999999999990 & -0.470052715822209199 & 61.1146699692580455 \\ 0.040000000000000010 & -0.0598947300869692446 & -2.81710399442378989 \end{bmatrix}$$

```
> A[2,3];   B:= A[2,1..3];
```

$$-1.50239776039024719$$
$$B := \begin{bmatrix} 0.020000000000000004 & -0.0287645201256380260 & -1.50239776039024719 \end{bmatrix}$$

Die grafische Darstellung der Lösungen mit dem Befehl **odeplot** ist bei dieser Form der Ergebnisausgabe ebenfalls möglich. Wird die Option *output=array* benutzt, dann ist die Ausgabe dieselbe wie bei der Option *output=Array*, es werden lediglich die älteren Datentypen *array* und *matrix* verwendet.

Option *output=operator* und *output=piecewise*

Bezüglich dieser Optionen wird auf die Hilfe zum Befehl **dsolve/numeric** verwiesen.

3.4.3 Steuerung der Ergebnisausgabe über die Optionen *range* und *maxfun*

Mit *range* wird der Bereich der unabhängigen Variablen angeben, für den Lösungswerte gewünscht werden. Bei Verwendung dieser Option berechnet **dsolve** Werte für den vorgegeben Bereich und speichert diese. Bei einem nachfolgenden Aufruf der von **dsolve** zurückgegeben Prozedur wird dann die Lösung für den gewünschten speziellen Wert der unabhängigen Variablen anhand der gespeicherten Werte durch Interpolation bestimmt; das Ergebnis steht also relativ schnell zur Verfügung. Wird **dsolve** kein Lösungsbereich vorgegeben (Angabe von *range* fehlt), dann berechnet und speichert der Befehl keine Lösungswerte; diese werden dann erst beim Aufruf der bereitgestellten Prozedur ermittelt. Die Reaktionsweise von **dsolve** und der nach seiner Ausführung zurückgegebenen Prozedur ist also in beiden Fällen – mit bzw. ohne *range* – sehr unterschiedlich.

Bei Anfangswertaufgaben wird die Option *range* nur von den Verfahren *rkf45*, *rosenbrock* und *taylorseries* sowie deren DAE-Modifikationen unterstützt.

Die Option *maxfun* begrenzt die Zahl der berechneten Lösungspunkte. Standardvorgaben sind *maxfun=30000* für die Verfahren *rkf45* und *rosenbrock*, *maxfun=50000* für die Methoden vom Typ *classical* und *maxfun=0* bei allen anderen Methoden. Die Einstellung *maxfun=0* macht *maxfun* unwirksam. Das kann jedoch bei Verfahren, die mit variabler Schrittweite arbeiten, problematisch sein und dazu führen, dass die Rechnung zu keinem Ende kommt; beispielsweise, wenn Singularitäten vorhanden sind. Nützlich ist eine Vorgabe von *maxfun* auch bei sehr berechnungsintensiven Funktionen oder großen Integrationsintervallen.

Als Beispiel wird wieder auf das oben definierte Differentialgleichungssystem zurückgegriffen.

```
> Dsol:= dsolve(Dsys, numeric, [i1(t),i2(t)], range=0..0.6);
```

Warning, cannot evaluate the solution further right of .23740518, maxfun limit exceeded (see ?dsolve,maxfun for details)

$$Dsol := \mathbf{proc}(x\_rkf45) \ \dots \ \mathbf{end\ proc}$$

Im obigen Beispiel werden zwar Lösungen im Bereich $t = 0..0.6$ gewünscht, aber bereits bei $t = 0.23740518$ ist die durch *maxfun* festgelegte Obergrenze von Lösungspunkten erreicht und die Berechnung wird mit Ausgabe einer Warnung abgebrochen.

Eine neue Berechnung mit maxfun =100000 umfasst den gesamten durch *range* festgelegten Bereich.

```
> Dsol:= dsolve(Dsys,numeric, [i1(t),i2(t)], range=0..0.6,
        maxfun=100000);
```

$$Dsol := \mathbf{proc}(x\_rkf45) \ \dots \ \mathbf{end\ proc}$$

```
> Dsol(0.4);
```

$$[t = 0.4, i1(t) = -0.893014736194866488, i2(t) = -15.1122910313772110]$$

Wird ein Lösungssatz für einen Wert der unabhängigen Variablen angefordert, der außerhalb des Bereichs von *range* liegt, dann fügt Maple eine Warnung an.

```
> Dsol(0.7);
Warning, extending a solution obtained using the range argument with
'maxfun' large or disabled is highly inefficient, and may consume a
great deal of memory. If this functionality is desired, it is sug-
gested to call dsolve without the range argument
```

$$[t = 0.7, i1(t) = -1.71061362741798817, i2(t) = -16.9061551115753090]$$

Auf den Aufruf von *Dsol* mit einem noch größeren Argument reagiert Maple schließlich mit einer Fehlermeldung. Die Grenze wird auch in diesem Fall durch den aktuellen Wert von *maxfun* gesetzt.

```
> Dsol(3.0);
Error, (in Dsol) cannot evaluate the solution further right of
.77007337, maxfun limit exceeded (see ?dsolve,maxfun for details)
```

3.4.4 Ereignisbehandlung bei Anfangswertproblemen

Ereignisse, die bei der Lösung von Differentialgleichungen berücksichtigt werden sollen, kann man in Maple mit Hilfe der Option **events** erkennen und behandeln. Events werden in der Parameterliste von **dsolve** in folgender Form notiert:

events = [Event1, Event2,...]

Dabei wird jeder Event ebenfalls als Liste angegeben:

Event = [Trigger, Aktion]

Die Komponente *Trigger* beschreibt das Ereignis und *Aktion* legt die Ereignisbehandlung fest.

Für Trigger zum Erkennen von Nullstellen oder des Verlassens eines Wertebereichs stehen folgende Beschreibungsformen zur Verfügung:

y(t)

f(t, y(t))

[f(t, y(t)), c(t, y(t)) < 0]

[f(t, y(t)), And(c1(t, y(t)) > 0, c2(t, y(t)) > 0)]

f(t, y(t)) = lo..hi

Dabei stehen c, c1 und c2 für Funktionen, die bestimmte Bedingungen beschreiben.

Zulässige Aktionen sind u. a. das Unterbrechen der Operation (*halt*) oder das Ändern von Variablenwerten. Die Aktionen sind allerdings auf Operationen beschränkt, die sich auf Variablen beziehen und können nicht verwendet werden, um die Struktur des Differentialgleichungssystems zu verändern oder Differentialgleichungen auszutauschen. Wie mit etwas mehr Aufwand dennoch eine Umschaltung zwischen zwei Differentialgleichungen realisiert werden kann, zeigt das weiter unten folgende Beispiel 3.

Ausgewählte Beschreibungsformen für *Aktion*:

halt	Integration unterbrechen und Meldung ausgegeben
u(t) = -u(t)	Anweisung ausführen
[u(t) = -u(t), y(t) = -y(t)]	mehrerer Anweisungen ausführen
[If(y(t) < 0, y(t) = -y(t), halt)]	Anweisungen bei erfüllter Bedingung ausführen

Für die Notierung von Bedingungen für *Trigger* und *Aktion* kann man die inerte Form logischer Operatoren, also **And, Or, Xor, Implies** und **Not**, verwenden. Bei der Beschreibung von Aktionen sind außerdem **If**-Bedingungen und temporäre Variable zulässig, sofern deren Namen sich von denen der unabhängigen oder abhängigen Variablen der Problembeschreibung unterscheiden.

Ableitungen von Variablen bis zu einer Ordnung niedriger als in der Anfangswertaufgabe kann man in Aktionen ebenfalls verwenden, also beispielsweise bei einer Differentialgleichung zweiter Ordnung die erste Ableitung der zu berechnenden Lösungsfunktion.

Die Option **events** steht nur bei den Runge-Kutta-Fehlberg- und bei den Rosenbrock-Verfahren zur Verfügung. Die folgenden drei Beispiele demonstrieren Anwendungsmöglichkeiten. Weitere Detailinformationen sind in der Maple-Hilfe zu finden.

Beispiel 1: Nullstellen einer Lösungsfunktion bestimmen

Dieses Beispiel basiert wieder auf dem System Drehstromdrossel (Abschnitt 3.4.1). Gesucht sind die Nullstellen der Funktion $i_2(t)$ im Bereich $t = (0 \dots 0.3)$ s. Dazu wird mit Hilfe der Option *events* eine Halt-Aktion in der Lösungsprozedur vorgesehen, die während der Ausführung des Befehl **dsolve/numeric** bei jedem Nulldurchgang von $i_2(t)$ wirksam wird. Die ungefähre Lage der Nullstellen zeigt eine grafische Darstellung der Lösung der Differentialgleichung.

```
> odeplot(Dsol,[t,i2(t)],t=0..0.06, color=blue);
```

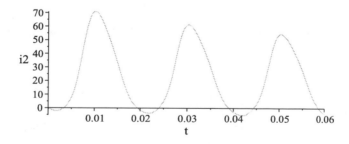

Mit der Option events = [[i2(t)=0, halt]] wird jetzt die Lösung von *Dsys* berechnet.

```
> Dsol_Ev:= dsolve(Dsys,numeric,[i1(t),i2(t)],
          events=[[i2(t)=0,halt]]);
```

$$Dsol\_Ev := proc(x\_rkf45) \ \dots \ end \ proc$$

Ein Aufruf der erhaltenen Lösungsprozedur *Dsol_Ev* liefert die erste Nullstelle.

```
> Dsol_Ev(0.03);
```
Warning, cannot evaluate the solution further right of .5329179Ge-2,
event #1 triggered a halt

$$\left[t = 0.0033291790363161\;9250,\; i1(t) = 18.2309925348689639,\; i2(t) = -4.4563758607764\;3478 \cdot 10^{-16} \right]$$

Das definierte Ereignis führte zum Stopp der Berechnung an der Stelle, wo $i_2(t)$ vom negativen in den positiven Bereich übergeht, d. h. die erste Nullstelle liegt bei $t = 0.003329179$. Der letzte berechnete Wert $i_2(t)$ ist noch negativ. Mit **eventclear** wird das Ereignis, das zum Halt geführt hat, gelöscht und danach die Berechnung neu gestartet.

```
> Dsol_Ev(eventclear);  Dsol_Ev(0.03);
```
Warning, cannot evaluate the solution further right of .19404598e-1,
event #1 triggered a halt

$$\left[t = 0.0194045986556705651,\; i1(t) = -2.648498164906\;89306,\; i2(t) = 1.21238483306380018 \cdot 10^{-15} \right]$$

An der Stelle $t = 0.01940...$ wechselt $i_2(t)$ von positiven zu negativen Werten und es kommt wieder zu einem Stopp. Wie zuvor wird auch bei diesem die Berechnung fortgesetzt. Auf diese Weise werden schrittweise alle Nullstellen ermittelt.

Mittels **eventstatus** kann man abfragen, ob Events erlaubt oder blockiert sind. Wie schon aus den von Maple ausgegebenen Warnungen ersichtlich, wird jeder Event mit einer Nummer bezeichnet, über die er auch gesteuert werden kann.

```
> Dsol_Ev(eventstatus);
```

$$enabled = \{1\},\; disabled = \{\ \}$$

Blockiert werden Events durch **eventdisable** = {Nr. des Events}.

```
> Dsol_Ev(eventdisable={1});
> Dsol_Ev(eventstatus);
```

$$enabled = \{\ \},\; disabled = \{1\}$$

Durch **eventenable** werden Events wieder erlaubt und dabei auf ihren Anfangszustand zurückgesetzt.

```
> Dsol_Ev(eventenable={1});
```

Beispiel 2: Springender Ball (bouncing ball)

Dieses Beispiel, das man auch in der Maple-Hilfe zur Option *events* findet, demonstriert, dass neben der Aktion *halt* auch andere Reaktionen auf ein Ereignis (Event) möglich sind. Ein Ball wird aus einer Höhe $y(0)$ in horizontaler Richtung x mit der Anfangsgeschwindigkeit $v_x(0)$ geworfen. In y-Richtung wirkt die Erdbeschleunigung $g \approx 9,81$ m/s². Bei seinem Aufprall auf den Boden ($y(t) = 0$) wird er mit dem gleichen Betrag der Geschwindigkeit in y-Richtung zurückgeworfen, die er beim Aufprall hatte, d. h. seine Geschwindigkeit in y-Richtung kehrt sich gerade um. Daraus resultiert die Formulierung der Option events = [[y(t), diff(y(t), t) = − (diff(y(t), t))]] im folgenden Befehl **dsolve**. Beim Zurückspringen verringert sich die y-Geschwindigkeit des Balls auf Grund der Erdbeschleunigung stetig bis auf den Wert Null, danach kehrt er seine Bewegungsrichtung wieder um und fällt zu Boden usw. Dämpfungseinflüsse werden bei dieser Betrachtung vernachlässigt.

```
> AnfBed := {x(0) = 0, y(0) = 1, D(x)(0) = 1, D(y)(0) = 0};
```

$$AnfBed := \{x(0) = 0, y(0) = 1, D(x)(0) = 1, D(y)(0) = 0\}$$

```
> DGsys := {diff(x(t), t,t) = 0, diff(y(t), t,t) = -9.81};
```

$$DGsys := \left\{ \frac{d^2}{dt^2} x(t) = 0, \ \frac{d^2}{dt^2} y(t) = -9.81 \right\}$$

```
> Loe := dsolve(DGsys union AnfBed, numeric,
         events = [[y(t), diff(y(t),t) = -(diff(y(t),t))]]);
```

$$Loe := \mathbf{proc}(x\_rkf45) \ \dots \ \mathbf{end \ proc}$$

```
> plots[odeplot](Loe, [x(t), y(t)], t=0..3, numpoints=1000);
```

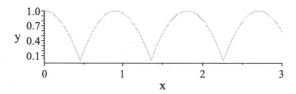

Beispiel 3: Spannungsgesteuerte Umschaltung eines RC-Kreises

Vorgegeben ist die in Bild 3.7 dargestellte Schaltung. Für die Kondensatorspannung $u_C(t)$ seien ein oberer und ein unterer Grenzwert festgelegt. Anfangs wird der Kondensator geladen, bis das Erreichen von U_{max} zur Umschaltung führt. Es folgt ein Entladevorgang, bis $u_C = U_{min}$ erreicht ist und wieder auf „Laden" umgeschaltet wird usw.

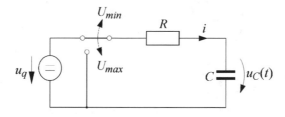

Bild 3.7 Laden/ Entladen im RC-Kreis

Lade- und Entladevorgang werden durch unterschiedliche Differentialgleichungen beschrieben (siehe 3.2). Die Ereignisse $u_C(t) = U_{max}$ bzw. $u_C(t) = U_{min}$ müssen die Umschaltung auf die jeweils andere Differentialgleichung bewirken. Mit den für die Option *events* zulässigen Aktionen lässt sich ein derartiger Zusammenhang nicht direkt umsetzen. Bei der im Folgenden verwendeten Lösung, die sich an die Struktur in [Wib02] anlehnt, sind die beiden Differentialgleichungen in eine **while**-Schleife eingebettet, in der die Umschaltung realisiert wird. Die Erkennung der genannten Ereignisse geschieht mit Hilfe der Option *events* in Verbindung mit der Aktion *halt*. Die Anweisung **interface**(warnlevel = 0) am Anfang der Prozedur unterdrückt die Warnungen, die sonst beim Erkennen eines Ereignisses ausgegeben werden. Durch Setzen der Variablen auf einen Wert ≥ 1 könnte man den Ablauf der Berechnung verfolgen. Der Operator **union** bildet die Vereinigungsmenge zweier Mengen.

Am Anfang der Prozedur *wechsel* wird mit der Differentialgleichung für den Ladevorgang gearbeitet. Sobald die aktuelle Halt-Bedingung uc(t) = Umax (Schreibweise der Variablen wie in der Prozedur) erfüllt ist, wird die Berechnung unterbrochen. Die zu dem erreichten Punkt gehörigen Werte für die Zeit (tp) und die Kondensatorspannung (uc) werden ausgelesen und als Anfangsbedingungen für die folgende Rechnung mit der Differentialgleichung für den Entladevorgang vorgegeben. Als Halt-Bedingung wird nun uc(t) = Umin festgelegt. Nach der darauf folgenden Unterbrechung des Berechnens von Lösungspunkten mit der Differentialgleichung des Entladevorgangs werden wieder die letzten aktuellen Werte von t und uc ausgelesen und als Anfangsbedingungen für die Differentialgleichung des Ladevorgangs vorgegeben. Das wiederholt sich bis zum Erreichen von t $\geq$ tend.

```
> wechsel:= proc(tend)
    local tp,StoppBed,AnfBed,R,C,uq,t,Umax,Umin,dgl_auf,dgl_ent,
          Dsol_ent,Dsol_auf,ucx;
    global xx;
    interface(warnlevel=0);      # Unterdrueckung aller Warnungen
    dgl_auf:= {diff(uc(t),t)=(uq-uc(t))/(C*R)};
    dgl_ent:= {diff(uc(t),t)= -uc(t)/(C*R)};
    R:= 20: C:= 0.02: uq:= 5:
    Umax:= 4:  Umin:= 1:          # Grenzwerte von uc
    tp:= 0.0; ucx:= 0.0;
    while (tp < tend) do
      AnfBed:= {uc(tp)=ucx};
      StoppBed:= [uc(t)=Umax, halt];
      Dsol_auf:= dsolve(dgl_auf union AnfBed,numeric,events=[StoppBed]);
      xx:= Dsol_auf(tend);        # Speichern der Endwerte von Dsol_auf
      tp:= op(2,xx[1]); ucx:= op(2,xx[2]);
      if (tp < tend) then
        AnfBed:= {uc(tp)=ucx};
        StoppBed:= [uc(t)=Umin, halt];
        Dsol_ent:= dsolve(dgl_ent union AnfBed, numeric,
              events=[StoppBed]);
        xx:= Dsol_ent(tend);     # Speichern der Endwerte von Dsol_ent
        tp:= op(2,xx[1]); ucx:= op(2,xx[2]);
      end if;
    end do;
    op(2,xx[2]);                  # Rückgabewert uc
  end proc:
> plot(wechsel,0..2,labels=["t","uc(t)"],numpoints=500,gridlines);
```

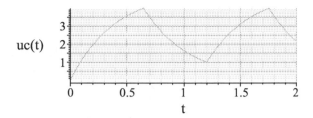

3.4.5 Numerische Methoden für Anfangswertaufgaben

Standardverfahren für die numerische Lösung mit **dsolve** ist das Runge-Kutta-Fehlberg-Verfahren 4./5. Ordnung, ein Einschrittverfahren mit Schrittweitensteuerung. Es kann aber durch die Angabe **method** = … auch eine andere Lösungsmethode ausgewählt werden, wobei die in Tabelle 3.1 aufgeführten Verfahren zur Auswahl stehen.

Tabelle 3.1 Numerische Methoden für Anfangswertaufgaben

method	Erläuterung
rkf45, rkf45_dae	Runge-Kutta-Fehlberg-Verfahren 4./5. Ordnung. Standardmethode für nicht-steife Anfangswertprobleme
rosenbrock rosenbrock_dae	Rosenbrock-Verfahren; implizites Runge-Kutta-Verfahren 3./4. Ordnung mit Interpolation 3. Grades; Standardmethode für steife Systeme
dverk78	Runge-Kutta- Verfahren 7./8. Ordnung
lsode[choice]	Livermore Stiff ODE Solver; geeignet für steife Systeme. Methodenkomplex.
gear gear[choice]	Einschritt-Extrapolationsmethode nach Gear. choice = bstoer, polyextr (Burlirsch-Stoer-, Polynomextrapolation)
taylorseries	Lösung mittels Taylor-Reihen; für hochgenaue Rechnungen geeignet
mebdfi	BDF-Methoden (Modified Extended Backward Differentiation Equation Implicit method); für die Lösung von DAEs; für steife Systeme geeignet
classical[choice]	Klassische Methoden mit fester Schrittweite; vorwiegend für Lehrzwecke

Die Verfahren *rkf45_dae* und *rosenbrock_dae* sind die für die Behandlung von DAEs modifizierten Varianten der Verfahren *rkf45* bzw. *rosenbrock*.

Die Anforderungen an ein Lösungsverfahren können aufgabenabhängig sehr unterschiedlich sein. Jedes der genannten Verfahren hat einen speziellen Anwendungsbereich, für den es besonders geeignet ist. Gegenüber den Verfahren vom Typ *classical* sind die anderen wesentlich komplexer und dadurch in vielen Fällen auch leistungsfähiger. Ein spezielles Merkmal aller Verfahren – mit Ausnahme der Verfahren vom Typ *classical* – ist das Arbeiten mit veränderlichen Schrittweiten.

Der von Maple als Standard verwendete Runge-Kutta-Fehlberg-Algorithmus 4./5. Ordnung *rkf45* arbeitet mit der Kombination zweier Runge-Kutta-Verfahren, eines Verfahrens 4. Ordnung und eines Verfahrens 5. Ordnung. Die Formeln des Verfahrens 4. Ordnung sind in die des Verfahrens höherer Ordnung eingebettet, so dass gegenüber einem Runge-Kutta-Verfahren

4. Ordnung nur zwei zusätzliche Funktionsauswertungen erforderlich sind. Die Differenz der beiden Lösungen liefert eine Schätzung des lokalen Fehlers für die Steuerung der Schrittweite.

Das **Rosenbrock-Verfahren** ist ein implizites Runge-Kutta-Verfahren, genauer ein „linear-implizites Runge-Kutta-Verfahren", das durch seinen größeren Stabilitätsbereich auch für die Berechnung steifer Systeme geeignet ist. Nähere Informationen zum Rosenbrock-Verfahren sind in [HaWa96 und Herr09] zu finden.

Für das Arbeiten mit sehr hoher Genauigkeit stellt Maple das Verfahren **dverk78** zur Verfügung, das auf einem Runge-Kutta-Verfahren 7./8. Ordnung basiert [Vern78]. Für eine fehlerfreie Funktion dieses Verfahrens ist es notwendig, eine ausreichende Zahl von Rundungsstellen zu berücksichtigen. Es muss die über Digits vorgegebene Stellenzahl größer sein, als die durch die vorgegebene Fehlertoleranz erforderliche.

Beim Verfahren **lsode** handelt es sich um den bekannten **Livermore Stiff ODE Solver**. Es ist ein sehr komplexer, leistungsfähiger Methodenkomplex. Über *choice* kann eine der folgenden Untermethoden ausgewählt werden: *adamsfunc, adamsfull, adamsdiag, adamsband, backfunc, backfull, backdiag und backband*. Der Namensvorsatz **adams** steht für ein implizites Adams-Verfahren und der Vorsatz **back** für ein BDF-Verfahren (siehe *mebdfi*). Der zweite Teil der Bezeichnung der Untermethoden bezieht sich auf die Benutzung der Jacobi-Matrix durch das Lösungsverfahren bzw. auf deren Form. Ohne spezielle Auswahl verwendet **lsode** das Unterverfahren **adamsfunc** – ein Adams-Verfahren mit Iteration ohne Rückgriff auf die Jacobi-Matrix. Weitere Informationen über die sehr vielfältigen Einstellmöglichkeiten müssen der Maple-Hilfe entnommen werden. Grundlagen des Verfahrens werden in [Hin80 und HiSt83] beschrieben.

Die **Gear-Verfahren** sind Extrapolationsmethoden. Für die Extrapolation kann das Burlirsch-Stoer-Verfahren [Gear71] oder eine Polynom-Extrapolation verwendet werden. Die Auswahl wird durch die die Option *method=gear*[choice] getroffen, wobei für choice entweder *bstoer* oder *polyextr* anzugeben ist. Standard bei fehlender Angabe von choice ist *bstoer*.

Der Befehl **dsolve** mit der Option *method=**taylorseries*** ermittelt eine numerische Lösung einer Differentialgleichung unter Verwendung der Taylorreihen-Methode. Mit diesem Verfahren können Lösungen sehr hoher Genauigkeit erzielt werden, es benötigt aber bei normalen Genauigkeitsanforderungen mehr Rechenzeit als andere Verfahren.

Das Verfahren **mebdfi** (*Modified Extended Backward Differentiation Formula Implicit* method) gehört zur Klasse der **Rückwärtsdifferentiationsmethoden** (BDF-Methoden). Der Name drückt aus, dass in der Lösungsformel, die das Verfahren beschreibt, die linke Seite das h-fache einer numerischen Differentiationsformel für die Ableitung von $y(t)$ an der Stelle t_{k+1} ist. Die Differentialgleichung $dy/dt = f(t,y)$ wird an der Stelle t_{k+1} unter Verwendung zurückliegender Funktionswerte approximiert. Die folgenden Beispiele sollen das verdeutlichen. Setzt man

$$\dot{y}_{k+1} = f\left(t_{k+1}, y_{k+1}\right) \approx \frac{y_{k+1} - y_k}{h} \tag{3.6}$$

so ergibt sich die 1-Schritt-BDF-Formel, die mit dem impliziten Euler-Verfahren identisch ist.

$$y_{k+1} - y_k = h \cdot f\left(t_{k+1}, y_{k+1}\right) \tag{3.7}$$

Ganz analog ergibt sich die 2-Schritt-BDF- Formel:

$$\frac{3}{2} y_{k+1} - 2 y_k + \frac{1}{2} y_{k-1} = h \cdot f \left(t_{k+1}, y_{k+1} \right) \tag{3.8}$$

Beide Formeln beschreiben implizite Verfahren. Ihr Vorteil ist, dass sie A-stabil sind, d. h. ihr Stabilitätsgebiet schließt die gesamte linke Halbebene der komplexen $h \cdot \lambda$-Ebene ein (Anhang C und [Schw97]).

Das Verfahren *mebdfi* ist in Maple für die Behandlung von *DAEs* vorgesehen, ist aber auch für steife Systeme sehr gut geeignet. Einfache Anfangswertprobleme kann es zwar auch behandeln, sein Einsatz für diese Fälle wird aber nicht empfohlen.

Die Verfahren vom Typ **classical** werden zusammen mit einigen Grundlagen für die numerische Lösung von Anfangswertproblemen im Anhang C beschrieben.

Durch eine Vielzahl von Optionen ist es möglich, die Arbeitsweise der einzelnen Verfahren den unterschiedlichen Bedingungen anzupassen und einen effizienten Ablauf bei ausreichender Genauigkeit der Ergebnisse zu sichern. Die Probleme der Lösung einer Anfangswertaufgabe zeigen sich oft erst beim Experimentieren. Daher sind Versuche mit verschiedenen Lösungsverfahren und unterschiedlichen Vorgaben der Optionen nicht immer zu vermeiden. Im Folgenden werden einige ausgewählte Optionen beschrieben, die von allgemeinem Interesse sind und die Möglichkeiten der Verfahrenssteuerung andeuten.

Schrittweitensteuerung – die Optionen *abserr* und *relerr*

Eine automatische Schrittweitensteuerung orientiert sich an einer Schätzung des lokalen Fehlers. Je nachdem, ob der Betrag des aktuellen lokalen Fehlers im vorgegebenen zulässigen Fehlerintervall [ε_{min} , ε_{max}] bzw. darunter oder darüber liegt, wird die Schrittweite entweder nicht verändert bzw. vergrößert oder verkleinert. Ist eine Verkleinerung notwendig, dann muss der letzte Integrationsschritt wiederholt werden. Leistungsfähige Verfahren, wie beispielsweise *lsode*, kombinieren außerdem verschiedene Methoden und schalten während eines Lösungsvorgangs zwischen diesen um, beispielsweise von einer steifen Methode auf eine nicht-steife.

Bei allen Verfahren der Tabelle 3.1, ausgenommen die Gruppe *classical*, kann die Genauigkeit der numerischen Rechnung durch Festlegung von Schranken für den absoluten und den relativen Fehler eines erfolgreichen Lösungsschritts gesteuert werden. Über die Option **abserr** wird die Grenze für den absoluten Fehler festgelegt, mit **relerr** die des relativen Fehlers. Die Runge-Kutta-Fehlberg- und die Rosenbrock-Methode erlauben es auch, den absoluten Fehler für jede Variable separat als Liste vorzugeben. Dabei erfolgt die Zuordnung durch die Reihenfolge in den beiden Listen. Auf diese Weise wird unterschiedlichen Wertebereichen der Variablen Rechnung getragen. Ohne Angabe der Optionen **abserr** und **relerr** verwendet Maple Standardwerte, die je nach Methode unterschiedlich sind.

rkf45:	abserr = Float(1, –7) = 1E–7	relerr = Float(1,–6) = 1E–6
dverk78:	abserr = Float(1, –8) = 1E–8	relerr = Float(1,–8) = 1E–8

Generell gilt, dass die Genauigkeit der Rechnung auch durch die Einstellung von **Digits** beeinflusst wird. Bei Standardaufgaben sollen allerdings höhere Genauigkeitsanforderungen, als sie *rkf45* erfüllt, nicht durch Veränderung von **Digits** oder der Werte der zulässigen Fehlertoleranzen, sondern durch Verwendung der Verfahren *dverk78* oder *gear* realisiert werden. Weitere

Einzelheiten zu numerischen Fehlern und zur Fehlerkontrolle sind im Anhang C oder in der Maple-Hilfe unter **dsolve**[Error_Control] beschrieben.

Die Optionen *maxstep*, *minstep* und *initstep*

Diese Optionen dienen der „Feinabstimmung" der Schrittweitensteuerung. Mit *maxstep* wird die größte Schrittweite festgelegt, die durch die Schrittweitensteuerung vorgegeben werden darf. Die Anwendung dieser Option ist beispielsweise dann angebracht, wenn die Anzahl der berechneten Lösungspunkte sonst für die Auswertung der Lösungsfunktion nicht ausreichen würde.

Die Option *minstep* legt das Minimum der Schrittweite fest und führt zu einer Fehlermeldung, wenn das Lösungsverfahren die vorgegebene Fehlertoleranz unter dieser Bedingung nicht einhalten kann. Auf diese Weise lassen sich beispielsweise Singularitäten erkennen.

Die Schrittweite beim Start des Lösungsverfahrens kann man mit *initstep* beeinflussen.

Die Optionen *maxstep* und *minstep* stehen bei den Standardmethoden *rkf45* und *rosenbrock* sowie bei den entsprechenden *DAE*-Verfahren nicht zur Verfügung.

Steife Differentialgleichungssysteme – die Optionen *stiff* und *interr*

Das Phänomen *Steifheit* wird im Anhang C beschrieben. Steife Probleme erfordern Verfahren mit einem großen Stabilitätsbereich. Diese Bedingung erfüllen das *Rosenbrock-Verfahren*, alle Unterverfahren von *lsode* mit dem Namensvorsatz *back* und die BDF-Methoden, also das Verfahren *mebdfi*. Wenn die optionale Angabe *stiff=true* im Befehl **dsolve** benutzt wird, wählt Maple ein Rosenbrock-Verfahren, das mit einer moderaten Genauigkeit von 10^{-3} arbeitet. Wird eine höhere Genauigkeit benötigt, dann sollte ein Verfahren von *lsode*, beispielsweise *lsode*[*backfull*], verwendet werden (rel. Fehler 10^{-7}).

Obwohl Maple bei der Angabe *stiff=true* ein Rosenbrock-Verfahren wählt, akzeptiert es diese nicht zusammen mit der Angabe *method=rosenbrock*. Auch sind die Rechenzeiten beider Varianten unterschiedlich. Offensichtlich sind also die in den beiden Fällen genutzten Rosenbrock-Algorithmen nicht identisch.

Wenn sich Variablenwerte in bestimmten Regionen sprungartig oder außerordentlich schnell ändern, kann es passieren, dass das Lösungsverfahren mit einer Warnung vorzeitig beendet wird, wie das folgende Beispiel zeigt.

```
> Loe_stiff:= dsolve({DG1,DG2} union AnfBed, numeric, [i(t), Phi(t)],
    stiff = true, output = listprocedure, range = 150..150.1, maxfun= 0,
    abserr = 1.*10^(-7), relerr = 1.*10^(-6));
Warning, cannot evaluate the solution further right of 98.587166,
probably a singularity

Loe_stiff := [t = proc(t) ... end proc, i(t) = proc(t) ... end proc, Φ(t) = proc(t) ... end proc]
```

Ursache für diese Warnung ist oft nicht eine tatsächliche, sondern nur eine vermeintliche Singularität. Wenn sich ein Lösungswert sehr stark ändert, wird der lokale Lösungsfehler ebenfalls wesentlich zunehmen. Das Lösungsverfahren reagiert darauf mit einer Verringerung der Schrittweite. Allerdings wird dadurch der Fehler nicht immer so weit reduziert, dass er in den zugelassenen Grenzen liegt, weil auch Rundungsfehler (siehe C.2 im Anhang C) einen Einfluss haben. Das Lösungsverfahren kann dann an der betreffenden Stelle keinen Lösungsfortschritt erzielen und bricht die Rechnung ab. Sofern mit der Option *stiff=true* gearbeitet wird, kann durch Setzen der Option *interr = false* (Standard: *interr = true*) bewirkt werden, dass an Stellen sehr schneller Änderungen (z. B. Diskontinuitäten in Ableitungen) ein größerer Fehler akzeptiert wird, als durch die vorgegebenen Fehlergrenzen festgelegt, so dass es nicht mehr zum Abbruch der Rechnung kommt. Eine andere Lösung im Falle von Problemen mit Diskontinuitäten besteht darin, diese mit *events* (siehe Abschnitt 3.4.4) zu beschreiben.

Bei den Verfahren *mebdfi* und *lsode* lassen sich die beschriebenen Schwierigkeiten mit Diskontinuitäten bzw. sehr schnellen Änderungen der Lösungsfunktionen dadurch umgehen, dass man die zulässigen Fehlertoleranzen (*abserr* und *relerr*) vergrößert bzw. für **Digits** einen größeren Wert festlegt.

Abschließend sei betont, dass hier nur ein grober Überblick über Maples numerische Methoden zur Lösung von Anfangswertaufgaben gegeben werden kann und auch nicht alle Optionen vorgestellt wurden. Ein zusätzlicher Blick in die Maple-Hilfe zu **dsolve/numeric**/IVP ist also zu empfehlen.

3.5 Das Paket DynamicSystems

3.5.1 Einführung

Dieses Paket ist eine Zusammenstellung von Prozeduren zum Manipulieren und Simulieren **linearer** Systemmodelle. Kontinuierliche und diskrete Systeme können in ihm durch Differential- oder Differenzengleichungen, durch Übertragungsfunktionen, Zustandsraum-Matrizen, Pol-Nullstellen-Listen usw. beschrieben und auf vielfältige Weise untersucht werden. Bode-Diagramme, Wurzelortskurven, Beobachtbarkeits- und Steuerbarkeitsmatrizen werden auf Anforderung erstellt und auch Simulationen sind ausführbar (Tabelle 3.2). Häufig soll auch bei nichtlinearen Systemen nur deren Verhalten in der Umgebung eines bestimmten Arbeitspunktes untersucht werden. Daher ist eine Linearisierung nichtlinearer Modelle oft zulässig und der Anwendungsbereich von **DynamicSystems** somit relativ groß.

Konzipiert ist das Paket wie viele andere Maple-Pakete als Modul. Module genügen dem Software-Konzept der objektorientierten Programmierung. Ihr Programmcode und die Daten sind nicht einsehbar, ansprechbar sind sie nur über eine genau definierte Schnittstelle, sie bündeln Prozeduren und sind wie Prozeduren wiederverwendbar (siehe [Walz02] und [Maple. Advanced Programming Guide]).

Im Paket **DynamicSystems** können kontinuierliche und diskrete Systeme als Objekte unterschiedlicher Art definiert und auch von einer Form in die andere transformiert werden. Ein Systemobjekt ist dabei eine Datenstruktur, die alle Informationen zu einem (Teil-)System enthält. Mit den erzeugten Objekten lassen sich dann weitere Funktionen des Pakets nutzen.

Die meisten Prozeduren des Pakets können mit unterschiedlichen Argumenten und oft auch mit sehr vielen Optionen verwendet werden. Ihre ausführliche Beschreibung ist daher an dieser Stelle nicht beabsichtigt und auch nicht sinnvoll. Anhand eines einfachen Beispiels soll im nächsten Abschnitt lediglich in die Nutzung dieses Pakets eingeführt und dessen Leistungsfähigkeit angedeutet werden.

Tabelle 3.2 Befehle des Pakets DynamicSystems (Auswahl)

Erzeugen von Objekten	
AlgEquation	Systemobjekt Algebraische Gleichung
DiffEquation	Systemobjekt Differentialgleichung
PrintSystem	Ausgabe des Inhalts eines Systemobjekts
StateSpace	Zustandsraum-Systemobjekt
SystemOptions	Abfragen/ Ändern der Standardwerte von Optionen der Befehle
ToDiscrete	Diskretisierung eines Systemobjekts
TransferFunction	Systemobjekt Übertragungsfunktion
ZeroPoleGain	Pol-Nullstellen-Systemobjekt
Manipulation von Objekten	
CharacteristicPolynomial	Charakteristisches Polynom eines Zustandsraum-Objekts berechnen
Controllable	Bestimmung der Steuerbarkeit
GainMargin	Berechnung von Amplitudenreserve und phase-crossover frequency
Observable	Bestimmung der Beobachtbarkeit
PhaseMargin	Berechnung von Phasenrand und Durchtrittsfrequenz
Simulation	
FrequencyResponse	Bestimmung der Frequenzantwort frequency response
ImpulseResponse	Bestimmung der Impulsantwort
Simulate	Simulation eines Systems
Step, Ramp, Sine, ...	Erzeugen der Signalfunktionen Sprung, Rampe, Sinus usw.
Graphische Darstellung	
BodePlot	Darstellung der Frequenzkennlinien
ImpulseResponsePlot	Graphische Ausgabe der Impulsantwort
MagnitudePlot	Amplitudenkennlinie
PhasePlot	Phasenkennlinie
ResponsePlot	Antwort eines Systems auf ein vorgegebenes Eingangssignal
ZeroPolePlot	Pol-Nullstellen-Darstellung

Für das Paket **DynamicSystems** sind mehrere Optionen definiert, deren voreingestellte Werte der Anwender verändern kann. Die Optionen und ihre Startwerte zeigt der Befehl **SystemOptions()** an.

```
> restart: with(DynamicSystems):
> SystemOptions();
```

discrete = false, cancellation = false, relativeerror = 0.001, discretetimevar = q, decibels
= true, outputvariable = y, duration = 10.0, complexfreqvar = s, colors = ["Red",
"LimeGreen", "Goldenrod", "Blue", "MediumOrchid", "DarkTurquoise"], hertz = false,
inputvariable = u, continuoustimevar = t, statevariable = x, conjugate = false, radians
= false, samplecount = 10, sampletime = 1., parameters = { }, discretefreqvar = z

Auf die Erläuterung obiger Systemausgabe wird verzichtet, weil die Namen der Optionen selbsterklärend sind. Man kann auch den Wert einer einzelnen Option anzeigen lassen bzw. verändern, z. B. die Bezeichnung der Variablen im Bildbereich der Laplace-Transformation. Durch den Befehl **SystemOptions(reset)** wird der Anfangszustand wieder hergestellt.

```
> SystemOptions(complexfreqvar = p):
> SystemOptions(complexfreqvar);
```

$$p$$

```
> SystemOptions(reset):
> SystemOptions(complexfreqvar);
```

$$s$$

3.5.2 Demonstrationsbeispiel: Drehzahlregelung eines Gleichstromantriebs

Untersucht werden soll das Verhalten eines drehzahlgeregelten fremderregten Gleichstrommotors, dessen Führungsgröße $U_{\omega,soll}$ sich zur Zeit t_0 sprunghaft ändert, nachdem er sich zuvor in einem stationären Zustand befand. Bild 3.8 zeigt das Wirkungsschema des Antriebssystems. Drehzahl bzw. Winkelgeschwindigkeit ω des Motors werden durch eine Tacho-Maschine erfasst ($U_{\omega,ist}$) und mit dem Sollwert $U_{\omega,soll}$ verglichen. Die Differenz beider Werte ist das Eingangssignal des Reglers/Verstärkers, der die Ankerspannung u des Motors liefert. Die Arbeitsmaschine belastet den Motor mit dem Widerstandsmoment m_w, das als drehzahlunabhängig angenommen wird.

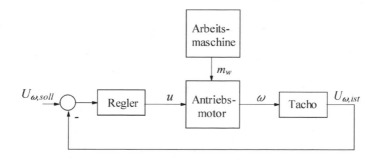

Bild 3.8 Wirkungsschema der Drehzahlregelung

Vorausgesetzt wird, dass die beiden Eingangsgrößen des Systems – der Drehzahl-Sollwert bzw. die Ankerspannung u und das Widerstandsmoment der Arbeitsmaschine m_w – sich nur in kleinen Bereichen ändern, so dass die Parameter des Motors als konstant angenommen werden können. Unter diesen Bedingungen können für die Beschreibung des dynamischen Verhaltens des Systems statt der Absolutwerte der Variablen u, ω usw. deren Abweichungen Δu, $\Delta\omega$ usw. vom vorherigen Arbeitspunkt verwendet werden. Obwohl die Variablen in den folgenden Differentialgleichungen des Motors also die Abweichungen der betreffenden Größen vom Arbeitspunkt bezeichnen, wird wegen der einfacheren Schreibweise das Zeichen Δ weggelassen.

Die Gleichung des Ankerkreises des Motors und die Bewegungsgleichung lauten

$$u = R_a \cdot i_a + R_a \cdot T_a \frac{di_a}{dt} + KM \cdot \omega \tag{3.9}$$

$$\frac{T_m \cdot KM^2}{R_a}\frac{d\omega}{dt} = KM \cdot i_a - m_w \tag{3.10}$$

mit den beiden Zeitkonstanten

$$T_a = \frac{L_a}{R_a} \qquad T_m = \frac{J \cdot R_a}{KM^2} \tag{3.11}$$

Dabei sind R_a und L_a der ohmsche Widerstand und die Induktivität des Ankerkreises, KM eine Motorkonstante, in die verschiedene Maschinendaten und der magnetische Fluss der Erregerwicklung eingehen und J das auf die Motorwelle reduzierte Trägheitsmoment von Motor und Arbeitsmaschine. Weil im vorliegenden Abschnitt die Beschreibung von *DynamicSystems* und nicht der Motor im Vordergrund steht, wird bezüglich genauerer Aussagen zum Motormodell bzw. zu den dabei getroffenen Annahmen bzw. Vernachlässigungen auf das Beispiel im Abschnitt 6.3 oder [MüG95] verwiesen.

(1) Notierung des Motormodells

```
> restart: with(DynamicSystems):
> interface(displayprecision=4):
> DG1:= u(t)= KM*omega(t)+Ra*ia(t)+La*diff(ia(t),t);
```

$$DG1 := u(t) = KM\,\omega(t) + Ra\,ia(t) + La\left(\frac{d}{dt}\,ia(t)\right)$$

```
> DG2:= J*diff(omega(t), t) = KM*ia(t)- mw(t);
```

$$DG2 := J\left(\frac{d}{dt}\,\omega(t)\right) = KM\,ia(t) - mw(t)$$

Differentialgleichungen und Differentialgleichungssysteme, die in ein DynamicSystems-Objekt transformiert werden sollen, müssen in Listenform, d. h. mit eckigen Klammern, vorgegeben werden. Diese Klammern sind auch entscheidend dafür, dass im Kontextmenü der Gleichungen (rechte Maustaste) der Menüpunkt *DynamicSystems* erscheint. Über dieses Kontextmenü mit den Unterpunkten *Conversion, Manipulation, Plots* und *System Creation* sind die gleichen Operationen wie mit den in Tabelle 3.2 aufgeführten Befehlen ausführbar.

```
> sysDG:= [DG1, DG2];
```

$$
sysDG := \left[u(t) = KM\,\omega(t) + Ra\,ia(t) + La\left(\frac{\mathrm{d}}{\mathrm{d}t}\,ia(t)\right),\right.
$$

$$
\left. J\left(\frac{\mathrm{d}}{\mathrm{d}t}\,\omega(t)\right) = KM\,ia(t) - mw(t)\right]
$$

(2) Erzeugung/ Verwendung von DynamicSystems-Objekten für den Gleichstrommotor

Erzeugung eines Objekts vom Typ DiffEquation

```
> deGSM:= DiffEquation(sysDG, inputvariable = [u,mw],
        outputvariable = [ia,omega]):
```

Zu beachten ist, dass im obigen Befehl die Eingangs- und die Ausgangsvariablen als Liste angegeben werden müssen (es können auch mehrere Variablen sein).

```
> PrintSystem(deGSM);
```

$$
\left[\begin{array}{c}
\text{Diff. Equation} \\
\text{continuous} \\
\text{2 output(s): 2 input(s)} \\
\text{inputvariable} = \left[u(t),\ mw(t)\right] \\
\text{outputvariable} = \left[ia(t),\ \omega(t)\right] \\
\mathrm{de} = \left[u(t) = KM\,\omega(t) + Ra\,ia(t) + La\,\dot{ia}(t),\ J\,\dot{\omega}(t) = KM\,ia(t) - mw(t)\right]
\end{array}\right]
$$

Erzeugung eines StateSpace-Objekts unter Verwendung des DiffEquation-Objekts:

```
> ssGSM:= StateSpace(deGSM):
> PrintSystem(ssGSM);
```

$$
\begin{array}{l}
\text{State Space} \\
\text{continuous} \\
2\ \text{output(s)};\ 2\ \text{input(s)};\ 2\ \text{state(s)} \\
\text{inputvariable} = [\,u(t),\ mw(t)\,] \\
\text{outputvariable} = [\,ia(t),\ \omega(t)\,] \\
\text{statevariable} = [\,x1(t),\ x2(t)\,] \\[2mm]
a = \begin{bmatrix} -\dfrac{Ra}{La} & -\dfrac{KM}{La} \\[3mm] \dfrac{KM}{J} & 0 \end{bmatrix} \\[6mm]
b = \begin{bmatrix} \dfrac{1}{La} & 0 \\[3mm] 0 & -\dfrac{1}{J} \end{bmatrix} \\[6mm]
c = \begin{bmatrix} 1 & 0 \\ 0 & 1 \end{bmatrix} \\[3mm]
d = \begin{bmatrix} 0 & 0 \\ 0 & 0 \end{bmatrix}
\end{array}
$$

Der Befehl **exports** liefert die Namen der durch ein Modul bzw. Systemobjekt exportierten Variablen.

```
> exports(ssGSM);
```

a, b, c, d, inputcount, outputcount, statecount, sampletime, discrete, systemname, inputvariable, outputvariable, statevariable, systemtype, ModulePrint

Export der Systemmatrix A:

```
> A:= ssGSM:-a;
```

$$
A := \begin{bmatrix} -\dfrac{Ra}{La} & -\dfrac{KM}{La} \\[3mm] \dfrac{KM}{J} & 0 \end{bmatrix}
$$

Die Eigenwerte von A kann man mit dem Befehl **Eigenvalues** des Pakets **LinearAlgebra** berechnen.

```
> eigenwerte:= LinearAlgebra[Eigenvalues](A);
```

$$
eigenwerte := \begin{vmatrix} -\dfrac{1}{2} \dfrac{Ra\,J - \sqrt{Ra^2\,J^2 - 4\,J\,La\,KM^2}}{J\,La} \\[2em] -\dfrac{1}{2} \dfrac{Ra\,J + \sqrt{Ra^2\,J^2 - 4\,J\,La\,KM^2}}{J\,La} \end{vmatrix}
$$

```
> eval(eigenwerte,[Ra=1, KM=5, La=0.005, J=12.5]);
```

$$
\begin{vmatrix} -2.0204 \\ -197.9796 \end{vmatrix}
$$

Erzeugung eines Objekts vom Typ TransferFunction

Dieses Objekt könnte auch aus dem Objekt *deGSM* oder aus dem Objekt *ssGSM* erzeugt werden. Für die Übertragungsfunktionen wird aber das Motormodell mit den Zeitkonstanten T_a und T_m (siehe 6.3) bevorzugt und daher das oben formulierte Differentialgleichungssystem *sysDG* entsprechend modifiziert.

```
> sysDG2:= eval(sysDG, [La=Ta*Ra, J=KM^2*Tm/Ra]);
```

$$
sysDG2 := \left[u(t) = KM\,\omega(t) + Ra\,ia(t) + Ta\,Ra\left(\frac{\mathrm{d}}{\mathrm{d}t}ia(t)\right), \right.
$$

$$
\left. \frac{KM^2\,Tm\left(\dfrac{\mathrm{d}}{\mathrm{d}t}\omega(t)\right)}{Ra} = KM\,ia(t) - mw(t) \right]
$$

```
> tfGSM:= TransferFunction(sysDG2, inputvariable = [u,mw],
          outputvariable = [ia,omega]):
> PrintSystem(tfGSM);
```

$$
\begin{array}{c}
\text{Transfer Function} \\
\text{continuous} \\
2 \text{ output(s)}; 2 \text{ input(s)} \\
inputvariable = [\,u(s),\, mw(s)\,] \\
outputvariable = [\,ia(s),\, \omega(s)\,]
\end{array}
$$

$$
tf_{1,1} = \frac{Tm\,s}{Ra\,Tm\,Ta\,s^2 + Ra\,Tm\,s + Ra}
$$

$$
tf_{2,1} = \frac{1}{KM\,Tm\,Ta\,s^2 + KM\,Tm\,s + KM}
$$

$$
tf_{1,2} = \frac{1}{KM\,Tm\,Ta\,s^2 + KM\,Tm\,s + KM}
$$

$$
tf_{2,2} = \frac{-Ta\,Ra\,s - Ra}{KM^2\,Tm\,Ta\,s^2 + KM^2\,Tm\,s + KM^2}
$$

Export der Übertragungsfunktion *omega*(*s*)/*u*(*s*) des Motors:

Der erste Index der angegebenen Übertragungsfunktionen tf steht für das Ausgangssignal, der zweite für das Eingangssignal.

```
> Gmot:= tfGSM:-tf[2,1]; #  1. Index Output omega, 2. Index Input u
```

$$Gmot := \frac{1}{KM\,Tm\,Ta\,s^2 + KM\,Tm\,s + KM}$$

(3) Übertragungsfunktion von P-Regler, offenem und geschlossenem Regelkreis

Spezielle Aspekte der Regelungstechnik werden hierbei ausgeklammert, um das Beispiel möglichst einfach zu halten. Als Regler wird ein P-Regler mit einer Zeitkonstanten *T*1 gewählt.

```
> GR := Kp/(1+s*T1);    # ÜF Regler
```

$$GR := \frac{Kp}{1 + s\,T1}$$

Übertragungsfunktion des offenen Kreises:

Im offenen Kreis befindet sich neben dem Regler und dem Motor die Tacho-Maschine (siehe Bild 3.8). Für diese wird ideales P-Verhalten mit dem Übertragungsfaktor K_T angenommen.

```
> G0:= Gmot*GR*KT;     # ÜF offener Kreis
```

$$G0 := \frac{Kp\,KT}{\left(KM\,Tm\,Ta\,s^2 + KM\,Tm\,s + KM\right)\left(1 + s\,T1\right)}$$

Übertragungsfunktion des geschlossenen Kreises:

```
> G1:= simplify(G0/(1+G0));    # ÜF geschlossener Kreis
```

$$\frac{Kp\,KT}{Tm\,KM\,s + KM\,Tm\,s^2\,T1 + KM\,Tm\,Ta\,s^2 + KM\,Tm\,s^3\,Ta\,T1 + KM + KM\,s\,T1 + Kp\,KT}$$

Erzeugung von Systemobjekten für offenen Kreis, P-Regler und geschlossenem Kreis:

```
> tfG0:= TransferFunction(G0):    # Offener Kreis
> tfRegler:= TransferFunction(GR): # Regler
> tfG1:= TransferFunction(G1):    # Geschlossener Kreis
> PrintSystem(tfG1);
```

$$\text{Transfer Function}$$
$$\text{continuous}$$
$$\text{1 output(s); 1 input(s)}$$
$$\text{inputvariable} = [u1(s)]$$
$$\text{outputvariable} = [y1(s)]$$

$$tf_{1,1} = \frac{Kp\,KT}{KM\,Tm\,Ta\,T1\,s^3 + (KM\,Tm\,T1 + KM\,Tm\,Ta)\,s^2 + (KM\,T1 + KM\,Tm)\,s + KM + Kp\,KT}$$

(4) Amplitudenkennlinien, Phasen-und Amplitudenreserve bestimmen:

Festlegung der Parameter:

```
> param1:= [Ra=1, KM=5, La=0.005, J=12.5, Kp=100, KT=1, T1=0.001]:
> Ta1, Tm1:= op(map(eval,[La/Ra,J*Ra/KM^2],param1)):
> param1:= [param1[],Ta=Ta1,Tm=Tm1];
```

$$param1 := [Ra = 1, KM = 5, La = 0.0050, J = 12.5000, Kp = 100, KT = 1, T1 = 0.0010,$$
$$Ta = 0.0050, Tm = 0.5000]$$

Amplitudenkennlinie des Motors:

```
> Optionen:= parameters=param1, range=10^(-2)..10^5, numpoints=1000:
> p1:= MagnitudePlot(tfGSM, subsystem=[2,1], Optionen, color=blue,
                     linestyle=dashdot, legend="Motor"):
```

Amplitudenkennlinie des Reglers:

```
> p2:= MagnitudePlot(tfRegler, Optionen, color=black,
                     legend="Regler"):
```

Amplitudenkennlinie des offenen Kreises:

```
> p3:= MagnitudePlot(tfG0, Optionen, color=black,
                     linestyle=dashdot, legend="G0"):
```

Amplitudenkennlinie des geschlossenen Kreises:

```
> p4:= MagnitudePlot(tfG1, Optionen, color=blue, legend="G1"):
> plots[display](p1,p2,p3,p4);
```

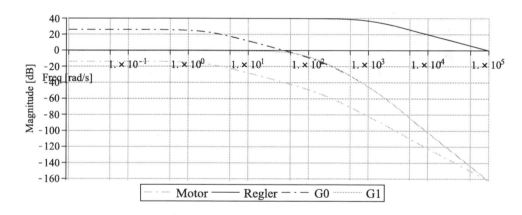

Außer den in obigen Befehlen **MagnitudePlot** verwendeten Optionen *subsystem, parameters, range, color* und *linestyle,* deren Namen selbsterklärend sind, stehen auch viele Optionen des Befehls **plot** und einige weitere spezielle Optionen für diese Befehle zur Verfügung (Maple-Hilfe). Von allgemeinerem Interesse sind dabei insbesondere solche, die die Form der Skalen betreffen: *decibels, hertz, linearfreq* und *linearmag.*

Berechnung von Phasenreserve und Durchtrittsfrequenz des offenen Kreises:

```
> PhaseMargin(tfG0,parameters=param1);
```

$$[79.3652, 39.5430]$$

Berechnung von Amplitudenreserve und Phasen-Durchtrittsfrequenz:

```
> GainMargin(tfG0,parameters=param1);
```

$$[\,29.5453,\ 447.6606\,]$$

Zeichnen der Frequenzkennlinien:

```
> BodePlot(tfG0,parameters=param1, color=blue);
```

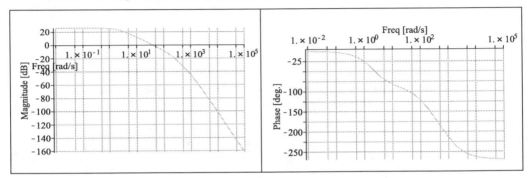

Bezüglich der Optionen des Befehls **BodePlot** gelten die obigen Bemerkungen zu den Optionen des Befehls **MagnitudePlot** sinngemäß.

(5) Simulation des Drehzahlverlaufs bei Sollwertsprung

Simulationen werden im Paket DynamicSystems mit dem Befehl **Simulate** ausgeführt. Dieser hat die allgemeine Form

   Simulate(system, eingangswerte, optionen)

In der folgenden Beispielrechnung wird der Drehzahlsollwert zum Zeitpunkt t = 0,05 s sprungartig um zwei Umdrehungen/s erhöht.

```
> n_soll:= piecewise(t<0.2,0, 2):
> plot(n_soll,t=0..1, color=blue);
```

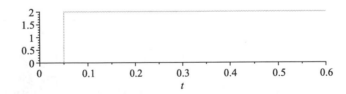

Weil als Ausgangsgröße des Motormodells die Winkelgeschwindigkeit ω festgelegt wurde, muss der zugehörige Werte omega_soll berechnet werden:

```
> omega_soll:= 2*Pi*n_soll:
```

Vorgabe der Parameter von Antriebssystem und Regler:

```
> Ra:= 1: KM:= 5: La:= 0.005: J:= 12.5: Kp:= 400: KT:= 1: T1:= 0.001:
> Ta:= La/Ra: Tm:= J*Ra/KM^2:
```

Für die Simulationsrechnung sind die Werte der zwei Eingangsgrößen des Modells vorzugeben: die Ankerspannung $u(t)$ des Motors und das Widerstandsmoment $m_w(t)$ der Arbeitsmaschine. Die Ankerspannung wird abhängig von der Regeldifferenz $U_{\omega,soll} - U_{\omega,ist}$ vom Regler bzw. Leistungsverstärker gebildet. Unter Vernachlässigung der geringen Zeitkonstanten dieses Systems ist also $u(t) = K_p(U_{\omega,soll} - U_{\omega,ist})$ mit $U_\omega = K_T \cdot \omega$. Weil das Widerstandsmoment der Arbeitsmaschine gemäß Vorgabe nicht drehzahlabhängig ist und als konstant angenommen wird, ist der Wert der zweiten Eingangsgröße Null.

```
> Loe:= Simulate(deGSM, [KT*Kp*(omega_soll-omega(t)), 0]);
```

$$Loe := \mathrm{proc}(x\_rkf45) \ \dots \ \mathrm{end\ proc}$$

Graphische Darstellung des Drehzahlverlaufs bei dem vorgegebenen Sprung der Führungsgröße:

```
> with(plots):
> setoptions(title="Gleichstrommotor", titlefont=[TIMES,14],
            labelfont=[TIMES,12], numpoints=500, gridlines=true);
> odeplot(Loe, [t,omega(t)/(2*Pi)], t = 0..0.6, color=blue,
            labels=["t/s","n/1/s"]);
```

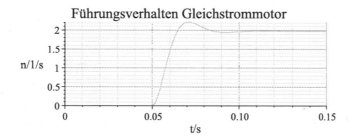

Berechnung der bleibenden Drehzahlabweichung (näherungsweise Wert nach 2 Sekunden):

```
> Loe(2);
```

$$[t = 2.0000, \ ia(t) = 1.0155 \ 10^{-8}, \ \omega(t) = 12.4112]$$

```
> evalf(rhs(%[3])/(2*Pi))-eval(n_soll,t=2);
```

$$-0.0247$$

Obiges Ergebnis kann man auch mit dem Befehl **ResponsePlot** des Pakets DynamicSystems erzielen:

```
> Optionen:= duration=0.6, color=blue:
> p1 := Array(1..1, 1..2):
> p1[1,1]:= ResponsePlot(deGSM,[(omega_soll-omega(t))*Kp*KT,0],
            output=[omega/(2*Pi)],Optionen, labels=["t/s","n/1/s"]):
> p1[1,2]:= ResponsePlot(deGSM,[(omega_soll-omega(t))*Kp*KT,0],
            output=[ia],Optionen, labels=["t/s","ia/A"]):
> display(p1);
```

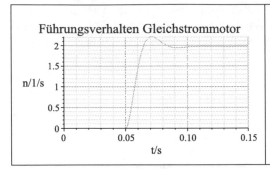
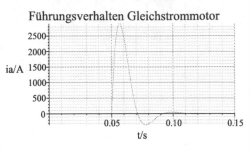

Es sei nochmals betont, dass das Ziel dieses Abschnitts nicht die Auslegung einer Drehzahlregelung war, sondern die Vorstellung von Funktionen des Pakets DynamicSystems, die eine derartige Aufgabe unterstützen können. Unter dem Gesichtspunkt des Entwurfs einer praktisch einsetzbaren Drehzahlregelung wäre das obige Ergebnis nicht akzeptabel. Das wird besonders am Spitzenwert des Ankerstromes beim Ausgleichsvorgang deutlich.

3.6 Das Paket DEtools

Das sehr umfangreiche Paket **DEtools** dient speziell der Unterstützung des Arbeitens mit Differentialgleichungen. Es enthält Befehle zur Visualisierung von Lösungen und Richtungsfeldern, zur Lösung spezieller Typen von Differentialgleichungen (Bernoulli, Riccati, Clairaut, Euler usw.) und zur Manipulation bzw. Konvertierung von Differentialgleichungen. Für die in diesem Buch behandelte Thematik sind einzelne Befehle des Pakets sehr nützlich.

3.6.1 Lösungen von Differentialgleichungen 1. Ordnung – Richtungsfeld

Der Befehl **DEplot** ermittelt für vorgegebene Anfangswerte mittels numerischer Methoden die Lösungen eines Systems von Differentialgleichungen 1. Ordnung oder von einer einzelnen Differentialgleichung höherer Ordnung und stellt diese graphisch dar. Den entsprechenden Befehl gibt es auch in der 3-D-Version als **DEplot3d**.

> **DEplot**(DG, y(t), t=a..b [, optionen])
>
> **DEplot**(DG, y(t), t=a..b , AnfBed [, optionen])
>
> **DEplot**(DG, y(t), t=a..b, y=c..d, AnfBed, [, optionen])
>
> Parameter:
>
> DG   Differentialgleichung
>
> y(t)   Funktion
>
> AnfBed   Liste der Anfangsbedingungen
>
> t=a..b   Bereich der unabhängigen Variablen
>
> y=c..d   Bereich der abhängigen Variablen

Die Anfangswerte sind in der Form [[y(0)=y0]] oder [[t0, y0]] anzugeben („geschachtelte Liste"). In der Standardeinstellung verwendet **DEplot** für die Bestimmung der Lösung das Verfahren *rkf45*, über die Option **method** kann man aber auch ein anderes Verfahren vorgeben. Für Differentialgleichungen 1. Ordnung wird außer der Lösungsfunktion normalerweise auch das Richtungsfeld dargestellt. Durch die Option arrows = none wird dieses unterdrückt.

Tabelle 3.3 Optionen von DEplot (Auswahl)

Option	Wirkung		Option	Wirkung
animatecurves	Animation der Lösungskurve (true, false)		animatefield	Animation des Richtungsfeldes (true, false)
arrows	Pfeilart im Richtungsfeld; arrows=none unterdrückt Anzeige		color	Farbe des Richtungsfeldes
dirfield=n,m	Zahl der Pfeile im Richtungsfeld		linecolor	Farbe der Kurven
numframes	Zahl der Frames bei Animation		numpoints	Zahl der Plot-Punkte über t
scene=[x,y]	Graph. Darstell. y über x		stepsize	Schrittweite (klass. Verf.)
thickness	Dicke der Lösungskurven		xtickmarks	wie bei Befehl plot

Beispiel:

```
> restart: with(DEtools): with(plots):
> setoptions(font=[TIMES,14], labelfont=[TIMES,14]):
> DG := diff(y(t),t) = -y(t)+20;
```

$$DG := \frac{\mathrm{d}}{\mathrm{d}t}y(t) = -y(t) + 20$$

```
> AnfBed:= [y(0)=2];
```

$$AnfBed := [y(0) = 2]$$

```
> DEplot(DG,y(t),t=0..10,y=0..25,AnfBed,linecolor=blue,
        title="dy/dt=-y+20",titlefont=[Helvetica,14],arrows=line);
```

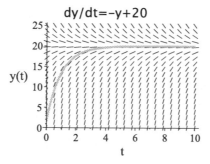

Beim Ausführen des Befehls **DEplot** ohne Anfangsbedingungen wird nur das Richtungsfeld der Differentialgleichung ausgegeben.

Neben den im obigen Beispiel verwendeten Optionen stellt **DEplot** noch viele andere zur Verfügung, z. B. *thickness* für die Wahl der Linienstärke, *dirgrid* für die Vorgabe der Dichte der

Linienelemente, *arrows* für die Art der Darstellung der Elemente im Richtungsfeld, *animate-curve* für Animationen der Lösungskurve usw. Auch vom Befehl **plot** bekannte Optionen sind einsetzbar. Durch die Angabe mehrerer Anfangswerte werden mehrere Lösungskurven ermittelt und in das Richtungsfeld eingezeichnet.

Beispiel:

```
> DG2:= diff(y(t),t) = t+y(t);
  AnfBed:= [[0,0],[0,0.2],[0,0.4]];
```

$$DG2 := \frac{\mathrm{d}}{\mathrm{d}t} y(t) = t + y(t)$$

$$AnfBed := [[0, 0], [0, 0.2], [0, 0.4]]$$

```
> DEplot(DG2,y(t), t=-1..1, y=0..1, AnfBed, dirgrid=[10,10],
         arrows=smalltwo, color=grey, dirfield=[8,8],
         linecolor=red, thickness=2);
```

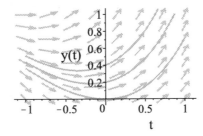

Bemerkenswert ist bei der dargestellten Lösung, dass **DEplot** die Lösungskurven ausgehend von den Anfangspunkten sowohl vorwärts als auch rückwärts berechnet.

3.6.2 Differentialgleichungen höherer Ordnung

Beispiel: Schwingungssystem

$$\frac{dv(t)}{dt} + 0.2v(t) + x(t) = 0; \quad \frac{dx(t)}{dt} = v(t)$$

```
> restart: with(DEtools):
> setoptions(font=[TIMES,12], labelfont=[TIMES,16,BOLD],
             scaling=constrained):
> DGsys:= D(v)(t)+0.2*v(t)+x(t)=0, D(x)(t)=v(t);
```

$$DGsys := D(v)(t) + 0.2\,v(t) + x(t) = 0, D(x)(t) = v(t)$$

```
> AnfBed:= [[x(0)=1, v(0)=0]]:
> DEplot([DGsys],[x(t),v(t)], t=0..40, AnfBed, stepsize=0.1,
         linecolor=red, thickness=1, arrows=none);
```

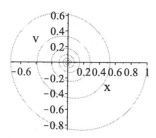

Die Lösungen des aus zwei Differentialgleichungen 1. Ordnung bestehenden Systems wurden als Phasenkurve (Phasenportrait) dargestellt. Die Option **stepsize** legt die Schrittweite für die numerische Berechnung fest und verhindert in diesem Beispiel zu große Lösungsschritte bzw. zu wenig Lösungspunkte für die graphische Darstellung. Wenn statt der Phasenkurve der Zeitverlauf einer der berechneten Lösungen dargestellt werden soll, dann muss man das mit der Option **scene** angeben, z. B.

```
> DEplot([DGsys],[x(t),v(t)], t=0..40, AnfBed, stepsize=0.1,
         thickness=1, linecolor=black, scene=[t,x(t)],
         scaling=unconstrained);
```

Auch Lösungen von Differentialgleichungen höherer als 3. Ordnung kann **DEplot** ermitteln. Selbstverständlich erfolgt in diesen Fällen keine Darstellung des Richtungsfeldes.

3.6.3 Darstellung von Phasenpotraits

Für die Erzeugung von Phasenkurven verfügt DEtools auch über einen eigenen Befehl.

phaseportrait(DGsys, Var, y, AnfBed [,Optionen])

Parameter:

DGsys   Liste oder Menge von Differentialgleichungen 1. Ordnung oder eine Differentialgleichung höherer Ordnung

Var   abhängige Variable oder Liste oder Menge abhängiger Variabler

y   Bereich der unabhängigen Variablen

AnfBed   Liste oder Menge der Anfangsbedingungen

Optionen wie bei DEplot

Als Beispiel wird das schon unter 3.5.2 verwendete Schwingungssystem, diesmal aber mit einer von außen einwirkenden periodischen Kraft, benutzt. Es ergibt sich ein anderer Verlauf der Phasenkurve, der durch eine Animation dargestellt wird.

```
> restart: with(DEtools): with(plots):
> setoptions(font=[TIMES,12], labelfont=[TIMES,16,BOLD],
  scaling=constrained):
> DGsys2:= D(v)(t)+0.2*v(t)+x(t)=3*cos(t),  D(x)(t)=v(t);
```

$$DGsys2 := D(v)(t) + 0.2\,v(t) + x(t) = 3\cos(t),\; D(x)(t) = v(t)$$

```
> AnfBed:= [[x(0)=1, v(0)=0]];
```

$$AnfBed := [[x(0) = 1,\, v(0) = 0]]$$

```
> phaseportrait([DGsys2],[x(t),v(t)], t=0..80, AnfBed,
        linecolor=[black], thickness=1, stepsize=0.01, x(t)=-20..20,
        v(t)=-20..20, animatecurves=true, numframes=50);
Warning, numpoints adjusted from 8001 to 8037 for animation
```

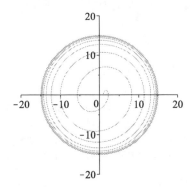

Nach der Ausführung des Graphik-Befehls erscheint auf dem Monitor zunächst nur ein leeres Achsenkreuz. Wenn man dieses markiert, wird die Kontextleiste zur Animation sichtbar (unter der Symbolleiste), über die man die Animation starten und steuern kann. Man sieht, dass durch die externe Erregung das System aufschwingt, d. h. Auslenkung x und Geschwindigkeit v nehmen zu. Schließlich geht das System aber in einen stabilen Grenzzustand über (stabile Dauerschwingung).

3.6.4 Der Befehl convertsys

Dieser Befehl konvertiert eine Differentialgleichung oder ein System von Differentialgleichungen in ein System von Differentialgleichungen 1. Ordnung.

Syntax von **convertsys**:

> **convertsys**(DGsys, AnfBed, var, uvar, yvec, ypvec)

DGsys	Differentialgleichungssystem als Menge oder Liste
AnfBed	Anfangsbedingungen als Menge oder Liste
var	Menge oder Liste der abhängigen Variablen
uvar	unabhängige Variable
yvec	Name des Lösungsvektors im zu erzeugenden System (optional)
ypvec	Name des Vektors der Ableitungen des Lösungsvektors (optional)

Als Ergebnis liefert **convertsys** die Liste [DGsys1, Ydef, t0, Y0] mit

DGsys1	System von Differentialgleichungen 1. Ordnung
Ydef	Bezug der Komponenten des Vektors yvec zu den Termen des Originalsystems
t0	Anfangspunkt
Y0	Anfangswerte der Komponenten des Vektors yvec

Beispiel: Feder-Masse-Dämpfungssystem

Als Beispiel dient die Differentialgleichung eines Feder-Masse-Dämpfungssystems (siehe 3.3).

```
> restart: with(DEtools):
> DG:= m*diff(x(t),t$2) + d*diff(x(t),t) + c*x(t)=F;
```

$$DG := m\left(\frac{\mathrm{d}^2}{\mathrm{d}t^2}x(t)\right) + d\left(\frac{\mathrm{d}}{\mathrm{d}t}x(t)\right) + c\,x(t) = F$$

```
> AnfBed:= {D(x)(0)= 0, x(0)= 1}:
> Konsys:= convertsys(DG, AnfBed, x(t), t, y, yp);
```

$$Konsys := \left[\left[\left[yp_1 = y_2, yp_2 = \frac{F - d\,v_2 - c\,y_1}{m}\right], \left[v_1 = x(t), y_2 = \frac{\mathrm{d}}{\mathrm{d}t}x(t)\right], 0, [1, 0]\right]\right]$$

Die Variablen yp_1 und yp_2 sind die Ableitungen der neuen Variablen y_1 und y_2. Das erzeugte System von Differentialgleichungen 1. Ordnung wird nun der Variablen YP zugewiesen, verbunden mit der Einführung der Zeitabhängigkeit von y_1 und y_2.

```
> Ers:= y[1]=y[1](t), y[2]=y[2](t):   # Ersetzungsgleichungen
> YP:= subs(Ers, Konsys[1]);
```

$$YP := \left[yp_1 = y_2(t), yp_2 = \frac{F - d\,y_2(t) - c\,y_1(t)}{m}\right]$$

Werden auch noch die yp_i durch $dy_i(t)/dt$ ersetzt, dann hat das erzeugte System von Differentialgleichungen seine endgültige Form.

```
> DG1:= subs(yp[1]=diff(y[1](t),t), YP[1]);
```

$$DG1 := \frac{\mathrm{d}}{\mathrm{d}t}y_1(t) = y_2(t)$$

```
> DG2:= subs(yp[2]=diff(y[2](t),t), YP[2]);
```

$$DG2 := \frac{\mathrm{d}}{\mathrm{d}t}y_2(t) = \frac{F - d\,y_2(t) - c\,y_1(t)}{m}$$

4 Modellierung elektrischer Netzwerke

4.1 Grundlagen

Die folgenden Betrachtungen beschränken sich auf Netzwerke, die aus zeitinvarianten ohmschen Widerständen, Kapazitäten und Induktivitäten sowie Spannungs- und Stromquellen – den Netzwerkelementen – bestehen. Die Spannungen bzw. Ströme, welche die Netzwerke erregen, seien voneinander unabhängig. Außerdem wird davon ausgegangen, dass die räumliche Ausdehnung der Netzwerkelemente für die physikalischen Abläufe im Netzwerk nicht von Bedeutung ist, d. h. dass Netzwerke mit „konzentrierten Elementen" vorliegen. In diesem Fall können beispielsweise der ohmsche Widerstand, die Kapazität und die Induktivität einer Leitung unabhängig von deren Länge durch die Elemente R, L, C und G in einer Ersatzschaltung gemäß Bild 4.1 dargestellt werden.

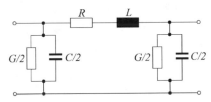

Bild 4.1 Ersatzschaltbild einer symmetrischen Leitung (π-Schaltung)

Mathematisch lässt sich das dynamische Verhalten von Systemen mit konzentrierten Parametern durch gewöhnliche Differentialgleichungen erfassen.

Die Modellierung eines elektrischen Netzwerks basiert auf den Kirchhoffschen Sätzen und den Gleichungen der Zweigelemente.

Tabelle 4.1 Gleichungen der Zweigelemente

	Widerstand R u i $\quad R$	**Induktivität L** u i $\quad sL$	**Kapazität C** u i $\quad 1/sC$
Spannung	$u = R \cdot i$	$u = L \cdot \dfrac{di}{dt}$	$u = \dfrac{1}{C} \int i\, dt + u(0)$
Strom	$i = \dfrac{1}{R} \cdot u$	$i = \dfrac{1}{L} \int u\, dt + i(0)$	$i = C \cdot \dfrac{du}{dt}$
Energie	in Wärme umgewandelte elektrische Energie $W_R = \int R \cdot i^2 dt$	gespeicherte magnetische Feldenergie $W_m = \dfrac{1}{2} L \cdot i^2$	gespeicherte elektrische Feldenergie $W_{el} = \dfrac{1}{2} C \cdot u^2$

Der Richtungssinn der komplexen elektrischen Größen wird im Folgenden nach dem Verbraucherzählpfeilsystem festgelegt, d. h. die Klemmenspannung an einem Zweipol des Netzwerks wird im Sinne eines Spannungsabfalls eingeführt. Spannung u und Strom i werden im gleichen Sinne positiv gezählt. Energie fließt damit in einen Zweipol hinein, wenn bei einem positiven Strom im Sinne des Stromzählpfeiles auch die Spannung im Sinne des Spannungszählpfeiles positiv ist (Bild 4.2).

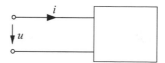

Bild 4.2 Zählpfeile für Strom und Klemmenspannung eines Zweipols

1. Kirchhoffscher Satz: Knotenregel

$$\sum_j i_{k,j} = 0 \; ; \quad i_{k,j} \text{ Ströme im Knoten } k \tag{4.1}$$

Die Summe der zum Knotenpunkt hin fließenden Ströme ist gleich der Summe der vom Knotenpunkt weg fließenden Ströme. Die Knotenregel resultiert aus dem Satz von der Erhaltung der Ladungen.

2. Kirchhoffscher Satz: Maschenregel

$$\sum_j u_{m,j} = 0 \; ; \quad u_{m,j} \text{ Spannungen in der Masche } m \tag{4.2}$$

Die Summe der Spannungen in einer Masche ist Null. Die Maschenregel entspricht dem Satz von der Erhaltung der Energie.

Zustandsgrößen eines elektrischen Netzwerks

Mit Hilfe der Kirchhoffschen Sätze und der Gleichungen der Zweigelemente kann man die Gleichungen, die das dynamische Verhalten eines elektrischen Netzwerkes beschreiben, aufstellen. Dabei sind jedoch bestimmte Regeln zu beachten, weil anderenfalls u. U. überflüssige Gleichungen bzw. problemfremde Eigenwerte in das Modell eingeschleppt werden, die dann bei der Anwendung der Modelle Schwierigkeiten bereiten.

1. Als Variablen des Netzwerks werden neben den das System erregenden Größen jene Größen eingeführt, die den energetischen Zustand der linear unabhängigen Energiespeicher des Netzwerks beschreiben. Man bezeichnet sie als **Zustandsgrößen**. Aus den Werten der Zustandsgrößen eines Systems lassen sich die Werte aller anderen Variablen bestimmen.

2. Die **Anzahl der linear unabhängigen Energiespeicher** eines elektrischen Netzwerks erhält man, indem man von der Gesamtzahl der Induktivitäten und Kapazitäten des Netzwerks die Zahl der algebraischen Beziehungen zwischen den Strömen der Induktivitäten bzw. zwischen den Spannungen der Kapazitäten abzieht.

3. Wie bereits früher erwähnt, entspricht die Anzahl der unabhängigen Energiespeicher des Systems der notwendigen Anzahl der Differentialgleichungen erster Ordnung des Systemmodells.

Abhängige Energiespeicher liegen beispielsweise vor bei Induktivitäten, die in Reihe liegen oder in Sternschaltung auftreten, sowie bei Netzwerkmaschen, die nur aus Kapazitäten gebildet werden – im einfachsten Fall eine Parallelschaltung von Kapazitäten.

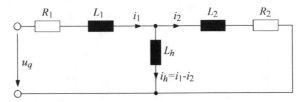

Bild 4.3 Induktivität als abhängiger Energiespeicher

Von den drei Induktivitäten der Schaltung in Bild 4.3 sind nur zwei unabhängig, denn für die Ströme in diesen gilt die algebraische Beziehung $i_1 - i_2 = i_h$ und der Energieinhalt einer Induktivität ist

$$w_L = \frac{L}{2} i^2$$

Wegen der Beziehung zwischen den drei Strömen kann man also beispielsweise schreiben

$$w_{Lh} = \frac{L_h}{2} \left(i_1 - i_2 \right)^2$$

Die in der Induktivität L_h gespeicherte Energie ist somit direkt von den Strömen in den beiden anderen Induktivitäten bzw. von der in diesen gespeicherten Energie abhängig.

Im folgenden Beispiel (Bild 4.4) mit drei Kapazitäten sind ebenfalls nur zwei Energiespeicher unabhängig, weil zwischen den Spannungen, die den Energieinhalt $w_C = C \cdot u_C^2 / 2$ der Kapazitäten beschreiben, die algebraische Beziehung $u_{C1} + u_{C2} - u_{C3} = 0$ besteht.

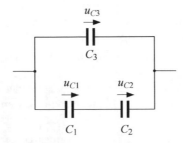

Bild 4.4 Kapazität als abhängiger Energiespeicher

4.2 Methode zur Ermittlung eines Netzwerkmodells

Das im Folgenden beschriebene Verfahren zur Analyse von elektrischen Netzwerken zeichnet sich dadurch aus, dass die gewonnenen Gleichungen, die das dynamische Verhalten der Netzwerke beschreiben, Differentialgleichungen erster Ordnung sind und sich daher für eine rechentechnische Behandlung besonders eignen. Außerdem ist die Zahl der Variablen bzw. Differentialgleichungen von Anfang an minimal und das Verfahren kann auch relativ leicht auf nichtlineare Netzwerke und solche mit zeitabhängigen Elementen erweitert werden [Unb90]. Einige Grundbegriffe der Netzwerktopologie sind für die Beschreibung dieser Methode unverzichtbar.

Zweige und Knoten. Als Zweig bezeichnet man einen Teil eines Netzwerks, der nur aus in Reihe geschalteten Netzwerkelementen besteht und über zwei Klemmpunkte mit anderen Teilen des Netzwerks verbunden ist. Die Klemmpunkte, über die verschiedene Zweige eines Netzwerks miteinander verbunden sind, nennt man Knotenpunkte oder Knoten. Ein Netzwerk besitzt l Zweige und k Knoten.

Baum. Als Baum bezeichnet man ein Teilsystem von Zweigen eines Netzwerks.

Vollständiger Baum. Ein Baum, der alle k Knoten eines Netzwerks miteinander verbindet, ohne dass eine Masche auftritt, wird vollständiger Baum genannt. Er besitzt $k - 1$ Zweige. Mit mehr als $k - 1$ Zweigen kann man k Knoten nicht verbinden, ohne dass Maschen entstehen.

Baumkomplement ist der Teil eines Netzwerks, der nicht zum Baum gehört.

Unabhängiger Zweig heißt ein Netzwerkzweig, der nicht Teil des vollständigen Baumes ist. Die Anzahl der unabhängigen Zweige ist demnach $l - (k - 1)$. Die Menge der unabhängigen Zweige wird auch als Baumkomplement bezeichnet.

Unabhängige Masche oder fundamentale Masche ist jede Masche, die aus genau einem unabhängigen Zweig und Teilen des vollständigen Baumes gebildet wird. In einem Netzwerk gibt es $l - (k - 1)$ fundamentale Maschen.

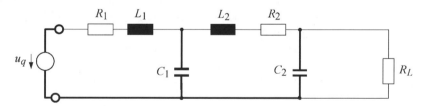

Bild 4.5 Netzwerk 1 mit vollständigem Baum (dicke Linien)

In obigem Beispiel (Bild 4.5) sind die Zweige des Netzwerks, die zum ausgewählten vollständigen Baum gehören, fett dargestellt. Als unabhängige Zweige ergeben sich somit $R_1 - L_1$, $L_2 - R_2$ und R_L. Mit den drei unabhängigen Zweigen kann man drei fundamentale Maschen M1, M2 und M3 – wie in Bild 4.6 eingezeichnet – bilden. Auch die Zweigströme und die Kondensatorspannungen sind im Bild 4.6 eingetragen.

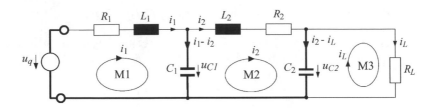

Bild 4.6 Netzwerk 1 gemäß Bild 4.5 mit unabhängigen Maschen

Ein Netzwerk mit k Knoten und l Zweigen hat $k-1$ unabhängige Knoten, $l-(k-1)$ unabhängige Zweige und ebenso viele fundamentale Maschen. Man kann für dieses also $k-1$ unabhängige Knotengleichungen und $l-(k-1)$ fundamentale Maschengleichungen aufstellen.

Unter Verwendung der $k-1$ unabhängigen Knotengleichungen lassen sich die $(k-1)$ Ströme in den Zweigen des vollständigen Baumes durch die Ströme in den unabhängigen Zweigen ausdrücken. In den Gleichungen der Fundamentalmaschen treten dann nur noch die Ströme der unabhängigen Zweige auf, d. h. die Ströme der unabhängigen Zweige ergeben sich als Lösungen des Gleichungssystems der Fundamentalmaschen. Die Ströme in den Baumzweigen werden dann mit Hilfe der Knotengleichungen aus den Strömen der unabhängigen Zweige bestimmt (Bild 4.6).

Maschenstromanalyse. Die beschriebene Vorgehensweise bei der Berechnung von Strömen und Spannungen in einem Netzwerk entspricht der als Maschenstromanalyse bekannten Methode. Bei dieser wird jeder Strom eines unabhängigen Zweiges als (fiktiver) Maschenstrom der zugehörigen Fundamentalmasche angesetzt. Dieser Maschenstrom durchfließt als geschlossener Ringstrom die gesamte Masche. Die Ströme in den Baumzweigen ergeben sich dann aus der Überlagerung der durch die Zweige fließenden Maschenströme.

Die hier vorgestellte Methode zum Aufstellen der Netzwerkgleichungen basiert nun darauf, dass der vollständige Baum eines Netzwerks, der als Ausgangspunkt für die Maschenstromanalyse dient, nicht frei, sondern nach bestimmten Regeln gewählt wird [Unb90]. Ein unter Einhaltung dieser Regeln entworfener Baum wird als **Normalbaum** bezeichnet.

Damit ist das Prinzip der im Folgenden verwendeten Methode der Netzwerksanalyse aufgezeigt. Systematisch umgesetzt wird es durch die nachstehend aufgeführten Schritte:

1. Zu Anfang wird im Netzwerk ein Normalbaum festgelegt. Dabei handelt es sich um einen vollständigen Baum, der möglichst viele Kapazitäten und alle Spannungsquellen, jedoch möglichst wenig Induktivitäten und keine Stromquellen enthält. Für die Ströme in den Netzwerkszweigen bzw. die Spannungen an den Netzwerkselementen wird eine Richtung angenommen/festgelegt.

2. Die Spannungen aller im Normalbaum enthaltenen Kapazitäten und die Ströme aller im Normalbaumkomplement liegenden Induktivitäten werden als Zustandsvariablen eingeführt.

3. Mit jedem unabhängigen Zweig des Netzwerks wird eine Fundamentalmasche mit dem Strom des unabhängigen Zweigs als Maschenstrom gebildet.

4. Auf die Fundamentalmaschen wird die Maschenregel angewendet, wobei die Spannungen an ohmschen Widerständen und Induktivitäten mit Hilfe der Maschenströme

bzw. deren zeitlicher Ableitungen beschrieben werden. Man erhält $l - k + 1$ Maschengleichungen.

5. Durch Auflösen der Gleichungen der Fundamentalmaschen nach den Ableitungen der Ströme in den Induktivitäten erhält man die Differentialgleichungen der Ströme. Ggf. sind noch algebraische Schleifen zu beseitigen, um zur Zustandsform zu gelangen. Aus den Maschengleichungen erhält man außerdem Gleichungen für die Ströme in unabhängigen Zweigen ohne Induktivität, also für die Ströme, die keine Zustandsgrößen sind.

6. Für jede Kapazität C im Normalbaum wird eine Differentialgleichung in der Form $du_C /dt = i_C /C$ notiert, wobei i_C sich aus der Überlagerung der Maschenströme ergibt. Sofern ein Modell in Zustandsform entwickelt werden soll, sind ggf. noch die Ströme, die keine Zustandsgrößen sind, mit Hilfe der unter 5. gewonnen Gleichungen zu ersetzen.

7. Bei Netzwerken mit abhängigen Energiespeichern:
   Abhängige Kapazitäten liegen in unabhängigen Zweigen, wenn der Normalbaum nach obigen Vorgaben gewählt wird. Der Strom in einem solchen Zweig lässt sich über den Differentialquotienten der Spannung an der Kapazität bestimmen, der sich wiederum aus der Summe bzw. Differenz der Ableitungen von Spannungen an Kapazitäten des Normalbaumes ergibt.

   Abhängige Induktivitäten liegen im Normalbaum. Ihre Spannung $L \cdot di /dt$ erhält man aus einer Kombination der ersten Ableitungen von Strömen in Induktivitäten unabhängiger Zweige.

Manchmal kann es zweckmäßig sein, die Reihenfolge einiger der genannten Schritte zu vertauschen, z. B. im Interesse der Übersichtlichkeit einzelner mathematischen Ausdrücke. Auch kann statt mit Maschenströmen mit den Zweigströmen gearbeitet werden, wobei dann in einem zusätzlichen Schritt die Ströme in den Zweigen des Normalbaumes mit Hilfe der Knotengleichungen durch die Ströme in den unabhängigen Zweigen zu ersetzen sind.

Bei der Aufstellung des Netzwerkmodells lassen sich auch gesteuerte Quellen berücksichtigen. Man sollte die Quellen jedoch anfangs als starr behandeln und erst nach der Analyse die Steuerbeziehungen mit Hilfe der Zustandsvariablen ausdrücken und in die Gleichungen einführen [Unb90].

Beispiel: Netzwerk 1

Als einführendes Beispiel werde das in den Bildern 4.5 und 4.6 gezeigte elektrische Netzwerk verwendet. Der eingezeichnete vollständige Baum genügt den im Schritt 1 aufgeführten Regeln, ist also ein Normalbaum. Mit den drei unabhängigen Zweigen werden drei Fundamentalmaschen gebildet. Diese sind im Bild 4.7 zusammen mit den Maschenströmen i_1, i_2 und i_L dargestellt. Das Netzwerk enthält die vier unabhängigen Energiespeicher L_1, L_2, C_1 und C_2. Als Zustandsgrößen werden daher die Induktivitätsströme i_1 und i_2 sowie die Kapazitätsspannungen u_{C1} und u_{C2} gewählt.

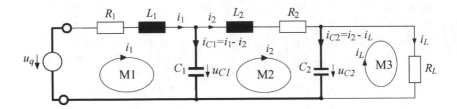

Bild 4.7 Netzwerk 1 mit Zweig- und Maschenströmen

Schritt 4: Gleichungen der Fundamentalmaschen (Maschenregel).

$$\text{M1}: \quad u_q = i_1 \cdot R_1 + L_1 \frac{di_1}{dt} + u_{C1}$$

$$\text{M2}: \quad 0 = i_2 \cdot R_2 + L_2 \frac{di_2}{dt} + u_{C2} - u_{C1} \tag{4.3}$$

$$\text{M3}: \quad 0 = i_L \cdot R_L - u_{C2}$$

Schritt 5: Umstellung der Maschengleichungen.

Aus den Maschengleichungen M1 und M2 folgen die Differentialgleichungen

$$\frac{di_1}{dt} = \frac{1}{L_1}\left(u_q - i_1 \cdot R_1 - u_{C1}\right)$$

$$\frac{di_2}{dt} = \frac{1}{L_2}\left(u_{C1} - u_{C2} - i_2 \cdot R_2\right) \tag{4.4}$$

und aus M3 die Gleichung für den unabhängigen Strom i_L, der aber keine Zustandsgröße ist.

$$i_L = \frac{1}{R_L} u_{C2} \tag{4.5}$$

Schritt 6: Aufstellen der Differentialgleichungen der Kondensatorspannungen.

$$\frac{du_{C1}}{dt} = \frac{1}{C_1} i_{C1} = \frac{1}{C_1}\left(i_1 - i_2\right)$$

$$\frac{du_{C2}}{dt} = \frac{1}{C_2} i_{C2} = \frac{1}{C_2}\left(i_2 - i_L\right) = \frac{1}{C_2}\left(i_2 - \frac{u_{C2}}{R_L}\right) \tag{4.6}$$

Die Gleichungssysteme (4.4) und (4.6) bilden das Modell des vorgegebenen Netzwerkes. Die vier Differentialgleichungen erster Ordnung entsprechen den vier unabhängigen Energiespeichern des Netzwerks. Sie können nun in die folgende Matrizendarstellung überführt werden. Dieser Schritt ist aber für die weitere Berechnung mit Maple nicht unbedingt erforderlich.

$$
\begin{pmatrix} \dfrac{di_1}{dt} \\[2mm] \dfrac{di_2}{dt} \\[2mm] \dfrac{du_{C1}}{dt} \\[2mm] \dfrac{du_{C2}}{dt} \end{pmatrix} = \begin{pmatrix} -\dfrac{R_1}{L_1} & 0 & -\dfrac{1}{L_1} & 0 \\[2mm] 0 & -\dfrac{R_2}{L_2} & \dfrac{1}{L_2} & -\dfrac{1}{L_2} \\[2mm] \dfrac{1}{C_1} & -\dfrac{1}{C_1} & 0 & 0 \\[2mm] 0 & \dfrac{1}{C_2} & 0 & -\dfrac{1}{R_2} \end{pmatrix} \cdot \begin{pmatrix} i_1 \\[2mm] i_2 \\[2mm] u_{C1} \\[2mm] u_{C2} \end{pmatrix} + \begin{pmatrix} \dfrac{u_q}{L_1} \\[2mm] 0 \\[2mm] 0 \\[2mm] 0 \end{pmatrix}
\qquad (4.7)
$$

Im Folgenden wird das Verhalten des Netzwerks mit Hilfe von Maple für einen bestimmten Satz von Parametern und von Anfangswerten der Zustandsgrößen berechnet.

Gleichungen der unabhängigen Maschen in Maple-Notation:

```
> M1:= uq = i1(t)*R1 + L1*diff(i1(t),t) + uc1(t);
  M2:= 0 = i2(t)*R2 + L2*diff(i2(t),t) + uc2(t) - uc1(t);
  M3:= 0 = iL(t)*RL - uc2(t);
```

$$
M1 := uq = i1(t)\,R1 + L1\left(\frac{\mathrm{d}}{\mathrm{d}t}\,i1(t)\right) + uc1(t)
$$

$$
M2 := 0 = i2(t)\,R2 + L2\left(\frac{\mathrm{d}}{\mathrm{d}t}\,i2(t)\right) + uc2(t) - uc1(t)
$$

$$
M3 := 0 = iL(t)\,RL - uc2(t)
$$

Es folgt die Auflösung der Maschengleichungen M1 und M2 nach den Ableitungen der Ströme i_1 und i_2 sowie der Maschengleichung M3 nach i_L:

```
> DG1:= isolate(M1, diff(i1(t),t));
  DG2:= isolate(M2, diff(i2(t),t));
  G1:= isolate(M3, iL(t));
```

$$
DG1 := \frac{\mathrm{d}}{\mathrm{d}t}\,i1(t) = -\frac{-uq + i1(t)\,R1 + uc1(t)}{L1}
$$

$$
DG2 := \frac{\mathrm{d}}{\mathrm{d}t}\,i2(t) = -\frac{i2(t)\,R2 + uc2(t) - uc1(t)}{L2}
$$

$$
G1 := iL(t) = \frac{uc2(t)}{RL}
$$

Die umgestellte Gleichung M3 wurde der Variablen G1 zugewiesen, aber durch die Operation erfolgte keine Zuweisung der rechten Seite der Gleichung an i_L. Das geschieht erst durch Anwendung des Befehls **assign**.

```
> assign(G1);     # Zuweisung der rechten Seite der Gleichung an iL(t)
```

Maple-Notierung der Differentialgleichungen der Kondensatorspannungen:

```
> DG3:= diff(uc1(t),t) = (i1(t)-i2(t))/C1;
  DG4:= diff(uc2(t),t) = (i2(t)-iL(t))/C2;
```

$$DG3 := \frac{\mathrm{d}}{\mathrm{d}t}\, uc1(t) = \frac{i1(t) - i2(t)}{C1}$$

$$DG4 := \frac{\mathrm{d}}{\mathrm{d}t}\, uc2(t) = \frac{i2(t) - \dfrac{uc2(t)}{RL}}{C2}$$

Maple übernimmt in die Gleichung *DG*4 automatisch den vorher berechneten Ausdruck für $i_L(t)$. Es folgen die Festlegung der Parameter und der Anfangsbedingungen und danach die numerische Lösung des Differentialgleichungssystems.

```
> R1:=10: R2:=5: RL:=10: L1:=0.1: L2:=0.04: C1:=0.005: C2:=0.1:
> uq:=10:
> AnfBed:= {i1(0)=0, i2(0)=0, uc1(0)=0, uc2(0)=0}:
> Erg:= dsolve({DG1,DG2,DG3,DG4} union AnfBed, numeric);
```

$$Erg := \mathrm{proc}(x\_rkf45)\ ...\ \mathrm{end\ proc}$$

Grafische Darstellung der Ergebnisse:

```
> with(plots):  setcolors(["Blue"]):  tend:= 0.2:
> setoptions(font=[TIMES,10], labelfont=[TIMES,14], gridlines=true):
> odeplot(Erg,[[t,i1(t),linestyle=solid],[t,i2(t),linestyle=dash],
       [t,(uc2(t)/RL),color=black]],0..tend, legend=["i1","i2","iL"]);
```

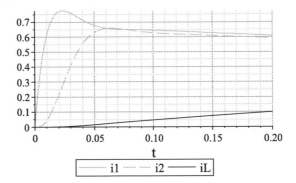

```
> odeplot(Erg,[[t,uc1(t),color=blue],[t,uc2(t),color=black]],
       0..tend,legend=["uc1","uc2"],labels=["t","uc1,uc2"]);
```

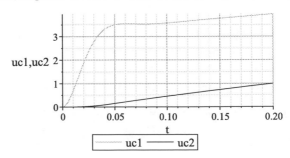

4.3 Netzwerke mit abhängigen Energiespeichern

4.3.1 Abhängige Induktivitäten

Beispiel: Einschalten einer Drehstromdrossel[1]

Die Drehstromdrossel bestehe aus drei magnetisch nicht gekoppelten Spulen, die in einem freien Sternpunkt verbunden sind und zum Zeitpunkt $t = t_0$ auf das Drehstromnetz geschaltet werden (Bild 4.8).

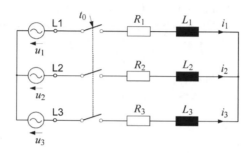

Bild 4.8 Einschalten einer Drehstromdrossel

Die Drossel arbeite abschnittsweise im gesättigten Bereich, d. h. die Induktivitäten L_1, L_2 und L_3 sind abhängig von den in den Spulen fließenden Strömen:

$$L_k = L\left(|i_k|\right)$$

Zu berechnen ist der Verlauf der Ströme in den drei Strängen für den Zeitraum $t > t_0$. Für das Drehstromsystem gelten die Gleichungen

$$u_1 = \hat{u} \cdot \cos\left(\omega \cdot t + \varphi_0\right); \quad u_2 = \hat{u} \cdot \cos\left(\omega \cdot t + \varphi_0 - \frac{2\pi}{3}\right); \quad u_3 = \hat{u} \cdot \cos\left(\omega \cdot t + \varphi_0 - \frac{4\pi}{3}\right)$$

Von den drei Energiespeichern des Systems sind nur zwei unabhängig, weil zwischen den Strömen der drei Induktivitäten eine algebraische Beziehung besteht.

$$i_1 + i_2 + i_3 = 0$$

Das dynamische Verhalten des Netzwerks kann daher durch zwei Differentialgleichungen erster Ordnung beschrieben werden. Wählt man den Zweig (R_3, L_3) als vollständigen Baum, so ergeben sich mit den Maschenströmen i_1 und i_2 folgende Gleichungen der unabhängigen Maschen.

---

[1] Aufgabe aus [Jent69]

$$M1: \quad u_1 - u_3 = i_1(R_1 + R_3) + \frac{di_1}{dt}(L_1 + L_3) + i_2 R_3 + \frac{di_2}{dt}L_3$$

$$M2: \quad u_2 - u_3 = i_2(R_2 + R_3) + \frac{di_2}{dt}(L_2 + L_3) + i_1 R_3 + \frac{di_1}{dt}L_3$$

Die Umstellung dieser Gleichungen nach einer der Ableitungen von i_1 bzw. i_2 (Schritt 5 des Algorithmus) führt auf Gleichungen, bei denen auf der rechten Seite der Gleichungen ebenfalls eine der Ableitungen von i_1 bzw. i_2 steht. Gemäß Abschnitt 1.4.4 handelt um eine algebraische Schleife. Die Zustandsform des Modells lässt sich also durch einfache Gleichungsumstellung nicht herstellen. Für das Ermitteln einer analytischen Lösung einer Aufgabe ist die Zustandsform auch nicht zwingend erforderlich und das Modell {M1, M2} könnte dafür als Grundlage dienen. Wegen der Nichtlinearitäten $L_k = L(|i_k|)$ soll das Modell aber auf ein numerisches Lösungsverfahren zugeschnitten werden. Die algebraische Schleife wird daher durch die folgenden Operationen beseitigt.

Maple-Notierung der Maschengleichungen:

```
> M1:= u1(t)-u3(t) = (R1+R3)*i1(t)+(L1+L3)*diff(i1(t),t)+R3*i2(t)+
       L3*diff(i2(t),t);
  M2:= u2(t)-u3(t) = (R2+R3)*i2(t)+(L2+L3)*diff(i2(t),t)+R3*i1(t)+
       L3*diff(i1(t),t);
```

$$M1 := u1(t) - u3(t) = (R1 + R3)\,i1(t) + (L1 + L3)\left(\frac{\mathrm{d}}{\mathrm{d}t}i1(t)\right) + R3\,i2(t)$$
$$+ L3\left(\frac{\mathrm{d}}{\mathrm{d}t}i2(t)\right)$$

$$M2 := u2(t) - u3(t) = (R2 + R3)\,i2(t) + (L2 + L3)\left(\frac{\mathrm{d}}{\mathrm{d}t}i2(t)\right) + R3\,i1(t)$$
$$+ L3\left(\frac{\mathrm{d}}{\mathrm{d}t}i1(t)\right)$$

Das implizite Differentialgleichungssystem {M1, M2} mit der algebraischen Schleife wird nun nach den Ableitungen der Ströme i_1 und i_2 aufgelöst. Mit dem Befehl **solve** ist das sehr einfach zu bewältigen:

```
> DGS:= solve({M1,M2},[diff(i1(t),t),diff(i2(t),t)]);
```

$$DGS := \left[\left[\frac{\mathrm{d}}{\mathrm{d}t}i1(t) = -\frac{1}{L2\,L1 + L2\,L3 + L3\,L1}(L3\,u2(t) - L3\,i2(t)\,R2 - L2\,u1(t)\right.\right.$$
$$+ L2\,u3(t) + L2\,i1(t)\,R1 + L2\,R3\,i1(t) + L3\,i1(t)\,R1 + L2\,R3\,i2(t) - L3\,u1(t)),$$

$$\frac{\mathrm{d}}{\mathrm{d}t}i2(t) = -\frac{1}{L2\,L1 + L2\,L3 + L3\,L1}(L3\,i2(t)\,R2 + L1\,i2(t)\,R2 - L1\,u2(t)$$
$$\left.\left.- L3\,u2(t) + L3\,u1(t) - L3\,i1(t)\,R1 + u3(t)\,L1 + R3\,i1(t)\,L1 + R3\,i2(t)\,L1)\right]\right]$$

Die in der Lösung *DGS* enthaltenen zwei Zustandsgleichungen werden nun durch Zusammenfassung von Teilausdrücken der Zähler der rechten Seiten noch übersichtlicher gestaltet und anschließend separiert.

```
> DGS:= collect(DGS,{i1(t),i2(t)}):
> DG1:= DGS[1,1];  DG2:= DGS[1,2];
```

$$DG1 := \frac{d}{dt} i1(t) = -\frac{(L2\,R3 + L3\,R1 + L2\,R1)\,i1(t)}{L2\,L1 + L2\,L3 + L3\,L1} - \frac{(-L3\,R2 + L2\,R3)\,i2(t)}{L2\,L1 + L2\,L3 + L3\,L1}$$

$$-\frac{L3\,u2(t) - L2\,u1(t) + L2\,u3(t) - L3\,u1(t)}{L2\,L1 + L2\,L3 + L3\,L1}$$

$$DG2 := \frac{d}{dt} i2(t) = -\frac{(-L3\,R1 + R3\,L1)\,i1(t)}{L2\,L1 + L2\,L3 + L3\,L1} - \frac{(L3\,R2 + L1\,R2 + R3\,L1)\,i2(t)}{L2\,L1 + L2\,L3 + L3\,L1}$$

$$-\frac{L3\,u1(t) + u3(t)\,L1 - L1\,u2(t) - L3\,u2(t)}{L2\,L1 + L2\,L3 + L3\,L1}$$

Die Gleichungen *DG1* und *DG2* bilden das Modell der Drehstromdrossel in Zustandsform. Es wurde bereits im Kapitel 3 als Beispiel zur Lösung von Anfangswertaufgaben verwendet.

Verallgemeinernd kann man festhalten:

1. Eine abhängige Induktivität in einem Baumzweig führt zu einer algebraischen Schleife, da mehrere Maschenströme über die Induktivität laufen und in den Differentialgleichungen deshalb auch die Ableitungen der zugehörigen Maschenströme gemeinsam auftreten.

2. Lineare Differentialgleichungssysteme mit einer algebraischen Schleife kann man in die Zustandsform überführen, indem das System der Differentialgleichungen wie ein gewöhnliches lineares Gleichungssystem nach den Ableitungen der Ströme auflöst wird.

4.3.2 Abhängige Kapazitäten

Beispiel: Netzwerk mit abhängiger Kapazität

Der Fall abhängiger Kapazitäten wird am Beispiel des Netzwerks in Bild 4.9 behandelt.

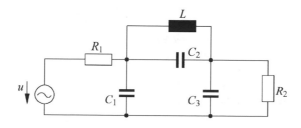

Bild 4.9 Netzwerk mit abhängiger Kapazität

Das Netzwerk enthält vier Energiespeicher. Weil die Kondensatoren C_1, C_2 und C_3 eine Masche bilden, existieren aber nur drei unabhängige Energiespeicher. Als Zustandsgrößen werden i_L, u_{C1} und u_{C2} gewählt, d. h. C_3 wird als von C_1 und C_2 abhängige Kapazität betrachtet.

Vorgehensweise bei der Festlegung des Normalbaumes

Die unabhängigen Kapazitäten werden in den Normalbaum aufgenommen, der Zweig mit der abhängigen Kapazität wird zum unabhängigen Zweig. Der Normalbaum umfasst somit die Zweige mit den Kapazitäten C_1 und C_2. Unabhängige Zweige sind die Netzwerkzweige mit den Elementen R_1 und R_2, L und C_3 mit den Strömen i_1, i_2, i_{C3} und i_L.

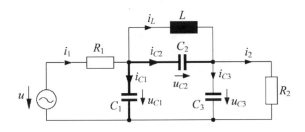

Bild 4.10 Schaltung nach Bild 4.9 mit Normalbaum

Berechnung des Stroms im unabhängigen Netzwerkzweig C3

Für die von den drei Kondensatorzweigen gebildete Masche gilt die Gleichung

$$u_{C3} = u_{C1} - u_{C2} \quad \text{und damit}$$

$$\frac{du_{C3}}{dt} = \frac{du_{C1}}{dt} - \frac{du_{C2}}{dt} = \frac{i_{C3}}{C_3}$$

$$i_{C3} = C_3 \frac{du_{C3}}{dt} = C_3 \left(\frac{du_{C1}}{dt} - \frac{du_{C2}}{dt} \right) \tag{4.8}$$

Nach dem Einsetzen der noch aufzustellenden Differentialgleichungen für u_{C1} und u_{C2} in Gleichung (4.8) kann somit der Strom i_{C3} über eine algebraische Beziehung ermittelt werden.

Alle weiteren Schritte der Entwicklung des Netzwerkmodells laufen wie unter 4.2 beschrieben ab. Die folgenden Rechnungen werden mit Unterstützung von Maple durchgeführt.

Knotengleichungen, aufgelöst nach den Strömen in C_1 und C_2:

```
> K1:= ic1(t) = i1(t)-ic3(t)-i2(t);
```

$$K1 := ic1(t) = i1(t) - ic3(t) - i2(t)$$

```
> K2:= ic2(t) = ic3(t)+i2(t)-iL(t);
```

$$K2 := ic2(t) = ic3(t) + i2(t) - iL(t)$$

Maple-Notierung der Maschengleichungen:

```
> M1:= u-i1(t)*R1-uc1(t)=0;
```

$$M1 := u - i1(t)\,R1 - uc1(t) = 0$$

```
> M2:= L*diff(iL(t),t)-uc2(t)=0;
```

$$M2 := L\left(\frac{\mathrm{d}}{\mathrm{d}t}\,iL(t)\right) - uc2(t) = 0$$

```
> M3:= uc3(t)=uc1(t)-uc2(t);
```

$$M3 := uc3(t) = uc1(t) - uc2(t)$$

```
> M4:= i2(t)*R2-uc3(t)=0;
```

$$M4 := i2(t)\,R2 - uc3(t) = 0$$

Aus den Maschengleichungen *M1* und *M4* ergeben sich durch Umstellung nach den unabhängigen Zweigströmen i_1 und i_2 die Gleichungen *G1* und *G2*. Dabei wird $u_{C3}(t)$ mittels *M3* ersetzt:

```
> G1:= isolate(M1, i1(t));
```

$$G1 := i1(t) = -\frac{-u + uc1(t)}{R1}$$

```
> G2:= isolate(M4, i2(t));   G2:= subs(M3, G2);
```

$$G2 := i2(t) = \frac{uc3(t)}{R2}$$

$$G2 := i2(t) = \frac{uc1(t) - uc2(t)}{R2}$$

Beim Aufstellen der Differentialgleichungen der Spannungen an den unabhängigen Kapazitäten C_1 und C_2 werden die Ströme in den Kapazitäten durch Ströme der unabhängigen Zweige ersetzt, da vorher unter Verwendung von *K1* und *K2* eine Wertzuweisung vorgenommen wird.

```
> assign(K1); DG1:= diff(uc1(t),t)=ic1(t)/C1;
```

$$DG1 := \frac{\mathrm{d}}{\mathrm{d}t}\,uc1(t) = \frac{i1(t) - ic3(t) - i2(t)}{C1}$$

```
> assign(K2); DG2:= diff(uc2(t),t)=ic2(t)/C2;
```

$$DG2 := \frac{\mathrm{d}}{\mathrm{d}t}\,uc2(t) = \frac{ic3(t) + i2(t) - iL(t)}{C2}$$

Ausgehend von *M3* wird die Ableitung von u_{C3} gebildet und daraus – wie oben dargestellt – die Formel für i_{C3} entwickelt:

```
> iC:= C3*diff(M3,t);
```

$$iC := C3\left(\frac{\mathrm{d}}{\mathrm{d}t}\,uc3(t)\right) = C3\left(\frac{\mathrm{d}}{\mathrm{d}t}\,uc1(t) - \left(\frac{\mathrm{d}}{\mathrm{d}t}\,uc2(t)\right)\right)$$

```
> iC:= subs(C3*diff(uc3(t),t)=ic3(t), iC);
```

$$iC := ic3(t) = C3\left(\frac{\mathrm{d}}{\mathrm{d}t}\,uc1(t) - \left(\frac{\mathrm{d}}{\mathrm{d}t}\,uc2(t)\right)\right)$$

Die Differentialgleichungen *DG1* und *DG2* werden zur Menge *DGsys1* zusammengefasst. Dabei wird mit Hilfe der Gleichung *iC* die Variable *iC3(t)* ersetzt.

```
> DGsys1:= subs(iC,{DG1,DG2});
```

$$DGsys1 := \left[\frac{\mathrm{d}}{\mathrm{d}t}\, uc1(t) = \frac{i1(t) - C3\left(\frac{\mathrm{d}}{\mathrm{d}t}\, uc1(t) - \left(\frac{\mathrm{d}}{\mathrm{d}t}\, uc2(t)\right)\right) - i2(t)}{C1}, \right.$$

$$\left. \frac{\mathrm{d}}{\mathrm{d}t}\, uc2(t) = \frac{C3\left(\frac{\mathrm{d}}{\mathrm{d}t}\, uc1(t) - \left(\frac{\mathrm{d}}{\mathrm{d}t}\, uc2(t)\right)\right) + i2(t) - iL(t)}{C2} \right]$$

DGsys1 bildet eine algebraische Schleife, die nach dem bekannten Verfahren aufgelöst wird.

```
> Loe:= solve(DGsys1,[diff(uc1(t),t),diff(uc2(t),t)]);
```

$$Loe := \left[\left[\frac{\mathrm{d}}{\mathrm{d}t}\, uc1(t) = \frac{-iL(t)\,C3 + C3\,i1(t) - C2\,i2(t) + C2\,i1(t)}{C3\,C1 + C2\,C3 + C2\,C1}, \right.\right.$$

$$\left.\left. \frac{\mathrm{d}}{\mathrm{d}t}\, uc2(t) = \frac{-iL(t)\,C3 + C3\,i1(t) - C1\,iL(t) + i2(t)\,C1}{C3\,C1 + C2\,C3 + C2\,C1} \right]\right]$$

Die Differentialgleichungen des gewonnenen Systems werden aus *Loe* herausgelöst.

```
> DG_1:= Loe[1,1];      DG_2:= Loe[1,2];
```

$$DG\_1 := \frac{\mathrm{d}}{\mathrm{d}t}\, uc1(t) = \frac{-iL(t)\,C3 + C3\,i1(t) - C2\,i2(t) + C2\,i1(t)}{C3\,C1 + C2\,C3 + C2\,C1}$$

$$DG\_2 := \frac{\mathrm{d}}{\mathrm{d}t}\, uc2(t) = \frac{-iL(t)\,C3 + C3\,i1(t) - C1\,iL(t) + i2(t)\,C1}{C3\,C1 + C2\,C3 + C2\,C1}$$

Bildung der Differentialgleichung für i_L aus der Maschengleichung M2:

```
> DG_3:= isolate(M2, diff(iL(t),t));
```

$$DG\_3 := \frac{\mathrm{d}}{\mathrm{d}t}\, iL(t) = \frac{uc2(t)}{L}$$

Die Differentialgleichungen *DG_1*, *DG_2* und *DG_3* stellen zusammen mit den Gleichungen *G1* und *G2* das Modell für die Berechnung des dynamischen Verhaltens des Netzwerks dar. Durch Einsetzen der Gleichungen *G1* und *G2* in die Differentialgleichungen *DG_1* und *DG_2* erhalten wir die Zustandsform des Modells.

```
> DG_1:= subs(G1,G2,DG_1);   DG_2:= subs(G1,G2,DG_2);
```

$$DG\_1 := \frac{\mathrm{d}}{\mathrm{d}t}\, uc1(t) = \frac{1}{C3\,C1 + C2\,C3 + C2\,C1}\left(-iL(t)\,C3 \right.$$

$$\left. - \frac{C3\,(-u + uc1(t))}{R1} - \frac{C2\,(uc1(t) - uc2(t))}{R2} - \frac{C2\,(-u + uc1(t))}{R1} \right)$$

$$DG\_2 := \frac{d}{dt}\, uc2(t)$$

$$= \frac{-iL(t)\,C3 - \frac{C3\,(-u + uc1(t))}{R1} - C1\,iL(t) + \frac{(uc1(t) - uc2(t))\,C1}{R2}}{C3\,C1 + C2\,C3 + C2\,C1}$$

Abschließend wird die Lösung einer entsprechenden Anfangswertaufgabe berechnet und graphisch dargestellt. Eine symbolische Lösung findet Maple nach der Vorgabe von Parameterwerten. Wegen ihres Umfangs ist diese aber nur für eine maschinelle Weiterverarbeitung geeignet.

```
> R1:=2: R2:= 10: L:=0.1:  C1:= 0.1:  C2:= 0.1: C3:= 1: u:=10:
> AnfBed:= {iL(0)=0, uc1(0)=0, uc2(0)=0}:
> Loes:= dsolve({DG_1,DG_2,DG_3} union AnfBed, [iL(t),uc1(t),uc2(t)]):
> with(plots): assign(Loes);
> plot([iL(t),uc1(t),uc2(t)], t=0..8, linestyle=[solid,dash,dot],
        legend=["iL","uC1","uC2"]);
```

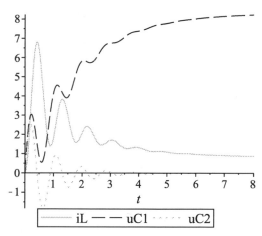

4.4 Netzwerke mit magnetischer Kopplung

Magnetische Kopplungen sind bei der Modellierung von Netzwerken mit Transformatoren in Form von Übertragern und Leistungstransformatoren zu berücksichtigen. Beide arbeiten nach dem gleichen physikalischen Prinzip. Als Übertrager bezeichnet man Transformatoren, die nicht primär der Energie- bzw. Leistungsübertragung dienen, sondern zur Informationsübertragung von Analog- oder Digitalsignalen verwendet werden. Während bei Leistungstransformatoren der Wirkungsgrad ein wesentliches Gütekriterium ist, fordert man von Übertragern, dass sie vor allem die Signalform erhalten.

Ein **idealer Transformator** mit einer Primär- und einer Sekundärwicklung wird charakterisiert durch die Induktivitäten L_1 und L_2 dieser beiden Wicklungen sowie die zwischen beiden wirksame Gegeninduktivität M (Bild 4.11).

Beispiel: Netzwerk mit idealem Transformator

In diesem Beispiel [UnHo87] wird zum Zeitpunkt $t_0 = 0$ der Schalter im Primärkreis eines idealen Transformators geschlossen. Dabei liegen folgende Anfangsbedingungen vor: Die Kapazität C_1 ist auf die Spannung $u_1 = U$ aufgeladen, alle Ströme und die Spannung u_2 der Kapazität C_2 haben den Wert Null. Ein Modell für die Berechnung des Verlaufs der Ströme i_1 und i_2 sowie der Spannungen u_1 und u_2 nach dem Schließen des Schalters ist aufzustellen.

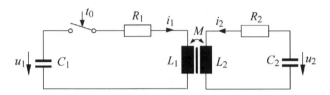

Bild 4.11 Netzwerk mit magnetischer Kopplung

Das Netzwerk verfügt mit zwei Induktivitäten und zwei Kapazitäten über insgesamt vier Energiespeicher. Als Zustandsvariablen werden daher die Ströme i_1 und i_2 sowie die Kapazitätsspannungen u_1 und u_2 gewählt.

Maschengleichungen:

$$M1: \quad i_1 R_1 + L_1 \frac{di_1}{dt} + M \frac{di_2}{dt} - u_1 = 0$$

$$M2: \quad i_2 R_2 + L_2 \frac{di_2}{dt} + M \frac{di_1}{dt} - u_2 = 0$$

Differentialgleichungen der Kondensatorspannungen:

$$\frac{du_1}{dt} = \frac{-i_1}{C_1} \qquad \frac{du_2}{dt} = \frac{-i_2}{C_2}$$

Die Maschengleichungen bilden eine algebraische Schleife. Das Gleichungssystem wird daher mit Unterstützung von Maple nach den Ableitungen der Ströme aufgelöst:

```
> M1:= i1(t)*R1+L1*diff(i1(t),t)+M*diff(i2(t),t)-u1(t)=0;
```

$$M1 := i1(t)\,R1 + L1\left(\frac{d}{dt}\,i1(t)\right) + M\left(\frac{d}{dt}\,i2(t)\right) - u1(t) = 0$$

```
> M2:= i2(t)*R2+L2*diff(i2(t),t)+M*diff(i1(t),t)-u2(t)=0;
```

$$M2 := i2(t)\,R2 + L2\left(\frac{d}{dt}\,i2(t)\right) + M\left(\frac{d}{dt}\,i1(t)\right) - u2(t) = 0$$

```
> DGS:= solve({M1,M2},[diff(i1(t),t),diff(i2(t),t)]);
```

$$DGS := \left[\left[\frac{d}{dt} i1(t) = -\frac{-i2(t)\,R2\,M + L2\,i1(t)\,R1 - L2\,u1(t) + u2(t)\,M}{L2\,L1 - M^2} \right. \right. ,$$

$$\left. \left. \frac{d}{dt} i2(t) = -\frac{L1\,i2(t)\,R2 - L1\,u2(t) - i1(t)\,R1\,M + u1(t)\,M}{L2\,L1 - M^2} \right] \right]$$

```
> DG1:= DGS[1,1];  DG2:= DGS[1,2];
```

$$DG1 := \frac{d}{dt} i1(t) = -\frac{-i2(t)\,R2\,M + L2\,i1(t)\,R1 - L2\,u1(t) + u2(t)\,M}{L2\,L1 - M^2}$$

$$DG2 := \frac{d}{dt} i2(t) = -\frac{L1\,i2(t)\,R2 - L1\,u2(t) - i1(t)\,R1\,M + u1(t)\,M}{L2\,L1 - M^2}$$

Die Differentialgleichungen *DG1* und *DG2* stellen zusammen mit den Differentialgleichungen der Kondensatorspannungen das mathematische Modell des Netzes dar.

4.5 Laplace-Transformation: Netzwerksmodelle im Bildbereich

Ein Modell eines linearen Netzwerks in Form einer Übertragungsfunktion kann man ausgehend von der Differentialgleichung bzw. dem Differentialgleichungssystem durch Laplace-Transformation ermitteln oder es auf direktem Weg unter Verwendung so genannter Impedanz-Operatoren ableiten. Die letztgenannte Methode wir im Folgenden beschrieben. Mit ihr lassen sich auch Modelle komplizierter linearerer Netzwerke, die aus vielen gekoppelten Stromkreisen bestehen, relativ einfach aufstellen.

4.5.1 Impedanz-Operatoren

Die Impedanz-Operatoren Z(s) (auch operatorische Impedanzen genannt [Bön92]) gewinnt man durch Anwendung der Laplace-Transformation auf die Strom-Spannungs-Beziehungen der Grundelemente des elektrischen Netzwerkes (Tabelle 4.2 und Bild 4.12).

Tabelle 4.2 Netzwerkelemente und Impedanz-Operatoren

Element	Zeitbereich	Bildbereich	$Z(s) = U(s)/I(s)$
Widerstand R	$u(t) = R \cdot i(t)$	$U(s) = R \cdot I(s)$	$Z_R(s) = R$
Induktivität L	$u(t) = L \cdot \dfrac{di(t)}{dt}$ $i(t \le 0) = 0$	$U(s) = L \cdot s \cdot I(s) - i(-0)$ $U(s) = L \cdot s \cdot I(s)$, wenn $i(-0) = 0$	$Z_L(s) = s \cdot L$
Kapazität C	$\dfrac{du(t)}{dt} = \dfrac{1}{C} \cdot i(t)$ $t \le 0 \rightarrow u(t) = 0$	$s \cdot U(s) - u(-0) = \dfrac{1}{C} \cdot I(s)$ $s \cdot U(s) = \dfrac{1}{C} \cdot I(s)$, wenn $u(-0) = 0$	$Z_C(s) = \dfrac{1}{s \cdot C}$

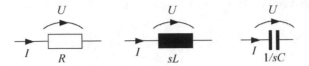

Bild 4.12 Impedanz-Operatoren

Beispiel: RLC-Netzwerk

Die Vorgehensweise beim Aufstellen der Übertragungsfunktion wird anhand des RLC-Netzwerks in Bild 4.13 beschrieben.

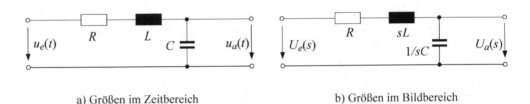

a) Größen im Zeitbereich   b) Größen im Bildbereich

Bild 4.13 RLC-Netzwerk im Zeit- und im Bildbereich

An die Stelle der Netzwerkelemente R, L und C der Schaltung (Bild 4.13 a) treten die entsprechenden Impedanz-Operatoren R, sL und $1/sC$ (Bild 4.13 b). Analog dazu sind an die Stelle der Spannungen und Ströme des Netzwerks im Zeitbereich die komplexen Amplituden der Spannungen und Ströme im Bildbereich zu setzen. Mit diesen transformierten Größen kann man nun wie in einem Gleichstromnetz rechnen. Für das obige Beispiel ergibt sich unter Verwendung der Spannungsteilerregel[1]

$$\frac{U_a(s)}{U_e(s)} = \frac{\dfrac{1}{sC}}{R + sL + \dfrac{1}{sC}} = \frac{1}{1 + sCR + s^2CL} .$$

bzw.

$$U_a(s) = (1 + sCR + s^2CL) \cdot U_e(s) .$$

Die bei der Ableitung der Impedanz-Operatoren getroffene Annahme, dass die Ströme und Spannungen im Netzwerk im Zeitraum $t \leq 0$ gleich Null seien, hat bei linearen Systemen auf die Verwendbarkeit des beschriebenen Verfahrens keinen Einfluss, da mit Hilfe des Überlagerungsprinzips auch Lösungen für die Fälle ermittelt werden können, in denen die Anfangsbedingungen ungleich Null sind.

---

[1] Die Spannungsabfälle über vom gleichen Strom durchflossenen Widerständen verhalten sich zueinander wie die entsprechenden Widerstände bzw. die Widerstandsoperatoren.

4.5.2 Modellierung gekoppelter Stromkreise

Auch für Netzwerke, die aus mehreren Maschen bestehen, kann man die Modellbildung im Bildbereich der Laplace-Transformation sehr einfach durchführen [Wun69, Bön92]. Zu beachten ist lediglich, dass die Laplace-Transformation nur bei linearen Systemen anwendbar ist.

Ausgegangen werde bei den folgenden Betrachtungen von dem in Bild 4.14 dargestellten Netzwerk. Darin sind die Z_i bzw. $Z_{i,k}$ operatorische Impedanzen gemäß Bild 4.12 bzw. Reihenschaltungen von zwei oder drei derselben. Auch alle anderen eingezeichneten Größen sind Bildfunktionen: die Maschenströme i_1, i_2, i_3 sowie die Spannungen u_1 und u_2.

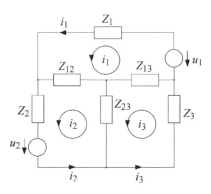

Bild 4.14 Netzwerk mit drei Maschen

Aus Bild 4.14 folgen die drei Maschengleichungen

$$M1: \quad i_1 Z_1 + (i_1 - i_2) Z_{12} + (i_1 - i_3) Z_{13} = -u_1$$
$$M2: \quad i_2 Z_2 + (i_2 - i_3) Z_{23} + (i_2 - i_1) Z_{12} = u_2 \tag{4.9}$$
$$M3: \quad i_3 Z_3 + (i_3 - i_1) Z_{13} + (i_3 - i_2) Z_{23} = 0$$

Durch Umstellung von (4.9) ergibt sich

$$M1: \quad i_1 (Z_1 + Z_{12} + Z_{13}) - i_2 Z_{12} - i_3 Z_{13} = -u_1$$
$$M2: \quad i_2 (Z_2 + Z_{12} + Z_{23}) - i_1 Z_{12} - i_3 Z_{23} = u_2 \tag{4.10}$$
$$M3: \quad i_3 (Z_3 + Z_{13} + Z_{23}) - i_1 Z_{13} - i_2 Z_{23} = 0$$

Bei den durch Klammern zusammengefassten Impedanzen handelt es sich um die Summen der Zweigimpedanzen der betreffenden Maschen, nachstehend Gesamtimpedanzen der Maschen genannt und durch die folgenden Abkürzungen bezeichnet:

$$Z_{11} = Z_1 + Z_{12} + Z_{13}$$
$$Z_{22} = Z_2 + Z_{12} + Z_{23} \qquad (4.11)$$
$$Z_{33} = Z_3 + Z_{13} + Z_{23}$$

Damit kann (4.10) in folgender Form notiert werden:

$$+i_1 Z_{11} - i_2 Z_{12} - i_3 Z_{13} = -u_1$$
$$-i_1 Z_{12} + i_2 Z_{22} - i_3 Z_{23} = u_2 \qquad (4.12)$$
$$-i_1 Z_{13} - i_2 Z_{23} + i_3 Z_{33} = 0$$

In Matrizenschreibweise geht (4.12) über in

$$\begin{pmatrix} Z_{11} & -Z_{12} & -Z_3 \\ -Z_{12} & Z_{22} & -Z_{23} \\ -Z_{13} & -Z_{23} & Z_{33} \end{pmatrix} \cdot \begin{pmatrix} i_1 \\ i_2 \\ i_3 \end{pmatrix} = \begin{pmatrix} -u_1 \\ u_2 \\ 0 \end{pmatrix} \qquad (4.13)$$

bzw. in Kurzform

$$\mathbf{Z} \cdot \mathbf{i} = \mathbf{u} \quad \text{mit} \qquad (4.14)$$

$\mathbf{Z}$ ... Maschenimpedanz-Matrix

$\mathbf{i}$ ... Spaltenmatrix der Bildfunktionen der Maschenströme

$\mathbf{u}$ ... Spaltenmatrix der Bildfunktionen der Quellenspannungen

Die Maschenimpedanz-Matrix $\mathbf{Z}$ ist charakterisiert durch folgende Merkmale:

1. Die Hauptdiagonale wird durch die Gesamtimpedanzen der Maschen gebildet.
2. In den Nebendiagonalen stehen die Impedanzen $Z_{i,k}$, die die Maschen i und k gemeinsam haben (auch Koppelimpedanzen genannt). Sie haben bei gegenläufigen Umlaufrichtungen der beiden Maschenströme ein negatives Vorzeichen, bei gleichem Umlaufsinn ist ihr Vorzeichen positiv.
3. Die Matrix ist symmetrisch.

Damit kann die Maschenimpedanz-Matrix auf direktem Weg aus dem Netzwerk „abgelesen" werden, d. h. das Aufstellen der Maschengleichungen kann entfallen.

Gleichung (4.14), nach der Spaltenmatrix der Maschenströme umgestellt, ergibt

$$\mathbf{i} = \mathbf{Z}^{-1} \cdot \mathbf{u} \qquad (4.15)$$

Mit Unterstützung von Maple ist die Inversion der Matrix $\mathbf{Z}$ leicht zu bewerkstelligen, ebenso auch die Berechnung des Stromvektors $\mathbf{i}$ durch Multiplikation der invertierten Matrix mit dem Vektor $\mathbf{u}$ der Quellenspannungen. Durch Anwendung der inversen Laplace-Transformation erhält man dann den Zeitverlauf der Maschenströme. An zwei Beispielen soll das beschriebene Verfahren verdeutlicht werden. Um Vergleiche zu ermöglichen, werden dazu Netzwerke gewählt, für die bereits eine Lösung berechnet wurde.

Beispiel: Netzwerk 1 (siehe Abschn. 4.2)

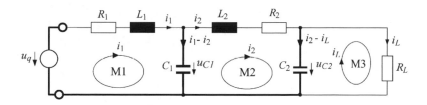

Bild 4.15 Netzwerk 1

Aus Bild 4.15 lassen sich die Gesamtimpedanzen der Maschen und ihre Koppelimpedanzen ablesen. Für die weiteren Berechnungen wird nun sofort Maple genutzt.

```
> Z11:= R1+s*L1+1/(s*C1):
```
```
> Z22:= R2+s*L2+1/(s*C1)+1/(s*C2):
```
```
> Z33:= RL+1/(s*C2):
```
```
> Z12:= -1/(s*C1):
```
```
> Z23:= -1/(s*C2):
```

Aufstellen der Impedanzmatrix:

```
> Z:= Matrix([[Z11,Z12,0],[Z12,Z22,Z23],[0,Z23,Z33]]);
```

$$
Z := \begin{bmatrix} R1 + s\,L1 + \dfrac{1}{s\,C1} & -\dfrac{1}{s\,C1} & 0 \\[2ex] -\dfrac{1}{s\,C1} & R2 + s\,L2 + \dfrac{1}{s\,C1} + \dfrac{1}{s\,C2} & -\dfrac{1}{s\,C2} \\[2ex] 0 & -\dfrac{1}{s\,C2} & RL + \dfrac{1}{s\,C2} \end{bmatrix}
$$

Quellspannungsvektor und Maschenstromvektor festlegen:

```
> U:= Vector([uq,0,0]); i:= Vector([i1,i2,iL]);
```

$$
U := \begin{bmatrix} uq \\ 0 \\ 0 \end{bmatrix} \qquad i := \begin{bmatrix} i1 \\ i2 \\ iL \end{bmatrix}
$$

Es folgt die Darstellung des Netzwerksmodells im Bildbereich. Für die Multiplikation von Matrizen ist in Maple das Operationszeichen Punkt zu verwenden.

```
> GL:= Z.i = U;
```

$$
GL := \begin{bmatrix} \left(R1 + s\,L1 + \dfrac{1}{s\,C1}\right) i1 - \dfrac{i2}{s\,C1} \\[2mm] -\dfrac{i1}{s\,C1} + \left(R2 + s\,L2 + \dfrac{1}{s\,C1} + \dfrac{1}{s\,C2}\right) i2 - \dfrac{iL}{s\,C2} \\[2mm] -\dfrac{i2}{s\,C2} + \left(RL + \dfrac{1}{s\,C2}\right) iL \end{bmatrix} = \begin{bmatrix} uq \\ 0 \\ 0 \end{bmatrix}
$$

Für die Berechnung der Inversen der Impedanzmatrix **Z** wird eine Funktion des Pakets LinearAlgebra verwendet:

```
> with(LinearAlgebra):   Zinv:= MatrixInverse(Z):
```

Die symbolische Darstellung der invertierten Matrix ist sehr umfangreich und auch die weiteren Ergebnisse sind in dieser Form nicht sehr aufschlussreich. Daher werden für die weitere Rechnung Parameterwerte vorgegeben.

```
> R1:=10: R2:= 5: RL:= 10: L1:=0.1: L2:= 0.04: C1:= 0.005:   C2:= 0.1:
> uq:= 10/s:  # Bildfunktion der angelegten Spannung
```

Vektor der Maschenströme im Bildbereich berechnen:

```
> i:= Zinv.U;
```

$$
i := \begin{bmatrix} \dfrac{10\left(0.02520\,s^2 + 1.075\,s + 0.000200\,s^3 + 1\right)}{\left(0.39950\,s^2 + 15.890\,s + 0.004520\,s^3 + 25 + 0.0000200\,s^4\right) s} \\[4mm] \dfrac{10\left(1.0\,s + 1\right)}{\left(0.39950\,s^2 + 15.890\,s + 0.004520\,s^3 + 25 + 0.0000200\,s^4\right) s} \\[4mm] \dfrac{10}{\left(0.39950\,s^2 + 15.890\,s + 0.004520\,s^3 + 25 + 0.0000200\,s^4\right) s} \end{bmatrix}
$$

Transformation des Stromvektors **i** in den Zeitbereich und graphische Darstellung der Maschenströme:

```
> with(inttrans): interface(displayprecision=4):
> it:= map(invlaplace,i,s,t);
```

$$
\begin{aligned}
it := & \big[\,[\,-0.5160\,e^{-108.3255\,t} + (-0.0872 + 0.2844\,\mathrm{I})\,e^{(-58.0174 - 60.5935\,\mathrm{I})\,t} + (\\
& -0.0872 - 0.2844\,\mathrm{I})\,e^{(-58.0174 + 60.5935\,\mathrm{I})\,t} + 0.2903\,e^{-1.6397\,t} + 0.4000\,], \\
& [\,-0.7486\,e^{-108.3255\,t} + (0.0409 - 0.6264\,\mathrm{I})\,e^{(-58.0174 - 60.5935\,\mathrm{I})\,t} + (0.0409 \\
& + 0.6264\,\mathrm{I})\,e^{(-58.0174 + 60.5935\,\mathrm{I})\,t} + 0.2669\,e^{-1.6397\,t} + 0.4000\,], \\
& [\,0.0070\,e^{-108.3255\,t} + (0.0051 + 0.0055\,\mathrm{I})\,e^{(-58.0174 - 60.5935\,\mathrm{I})\,t} + (0.0051 \\
& - 0.0055\,\mathrm{I})\,e^{(-58.0174 + 60.5935\,\mathrm{I})\,t} - 0.4173\,e^{-1.6397\,t} + 0.4000\,]\,\big]
\end{aligned}
$$

```
> Optionen:= gridlines, linestyle=[solid,dot,dash], color=[blue]:
```

```
> plot([it[1],it[2],it[3]], t=0..0.2, Optionen,
      legend=(["i1","i2","iL"]));
```

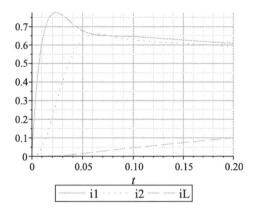

Zur Berechnung der Kondensatorspannungen u_{C1} und u_{C2} wird nochmals auf Ergebnisse im Bildbereich zurückgegriffen. Aus

$$\frac{du_{C1}}{dt} = \frac{i_{C1}}{C_1} = \frac{i_1 - i_2}{C_1}$$

folgt durch Laplace-Transformation bei verschwindenden Anfangsbedingungen

$$s \cdot u_{C1}(s) = \frac{i_1(s) - i_2(s)}{C_1}$$

und damit

$$u_{C1}(s) = \frac{i_1(s) - i_2(s)}{s \cdot C_1} \quad \text{sowie analog} \quad u_{C2}(s) = \frac{i_2(s) - i_L(s)}{s \cdot C_2}$$

```
> i1:= i[1]: i2:= i[2]: iL:= i[3]:   # Ströme im Bildbereich
> uc1(s):= (i1-i2)/(s*C1):
> uc2(s):= (i2-iL)/(s*C2):
> uc1(t):= invlaplace(uc1(s),s,t):
> uc2(t):= invlaplace(uc2(s), s, t):
> plot([uc1(t),uc2(t)], t=0..0.2, Optionen, legend=["uc1","uc2"]);
```

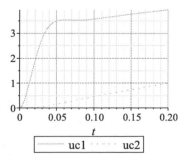

Beispiel: Netzwerk mit abhängiger Kapazität (siehe 4.3)

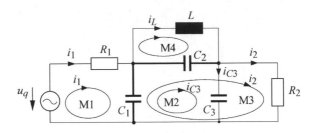

Bild 4.16 Netzwerk mit abhängiger Kapazität

Dick gezeichnet ist im Bild 4.16 der Normalbaum. Bei diesem Beispiel ist zu beachten, dass die Maschenströme i_2 und i_{C3} in den Koppelimpedanzen der zugehörigen Maschen die gleiche Richtung haben und diese Koppelimpedanzen daher mit positivem Vorzeichen in die Impedanzmatrix eingehen.

Operatorische Gesamtimpedanzen und Koppelimpedanzen:

```
> Z11:= R1+1/(s*C1):
> Z22:= 1/(s*C1)+1/(s*C2)+1/(s*C3):
> Z33:= R2+1/(s*C1)+1/(s*C2):
> Z44:= s*L+1/(s*C2):
> Z12:= -1/(s*C1):
> Z13:= -1/(s*C1):
> Z14:= 0:
> Z23:= +1/(s*C2)+1/(s*C1):
> Z24:= -1/(s*C2):
> Z34:= -1/(s*C2):
```

Aufstellen der Impedanzmatrix:

```
> Z:= Matrix([[Z11,Z12,Z13,Z14],[Z12,Z22,Z23,Z24],[Z13,Z23,Z33,Z34],
      [Z14,Z24,Z34,Z44]]);
```

$$
Z := \begin{vmatrix}
R1 + \dfrac{1}{s\,C1} & -\dfrac{1}{s\,C1} & -\dfrac{1}{s\,C1} & 0 \\[2ex]
-\dfrac{1}{s\,C1} & \dfrac{1}{s\,C1} + \dfrac{1}{s\,C2} + \dfrac{1}{s\,C3} & \dfrac{1}{s\,C2} + \dfrac{1}{s\,C1} & -\dfrac{1}{s\,C2} \\[2ex]
-\dfrac{1}{s\,C1} & \dfrac{1}{s\,C2} + \dfrac{1}{s\,C1} & R2 + \dfrac{1}{s\,C1} + \dfrac{1}{s\,C2} & -\dfrac{1}{s\,C2} \\[2ex]
0 & -\dfrac{1}{s\,C2} & -\dfrac{1}{s\,C2} & s\,L + \dfrac{1}{s\,C2}
\end{vmatrix}
$$

Quellspannungsvektor und Maschenstromvektor festlegen:

```
> U:= Vector([uq,0,0,0]);  i:= Vector([i1,iC3,i2,iL]);
```

$$U := \begin{bmatrix} uq \\ 0 \\ 0 \\ 0 \end{bmatrix} \qquad i := \begin{bmatrix} i1 \\ iC3 \\ i2 \\ iL \end{bmatrix}$$

Inverse der Impedanz-Matrix bestimmen und Parameterwerte einführen:

```
> with(LinearAlgebra):
> Zinv:= MatrixInverse(Z):
> R1:=2: R2:= 10: L:=0.1:  C1:= 0.1:  C2:= 0.1: C3:= 1:
> uq:= 10/s:  # Bildfunktion der angelegten Spannung
```

Vektor der Maschenströme im Bildbereich berechnen:

```
> i:= Zinv.U;
```

$$i := \begin{bmatrix} \dfrac{10\left(0.210\,s^3 + 0.02\,s^2 + 11.0\,s + 1\right)}{\left(0.420\,s^3 + 1.14\,s^2 + 22.1\,s + 12\right)s} \\[2ex] \dfrac{100\left(0.01\,s^2 + 1\right)}{0.420\,s^3 + 1.14\,s^2 + 22.1\,s + 12} \\[2ex] \dfrac{10\left(0.01\,s^2 + 1\right)}{\left(0.420\,s^3 + 1.14\,s^2 + 22.1\,s + 12\right)s} \\[2ex] \dfrac{10\left(10\,s + 1\right)}{\left(0.420\,s^3 + 1.14\,s^2 + 22.1\,s + 12\right)s} \end{bmatrix}$$

Transformation von **i** in den Zeitbereich und Darstellung der Ergebnisse:

```
> with(inttrans):
> it:= map(invlaplace,i,s,t);
```

$$\begin{aligned}
it := \Big[&\big[(-0.0969 - 0.7675\,\mathrm{I})\,e^{(-1.0793 - 7.0891\,\mathrm{I})\,t} + (-0.0969 \\
&+ 0.7675\,\mathrm{I})\,e^{(-1.0793 + 7.0891\,\mathrm{I})\,t} + 4.3606\,e^{-0.5557\,t} + 0.8333\big], \\
&\big[(-1.1728 - 0.4491\,\mathrm{I})\,e^{(-1.0793 - 7.0891\,\mathrm{I})\,t} + (-1.1728 \\
&+ 0.4491\,\mathrm{I})\,e^{(-1.0793 + 7.0891\,\mathrm{I})\,t} + 4.7266\,e^{-0.5557\,t}\big], \\
&\big[(0.0087 - 0.0152\,\mathrm{I})\,e^{(-1.0793 - 7.0891\,\mathrm{I})\,t} + (0.0087 \\
&+ 0.0152\,\mathrm{I})\,e^{(-1.0793 + 7.0891\,\mathrm{I})\,t} - 0.8506\,e^{-0.5557\,t} + 0.8333\big], \\
&\big[(-2.3487 - 0.2062\,\mathrm{I})\,e^{(-1.0793 - 7.0891\,\mathrm{I})\,t} + (-2.3487 \\
&+ 0.2062\,\mathrm{I})\,e^{(-1.0793 + 7.0891\,\mathrm{I})\,t} + 3.8640\,e^{-0.5557\,t} + 0.8333\big]\Big]
\end{aligned}$$

```
> Optionen:= gridlines,linestyle=[solid,solid,dot,dot],
            color=[blue,black]:
> plot([it[1],it[2],it[3],it[4]],t=0..5,Optionen,
        legend=(["i1","iC3","i2","iL"]));
```

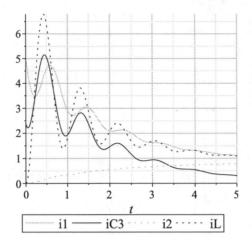

4.6   Modellierung realer Bauelemente elektrischer Systeme

4.6.1 Spulen, Kondensatoren und technische Widerstände

Die in den bisherigen Beispielen verwendeten Induktivitäten, Kapazitäten und Widerstände waren ideale Elemente und daher in einer technischen Realisierung nur näherungsweise mit Spulen, Kondensatoren und technische Widerständen gleichzusetzen. Umgekehrt erfordert die Modellierung eines aus technischen Widerständen, Spulen und Kondensatoren aufgebauten Netzwerks manchmal eine aufwändigere Nachbildung, als sie die einfache Ersetzung durch ohmsche Widerstände, Induktivitäten und Kapazitäten darstellt.

Eine **Spule** verfügt immer auch über einen ohmschen Widerstand. Außerdem bestehen zwischen den Windungen der Spule und zwischen der Spule und ihrem Eisenkern bzw. ihrer Abschirmung Kapazitäten, also zusätzlicher Energiespeicher. Die Eigenschaften einer technischen Induktivität – einer Spule – kann man daher auch durch das in Bild 4.17 dargestellte Ersatzschaltbild beschreiben, sie verhält sich also wie ein Parallelschwingkreis, der normalerweise weit unterhalb der Resonanzfrequenz betrieben wird.

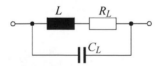

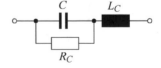

Bild 4.17
Ersatzschaltbild einer Spule
(technische Induktivität) [Mein49]

Bild 4.18
Ersatzschaltbild eines Kondensators
(technische Kapazität) [Mein49]

Die Größe der Parallelkapazität im Bild 4.17 ist von der Bauart der Spule abhängig und ihr Einfluss auf das Gesamtsystem wird durch die Frequenz, mit der die Spule betrieben wird, bestimmt. Je nach Netzfrequenz sind deshalb unterschiedliche Ersatzschaltbilder sinnvoll. Bei Spulen mit Eisenkern muss man unter Umständen auch die Eisenverluste berücksichtigen.

Auch **Kondensatoren** lassen sich bei genauer Betrachtung nicht nur mit Hilfe von Kapazitäten beschreiben. Durch Umladungsprozesse im Dielektrikum entstehen ohmsche Verluste und der Ladestrom eines Kondensators bildet auch ein elektromagnetisches Feld aus, d. h. die Leiter, die die Kapazität bilden und die Zuleitungen des Kondensators bringen auch eine induktive Komponente in das System. Eine technische Kapazität kann man daher durch das in Bild 4.18 gezeigte Schaltbild modellieren.

Technische Widerstände besitzen je nach Bauform neben der ohmschen Komponente mehr oder weniger große induktive und kapazitive Anteile. Bei in Spulenform gewickelten Drahtwiderständen ist vor allem mit einer zusätzlichen Induktivität zu rechnen, die man sich in Reihe mit dem Wirkwiderstand liegend denken kann. Dagegen sind Schichtwiderstände bis ins Ultrakurzwellengebiet induktionsfrei. Bei sehr großen Widerständen dieser Art bestehen allerdings zwischen einzelnen Teilen des Widerstands und gegenüber der Umgebung Streukapazitäten, die durch eine zum Wirkwiderstand parallel geschaltete Ersatzkapazität nachgebildet werden kann.

Die in den Bildern 4.17 und 4.18 dargestellten Ersatzschaltungen sind auch wiederum nur Näherungen und beschreiben die wirklichen Verhältnisse nie umfassend. Beispielsweise ist bei sehr hohen Frequenzen als Modell eines großen Schichtwiderstandes u. U. eine Ersatzschaltung gemäß Bild 4.19 angebracht.

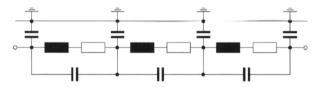

Bild 4.19 Modell eines Schichtwiderstands bei sehr hohen Frequenzen [Mein49]

Je höher die Frequenz, desto feiner ist dabei die Unterteilung zu wählen. Wie genau die Nachbildung eines Netzwerkelements sein muss, hängt letztlich davon ab, welchen Einfluss die Vernachlässigungen bei der Modellbildung auf das zu erwartende Ergebnis haben. Diese Frage ist also aufgabenabhängig von Fall zu Fall zu entscheiden und gegebenenfalls sind auch Vergleichsrechnungen mit verschieden genauen Nachbildungen notwendig, um die Zulässigkeit von Modellvereinfachungen zu prüfen.

4.6.2 Magnetisierungskennlinie und magnetische Sättigung

Die in den vorangegangenen Beispielen mehrfach getroffene Annahme einer konstanten Induktivität der Drosselspulen ist in der Praxis häufig nicht haltbar, da sie den nichtlinearen Zusammenhang zwischen magnetischer Feldstärke H und magnetischer Induktion B bzw. zwischen Strom i und Induktivität L nicht berücksichtigt. Dieser kann dann nicht mehr vernachlässigt werden, wenn die Spulen, Transformatoren und andere elektrische Maschinen auch im Sättigungsbereich des Magnetmaterials arbeiten. Allerdings ist die analytische Behandlung der Vorgänge im gesättigten Eisen mit der Schwierigkeit verknüpft, dass sich der Verlauf der Magnetisierungskurve mathematisch nicht einfach beschreiben lässt. Häufig wird die Kennlinie anhand ausgewählter Stützpunkte approximiert, beispielsweise mit einer Spline-Funktion (siehe 2.8 und 3.4.1). Diese abschnittsweise Beschreibung durch verschiedene Funktionen ist für numerische Rechnungen gut geeignet. Numerische Rechnungen haben aber den Nachteil, dass ihre Ergebnisse nur für einen speziellen Fall gültig sind und dass man daraus keine qualitativen Aussagen über die grundsätzlichen Erscheinungen in dem betrachteten technischen System treffen kann. Es werden deshalb trotz der genannten Schwierigkeit immer wieder mathematische Standardfunktionen für die Approximation von Magnetisierungskennlinen verwendet, um über eine geschlossene Beschreibung des zu analysierenden Systems zumindest zu qualitativen Aussagen zu kommen, die dann ggf. durch numerische Rechnungen präzisiert werden können. Bei einer solchen Vorgehensweise kann man bezüglich der Genauigkeit der analytischen Beschreibung einige Einschränkungen zulassen.

Modellierung von H = H(B) mit der Hyperbelsinus-Funktion

Sofern die Mehrdeutigkeit der Magnetisierungskurve und damit die Hystereseverluste vernachlässigt werden können, ist ein Vorschlag von Ollendorff [Oll28] anwendbar. Dieser geht davon aus, dass eine Funktion zur analytischen Beschreibung der Magnetisierungskennlinie dann gut geeignet ist, wenn sie die folgenden Eigenschaften hat:

1. In der Umgebung des Ursprunges muss die Funktion linear sein.
2. Die Funktion muss eine ungerade Funktion sein, also zugleich mit dem Vorzeichenwechsel der unabhängigen Variablen das Vorzeichen umkehren.
3. Sie muss den Sättigungscharakter des Eisens ausdrücken.

Alle diese Eigenschaften erfüllt die Approximation der Feldstärke H durch eine hyperbolische Sinusfunktion mit der Induktion B als Argument. *Ollendorff* bezieht für seine weiteren Betrachtungen Feldstärke und Induktion auf gewählte „Normalwerte" H_n und B_n und kommt schließlich zu dem einfachen Ausdruck $h = sinh(b)$ mit der numerischen Feldstärke h und der numerischen Induktion b. In [Oll28] und auch in [Her08] werden die entsprechenden Herleitungen beschrieben. Im Folgenden wird jedoch ein modifizierter Ansatz mit dem Modell

$$H = a \cdot B + b \cdot \sinh\left(c \cdot B\right) \tag{4.16}$$

gewählt, wobei die Parameter a, b und c mit Hilfe von Maple so bestimmt werden, dass die Abweichung gegenüber einer durch Stützpunkte vorgegebenen Magnetisierungskennlinie möglichst klein ist. Für diese Approximationsaufgabe wird der Befehl **Fit** des Maple-Pakets **Statistics** verwendet.[1] **Fit** führt die Anpassung an das vorgegebene Modell mit Hilfe der Methode der kleinsten Quadrate durch. Die syntaktische Form des Befehls lautet

Fit(f, X, Y, v, optionen)

f   algebraische Funktion, Modell
X   Vektor oder Matrix mit Werten der unabhängigen Variablen
Y   Vektor mit Werten der abhängigen Variablen
v   Name oder Liste; Name(n) der unabhängigen Variablen

---

[1] In älteren Maple-Versionen steht für diese Aufgabe nur das Paket **stat** mit dem Befehl **fit** zur Verfügung. Die Syntax der Befehle **fit** und **Fit** ist unterschiedlich.

Ohne Angabe von Optionen liefert **Fit** nur das angepasste Modell. Bei Verwendung der Option

  output = Ausgabewert

kann man u. a. auch Informationen erhalten, die die Qualität der Anpassung beschreiben. Beispiele dafür sind

output = residuals	Vektor der Residuen
output = residualsumofsquares	Quadratsumme der Residuen
output = degreesoffreedom	Zahl der Freiheitsgrade
output = residualmeansquare	Quadratsumme der Residuen/Zahl der Freiheitsgrade
output = residualstandarddeviation	Standardabweichung der Residuen (Quadratwurzel aus residualmeansquare)

Unterschiedliche Wichtungen der Stützpunkte werden mit der Option **weigths** berücksichtigt.

  weigths = Gewichte; Vektor mit positiven Elementen; gleiche Länge wie X bzw. Y

Der Befehl **Fit** akzeptiert als Modellfunktion nur algebraische Ausdrücke. Das Paket **Statistics** verfügt jedoch auch über Befehle für die Anpassung von Modellen mit Exponentialfunktionen $y = a \cdot b^x$, Potenzfunktionen $y = a \cdot x^b$, logarithmischen Funktionen $y = a + b \cdot \ln(x)$ und anderen.

Beispiel: Magnetisierungskurve H(B) für kalt gewalztes, kornorientiertes Blech

```
> restart: with(plots): with(Statistics):
```
Notierung der Stützstellen B und der zugehörigen Stützwerte H in Form zweier Listen:
```
> Bdata:= [0,1.6,1.8,1.9,2.0,2.1]:      # Liste der B-Werte
> Hdata:= [0,500,1000,2000,4000,9000]:  # Liste der H-Werte
```
Anpassung der sinh-Funktion:
```
> H:= Fit(a*B+b*sinh(c*B), Bdata, Hdata, B);
Warning, limiting number of iterations reached
```
$$H := 182.6573 \, B + 0.0004 \, \sinh(8.3282 \, B)$$

Eine graphische Darstellung soll einen ersten Eindruck von der Güte der Anpassung vermitteln.

```
> mkqplot:= plot(H, B=-2.1..2.1, gridlines):
> dataplot:= plot(Bdata, Hdata, style=point, symbolsize=14):
> display(dataplot,mkqplot,labels=["B","H"],
          labelfont=[TIMES,12,BOLD]);
```

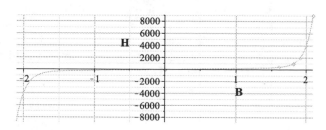

Offensichtlich ist die Anpassung schon recht gut, allerdings lässt die ausgegebene Warnung vermuten, dass noch eine Verbesserung möglich sein könnte. Experimente mit unterschiedlichen Werten des Parameters c ergaben, dass sich der geringste Werte der Standardabweichung der Residuen für $c = 8{,}72$ ergibt. Zur genaueren Kontrolle werden auch die Residuen der H-Werte berechnet.

```
> R:= Fit(a*B+b*sinh(8.72*B), Bdata, Hdata, B,
        output=[residuals,residualstandarddeviation]);
```

$$R := \left[\left[\; -7.3008\;10^{-13}\quad 10.7129\quad -49.3239\quad 62.6257\quad -28.1996\quad 4.3109\;\right],\; 42.6714\right]$$

Der Vergleich der Residuen mit den vorgegebenen H-Werten zeigt eine relativ gute Anpassung. Für den gefundenen Wert des Parameters c wird nun die Funktion $fH=H(B)$ bestimmt:

```
> H:= Fit(a*B+b*sinh(8.72*B), Bdata, Hdata, B);
```

$$H := 237.9513\,B + 0.0002\,\sinh(8.7200\,B)$$

```
> fH:= unapply(H,B);
```

$$fH := B \rightarrow 237.9513\,B + 0.0002\,\sinh(8.7200\,B)$$

Zur Kontrolle werden die Residuen und deren Standardabweichung noch auf einem anderen Weg berechnet. Für die Standardabweichung gilt die Formel

$$SA = \sqrt{\frac{1}{n-p}\sum_{k=1}^{n}\left(x-\hat{x}\right)^2}$$

Dabei ist n die Anzahl der Stützpunkte, p die Zahl der mit diesen berechneten Parameter bzw. $f = n-p$ die Zahl der Freiheitsgrade. Der folgende **map**-Befehl wendet die Funktion fH auf alle B-Werte der Liste $Bdata$ an, berechnet also die zugehörigen approximierten H-Werte.

```
> appH:= map(fH,Bdata);    # approximierte Werte
```

$$appH := \left[0.0000,\; 489.2871,\; 1049.3239,\; 1937.3743,\; 4028.1996,\; 8995.6891\right]$$

Die Residuen ergeben sich als Differenzen von vorgegebenen und approximierten H-Werten.

```
> R:= Hdata-appH;         # Residuen
```

$$R := \left[0.0000,\; 10.7129,\; -49.3239,\; 62.6257,\; -28.1996,\; 4.3109\right]$$

```
> QR:= seq(R[i]^2, i=1..6):  # Quadrate der Residuen
> SA:= sqrt(sum(QR[k],k=1..6)/4); # Zahl der ermittelten Parameter p=2
        # (a und b), Zahl der Freiheitsgrade daher 6-2=4
```

$$SA := 42.6714$$

Es ist einleuchtend, dass die Qualität der Anpassung der sinh-Funktion i. Allg. schlechter wird, wenn man den Bereich, für den die Anpassung erfolgen soll, vergrößert. Für die Modellierung sehr großer Bereiche der Magnetisierungskennlinie muss man daher entweder auf Genauigkeit verzichten oder eine andere Art der Modellierung, beispielsweise die Spline-Interpolation, wählen. Unter Umständen kann man die Anpassung auch durch unterschiedliche Wichtung der Stützpunkte verbessern, d. h. durch Nutzung der Option **weights**.

Modellierung von H = H(B) mit Spline-Funktionen

Die Approximation einer in Form von Stützpunkten vorgegebenen Magnetisierungskennlinie durch mehrere analytische Funktionen, von denen jede nur zwischen zwei Stützpunkten gültig ist, erlaubt eine wesentlich bessere Anpassung, als sie bei nur einer Funktion möglich wäre. Für das folgende Bespiel werden kubische Splines (siehe 2.8.4) verwendet. Diese stimmen auf jedem Teilintervall $[B_i, B_{i+1}]$ (d. h. zwischen zwei Stützstellen) mit einem kubischen Polynom überein.

Beispiel: Magnetisierungskurve H(B) für Dynamoblech

```
> restart: with(plots, display):
> interface(displayprecision=4):
```

Stützpunkte:

```
> Hdata:= [-120000,-57000,-31000,-20000,-13000,-7500,-4000,-2000,
           -1100,-700,-500,-300,-200,0,200,300,500,700,1100,2000,
           4000,7500,13000,20000,31000,57000,120000]:
> Bdata:= [-2.2,-2.1,-2.0,-1.9,-1.8,-1.7,-1.6,-1.5,-1.4,-1.3,-1.2,
           -1.0,-0.8,0,0.8,1.0,1.2,1.3,1.4,1.5,1.6,1.7,1.8,1.9,
           2.0,2.1,2.2]:
```

Berechnung der Spline-Funktionen:

```
> with(CurveFitting):
> H:= Spline(Bdata, Hdata, B, degree=3):
```

$$H := \begin{cases} 1.4620 \cdot 10^6 + 7.1909 \cdot 10^5 \cdot B - 8.9087 \cdot 10^6 (B - 2.2000)^3 & B < -2.1000 \\ 8.9183 \cdot 10^5 - 4.5183 \cdot 10^5 \cdot B - 2.6726 \cdot 10^6 (B + 2.1000)^2 + 7.5435 \cdot 10^6 (B + 2.1000)^3 & B < -2.0000 \\ 2.5622 \cdot 10^5 + 1.4361 \cdot 10^5 \cdot B - 4.0957 \cdot 10^5 (B + 2.0000)^2 - 7.3485 \cdot 10^5 (B + 2.0000)^3 & B < -1.9000 \\ \dots \end{cases}$$

Das Ergebnis wird hier aus Platzgründen nur andeutungsweise dargestellt.

Bildung der Funktion *fH* = *H*(*B*):

```
> fH:= unapply(H,B);
```

$$fH := B \rightarrow piecewise(B < -2.1000, \ 1.4620 \cdot 10^6 + 7.1909 \cdot 10^5 B - 8.9087 \cdot 10^6 (B + 2.2000)^3, \dots)$$

Aus dem schon genannten Grund wird auch auf die vollständige Darstellung dieser Funktion verzichtet.

```
> dataplot:= plot(Bdata, Hdata, style=point, symbolsize=14):
> splineplot:= plot(fH, -2..2, gridlines):
> display(dataplot, splineplot, labels=["B","H"]);
```

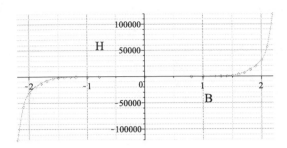

Bei manchen Anwendungen wird die Ableitung $dH(B)/dB$ der Magnetisierungsfunktion benötigt. Diese kann auch von Funktionen, die mit **piecewise** definiert wurden, ermittelt werden.

```
> dH:= D(fH):
```

$$dH := B \rightarrow piecewise(B < -2.1000, 7.1909 \cdot 10^5 - 2.6726 \cdot 10^7 (2.2000 - B)^2, B = -2.1000, Float(undefined), \dots)$$

```
> plot(dH,-2.2..2.2, numpoints=2000, labels=["B","dH"]);
```

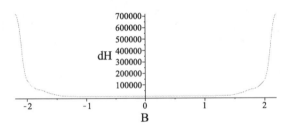

Generell ist zu beachten, dass bei einer Approximation mittels Interpolation die Funktionswerte nur an den Stützstellen genau mit den Werten der nachzubildenden Funktion übereinstimmen und zwischen den Stützpunkten erhebliche Abweichungen auftreten können, wenn Interpolationsfunktion und Stützstellen nicht sorgfältig gewählt werden. Noch krasser machen sich ungenügende Anpassungen bei den Ableitungen von Interpolationsfunktionen bemerkbar. Eine graphische Kontrolle der Ergebnisse ist daher immer wichtig. Keinesfalls sollten durch Interpolation gewonnene Funktionen extrapolativ, d. h. über den Bereich der Stützstellen hinaus, verwendet werden. Dass besonders die Ränder der Spline-Funktionen sehr kritisch betrachtet werden müssen, zeigt die obige Graphik $dH = f(B)$. Lediglich bei Spline-Funktionen 1. Grades bilden sich an den Rändern keine Schwingungen aus, so dass eine Extrapolation im Fall der Magnetisierungkennlinie im gesättigten Bereich vertretbar sein kann.

An den Knotenpunkten der Funktion, den vorgegebenen Stützpunkten, ist die Ableitungsfunktion nicht definiert. Die Wahrscheinlichkeit, dass bei einer nachfolgenden Rechnung Argumente benutzt werden, die mit Werten der Liste *Bdata* identisch sind, ist allerdings äußerst gering. Sollen jedoch Fehlermeldungen generell ausgeschlossen werden, dann müsste man in das Programm eine Prüfung des Arguments B mit dem Befehl **type** einfügen und B gegebenenfalls durch Addition eines sehr geringen Betrags modifizieren.

```
> type(dH(1.30), NumericClass(Float(undefined)));
```

$$true$$

4.6.3 Sonstige Elemente elektrischer Systeme

Elektrische Einrichtungen existieren für sehr unterschiedliche Aufgaben. Bauelemente und Baugruppen der Energietechnik unterliegen vollkommen anderen Anforderungen als solche der Nachrichten- oder Hochfrequenztechnik und unterscheiden sich auch in Bauform und Größe sehr stark. Diese Verschiedenartigkeiten müssen selbstverständlich in den Modellen der jeweiligen Bauelemente zum Ausdruck kommen. Es ist daher unmöglich, ein Standardmodell beispielsweise für den Transformator vorzugeben. Vielmehr muss von Fall zu Fall genau geprüft werden, welches Modell unter den speziellen Bedingungen die Wirklichkeit ausreichend genau beschreibt. „Ausreichend genau" heißt, dass die mit ihm durchgeführten Untersuchungen nicht zu falschen Ergebnissen führen, dass aber andererseits das Modell auch nicht aufwändiger bzw. komplizierter ist als nötig.

Wesentlich für die Gestaltung der Modelle mit konzentrierten Elementen sind unter Umständen auch der Zeitraum, über den die Untersuchung laufen soll, und die Netzfrequenz. Das ergibt sich aus den Ausführungen unter 4.6.4. Ist der Zeitraum so klein, dass die reflektierte Wanderwelle den Ort der Schalthandlung nicht mehr erreicht, können entfernte Netzteile vereinfacht dargestellt werden [SlaWa72].

Im konkreten Fall wird die Lösung einer Modellierungsaufgabe daher fast immer spezielle theoretische und praktische Untersuchungen sowie ein gründliches Literaturstudium erfordern. Ansatzpunkte für die Modellierung von Motoren sowie Hinweise auf weiterführende Literatur sind u. a. in [MüG95, Schr09, NüHa00, Bud01, Mrug89, Floc99 und Beck03] zu finden. Die Modellierung von Leitungen und Transformatoren in Nieder- und Hochspannungsnetzen behandeln u. a. [SlaWa72, Rüd74, Her08 und Miri00]. Mit dem Lichtbogen als zusätzliches Element bei Ausschaltvorgängen in Elektroenergiesystemen befassen sich [Rüd74 und Her03] ausführlich. Einige Anregungen findet der Leser auch in den Beispielen des Kapitels 6.

4.6.4 Konzentrierte oder verteilte Parameter?

Alle bisherigen Betrachtungen bezogen sich auf elektrische Netze mit konzentrierten Elementen. Genau betrachtet sind aber Ausgleichsvorgänge in elektrischen Netzen immer auch ortsabhängig, weil sich alle elektromagnetischen Erscheinungen nur mit endlicher Geschwindigkeit, maximal mit Lichtgeschwindigkeit, ausbreiten können. Die Modellierung elektrischer Systeme durch Netzwerke mit konzentrierten Elementen ist daher nur eine Annäherung an die Wirklichkeit und führt in bestimmten Fällen zu falschen Ergebnissen. Bei sehr langen Leitungen bzw. hohen Frequenzen kann man die Ortsabhängigkeit nicht mehr vernachlässigen. In Anlehnung an [Bön92] und [Rüd62] soll das am Beispiel des Schaltens einer Gleichspannung auf eine Leitung der Länge l beschrieben werden (Bild 4.20).

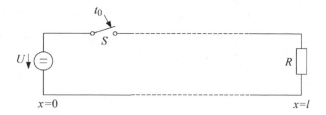

Bild 4.20 Einschalten über eine Leitung der Länge l

Zum Zeitpunkt $t = t_0$ werde der Schalter S geschlossen. Dadurch kommt es zum Aufbau eines (dreidimensionalen) elektrischen Feldes zwischen den Leitungsdrähten und in deren Umgebung, das sich ebenso wie die Quellenspannung U mit der Geschwindigkeit v von der Stelle $x = 0$ der Leitung bis zur Stelle $x = l$ ausbreitet. Damit verbunden ist die Ausbildung eines Stromes i in der Leitung, der wiederum ein dreidimensionales magnetisches Feld in der Leitung und deren Umgebung hervorruft. Alle diese elektrodynamischen Erscheinungen „wandern" gemäß der Maxwellschen Theorie als Welle entlang der Leitung und haben erst nach der Laufzeit $\tau = l / v$ das Leitungsende $x = l$ erreicht. Bis zum Zeitpunkt $t = t_0 + \tau$ fließt also im Widerstand R kein Strom und erst nachdem nochmals ein Vielfaches der Laufzeit τ verstrichen ist, erreicht der Strom seinen endgültigen Wert, da wegen der beschriebenen elektromagnetischen Felder räumliche Wellen und zeitliche Schwingungen zwischen Anfang und Ende der Leitung auftreten. Die Ausbreitungsgeschwindigkeit v ist höchstens gleich der Lichtgeschwindigkeit c. Bei einer Leitungslänge von 300 km ist demnach in R ein Strom frühestens 1 ms nach dem Schließen des Schalters messbar.

Die Periodendauer des Ausgleichsvorganges – der Schwingung – ist ebenfalls von der Leitungslänge abhängig und beträgt $T = 4 \cdot l / v$ [FreKö63]. Sie ist also gleich dem Vierfachen der Laufzeit τ. Je kürzer die Leitung, desto kleiner ist die Periodendauer bzw. desto höher ist die Frequenz der Schwingung und desto schneller klingt die Schwingung ab.

Der beschriebene Einschaltvorgang verläuft zeitlich und räumlich, d. h. alle beteiligten physikalischen Größen sind Funktionen der Zeit sowie der Raumkoordinaten x, y und z. Die exakte mathematische Beschreibung des Vorgangs erfordert daher das vollständige System der Maxwellschen Gleichungen – ein System von partiellen Differentialgleichungen, dessen Lösung mit einem erheblichen Rechenaufwand verbunden ist. Bei „elektrisch kurzen" Leitungen ist allerdings die Laufzeit τ außerordentlich klein und kann deshalb vernachlässigt werden – der Ausgleichsvorgang nach einem Schaltvorgang findet im gesamten Netzwerk praktisch gleichzeitig statt. Vernachlässigt man die Laufzeit τ bei der Modellierung, dann kann man die räumliche stetige Verteilung der Felder, Spannungen und Ströme ersetzen durch eine diskrete Verteilung von Schaltungselementen, die „punktförmig" angenommen werden (genauere Ausführungen in [Bön92]). Ein Stromkreis mit stetig verteilten Parametern wird so auf ein Netzwerk mit konzentrierten, diskreten Schaltungselementen bzw. Parametern abgebildet. Zur Berechnung der Zeitverläufe von Spannungen und Strömen genügen dann gewöhnliche Differentialgleichungen mit der Zeit als einziger unabhängigen Variablen.

Unter welchen Bedingungen kann man Leitungen als „elektrisch kurz" bezeichnen und somit Netzwerkmodelle mit konzentrierten Parametern verwenden? Diese Frage ist allgemein nicht leicht zu beantworten, weil einerseits die Leitungslänge und andererseits auch die Charakteristik der Spannungsquelle dabei zu berücksichtigen sind. Liegt aber beispielsweise an einer Leitung eine sinusförmige Wechselspannung, dann kann man über das Verhältnis von Leitungslänge l zu Wellenlänge λ eine Antwort formulieren. Sie lautet:

> Immer dann, wenn die Leitungslänge l sehr viel kleiner als die Wellenlänge λ ist, handelt es sich um elektrisch kurze Leitungen.

In der Elektroenergietechnik gelten Leitungen mit einer Länge $l < \lambda /60$ als elektrisch kurz [Miri00]. Bei einer Frequenz von 50 Hz ergibt sich damit für $v = c$

$$\lambda = \frac{v}{f} \approx \frac{3 \cdot 10^8 m/s}{50 s^{-1}} = 6 \cdot 10^6 m \quad \rightarrow \quad l < \frac{\lambda}{60} = \frac{6 \cdot 10^6 m}{60} \quad \rightarrow \quad l < 100\,km \tag{4.17}$$

$\quad v \quad$ Ausbreitungsgeschwindigkeit der Welle entlang der Leitung

In der Praxis ist v meist kleiner als die Lichtgeschwindigkeit, so dass sich für die Länge l noch kleinere Werte ergeben. Drastisch geringere Werte für die Länge „elektrisch kurzer Leitungen" erhält man gemäß (4.17) im Hochfrequenzbereich.

5 Modellierung mechanischer Systeme

5.1 Grundelemente mechanischer Modelle

Mechanische Systeme werden für sehr unterschiedliche Aufgaben eingesetzt und können daher auch im technischen Aufbau, hinsichtlich der Art der verwendeten Funktionselemente und der an diese gestellten Forderungen, große Unterschiede aufweisen. Diese Vielfalt spiegelt sich in den Ansätzen und Vorgehensweisen bei ihrer Modellierung wider. Die folgenden Darstellungen konzentrieren sich auf die mechanischen Komponenten der Antriebe von Bearbeitungs- und Verarbeitungsmaschinen. Grundelemente von Modellen mechanischer Systeme der genannten Art sind

- Massen: Speicher für kinetische Energie
- Federn: Speicher für potentielle Energie
- Dämpfer: Elemente zur Energieabfuhr
- Erreger: Elemente zur Energiezufuhr

Für diese gelten die in Tabelle 5.1 dargestellten Zusammenhänge und Analogien.

Tabelle 5.1 Grundelemente für Modelle mechanischer Systeme

Mechanische Grundelemente		Elektrische Analogie
F Kraft; s Weg; v Geschwindigkeit		F-i-Analogie; $i \triangleq F$ $u \triangleq v$
Masse m	$F = m\dfrac{dv}{dt}$ Kinetische Energie: $E_{kin} = \dfrac{m}{2} \cdot v^2$	$i = C\dfrac{du}{dt};\quad C \triangleq m$
Feder	$F = c \cdot s = c \displaystyle\int v \cdot dt$ Potentielle Energie: c Federsteifigkeit $E_{pot} = \dfrac{c}{2} \cdot s^2$	$i = \dfrac{1}{L}\displaystyle\int u \cdot dt;\ L \triangleq \dfrac{1}{c}$
Dämpfer	$F = d \cdot v$ Umgewandelte Energie: d Dämpfungskonstante $E_d = d\displaystyle\int v^2 dt$	$i = \dfrac{1}{R}u;\quad R \triangleq \dfrac{1}{d}$
Kraft F, Erreger	$F = \displaystyle\sum F_i$	

Die in der Tabelle aufgeführten Grundelemente mechanischer Modelle sind idealisierte Elemente mit linearem Verhalten und müssen gegebenenfalls modifiziert werden. Darauf wird später eingegangen. In der Zusammenstellung fehlen auch noch die idealen Umformer für Kräfte und Momente (Hebel und Getriebe), die bei der Modellierung mechanischer Systeme häufig zu berücksichtigen sind. Mit diesen beschäftigt sich der Abschnitt 5.3.4.

Statt der in Tabelle 5.1 gezeigten F-i-Analogie zwischen mechanischen und elektrischen Systemen wird manchmal auch die F-u-Analogie verwendet. Für die F-i-Analogie spricht aber vor allem die Tatsache, dass bei dieser die aus der Elektrotechnik bekannten Verschaltungsgleichungen (Knoten- und Maschensatz) sinngemäß anwendbar sind [Iser08].

$$\sum F_i = 0 \quad \triangleq \quad \sum i = 0 \quad \text{Knotenregel} \tag{5.1}$$

$$\sum v_i = 0 \quad \triangleq \quad \sum u_i = 0 \quad \text{Maschenregel} \tag{5.2}$$

Die bei der F-i-Analogie getroffene Zuordnung für translatorische Größen (Tabelle 5.1) ist identisch mit der in Tabelle 5.2 dargestellten, die bei der objektorientierten Modellierung [Ott99] benutzt wird. Diese beruht auf der Definition von Energieströmen, die sich durch ein Variablenpaar *Potential* (e) und *Fluss* (f) beschreiben lassen.[1]

$$\frac{dE}{dt} = \sum_{i=1}^{n} e_i \cdot f_i \quad \text{Summe der Energieflüsse} \tag{5.3}$$

$$E \qquad \qquad \text{Gesamtenergie eines Systems}$$

Das abstrahierte Variablenpaar *Potential* (e) und *Fluss* (f) steht in Analogie zu den Begriffen Spannung (u) und Strom (i) in elektrischen Netzwerken.

Tabelle 5.2 Energiefluss-Variablen verschiedener Fachgebiete [Ott99]

Typ	Potentialvariable e	Energieträger ξ	Flussvariable f
elektrisch	u: elektrische Spannung	q: Ladung	$\dot{q} = i$: Ladungsfluss = Strom
mechanisch: Translation	v: Geschwindigkeit	p: Impuls; $p = m \cdot v$	$\dot{p} = F$: Impulsstrom = Kraft
mechanisch: Rotation	ω: Winkelgeschwindigkeit	L: Drehimpuls	$\dot{L} = M$: Drehmoment
hydraulisch	p: Druckdifferenz	V: Volumen	$\dot{V}$: Volumenstrom
thermisch	T: Temperatur	S: Entropie:	$\dot{S}$: Entropiestrom

---

[1] Unter dem Gesichtspunkt der Modellierung großer technischer Systeme, die aus Teilsystemen bestehen, in denen sehr unterschiedliche physikalische Medien dominieren - elektrische, mechanische, hydraulische usw. – werden bei der objektorientierten Modellierung Variablen für die Systembeschreibung gewählt, die allgemeingültig sind und eine durchgängige Beschreibung solcher komplexer Systeme ermöglichen.

5.2   Systemparameter

Die Parameter mechanischer Systeme, wie Federsteifigkeit c und Dämpfungskonstante d, wurden im Abschnitt 5.1 implizit mit den Grundelementen der Modellierung eingeführt. Für die Nachbildung realer Systeme müssen die Werte dieser Parameter ermittelt werden – eine nicht immer einfache Aufgabe. Das Verhalten der realen Komponenten eines mechanischen Systems lässt sich in der Regel nicht durch ein Modell-Grundelement allein beschreiben. Beispielsweise sind die charakteristischen Parameter einer Welle in einer Arbeitsmaschine Massenträgheitsmoment, Torsionsfedersteifigkeit und Dämpfungskonstante bzw. Dämpfungsgrad.

Die Kunst des Modellierers ist es, ein vorgegebenes reales System mit Hilfe von Modell-Grundelementen bzw. von Modifikationen dieser Elemente so abzubilden, dass das Modell das Verhalten des realen Systems ausreichend genau beschreibt. Dabei darf jedoch nicht übersehen werden, dass die Parameter der Modellelemente in der Regel nur durch Vereinfachungen zu Konstanten werden. Beispielsweise ist in der Praxis die Dämpfung oft nichtlinear und auch konstante Werte der Federsteifigkeiten stellen eine Idealisierung dar. Einige Fragen zur Festlegung der Systemparameter werden im Folgenden behandelt, manchmal ist jedoch nur ein Hinweis auf weiterführende Literatur möglich, weil die damit zusammenhängenden Probleme so komplex sind, dass sie den Rahmen dieses Buches überschreiten.

5.2.1 Masse und Massenträgheitsmoment

Eine Eigenschaft der Masse eines Körpers ist die Trägheit. Diese bezeichnet den Widerstand, den ein Körper der Veränderung seines Bewegungszustands entgegensetzt. Auf einen ruhenden Körper der Masse m muss über eine bestimmte Zeit eine Kraft F einwirken, um ihn auf eine bestimmte Geschwindigkeit v zu bringen.

$$F = m\frac{dv}{dt} \quad bzw. \quad v = \frac{1}{m}\int_0^t F dt \qquad (5.4)$$

Analog zur Masse charakterisiert das Massenträgheitsmoment die Trägheit eines Körpers gegenüber einer Änderung seiner Rotationsbewegung. Auf einen ruhenden Körper mit dem Trägheitsmoment J muss über eine bestimmte Zeit ein Drehmoment M wirken, um ihn auf eine bestimmte Winkelgeschwindigkeit ω zu beschleunigen.

$$M = J\frac{d\omega}{dt} \quad bzw. \quad \omega = \frac{1}{J}\int_0^t M dt \qquad (5.5)$$

Das Massenträgheitsmoment eines Körpers ist abhängig von der Körperform, d. h. von der Masseverteilung im Körper und von der Drehachse. Ein Massenelement dm, das im Abstand r um eine Achse rotiert, hat das Trägheitsmoment $r^2 dm$. Das Trägheitsmoment eines Körpers der Masse m ist daher

$$J = \int_m r^2 dm \qquad (5.6)$$

Beispiel: Hohlzylinder

Für die Berechnung des Trägheitsmoments eines konzentrischen Hohlzylinders der Länge l und der Dichte ρ betrachtet man als Massenelement dm einen dünnen Zylinder mit der Wanddicke dr und dem Radius r.

$$dm = \rho \cdot dV = \rho \cdot 2\pi r \cdot l \cdot dr$$

Das Trägheitsmoment bezogen auf den Schwerpunkt S des Hohlzylinders ergibt sich somit zu

$$J_S = \int_m r^2 dm = \rho \cdot 2\pi l \int_{r_i}^{r_a} r^2 \cdot r \cdot dr = \frac{1}{2}\rho l\pi\left(r_a^4 - r_i^4\right)$$

Tabelle 5.3 Massenträgheitsmomente von Körpern mit elementarer Form

Vollzylinder, glatte Welle	$J = \dfrac{d^4}{32} l \cdot \pi \cdot \rho$
Hohlzylinder	$J = \dfrac{l \cdot \pi \cdot \rho}{32}\left(d_a^4 - d_i^4\right)$
Kegelstumpf, konische Welle	$J = \dfrac{l\pi\rho}{160(d_1 - d_2)}\left(d_1^5 - d_2^5\right)$

Tabellarische Zusammenstellungen der Trägheitsmomente weiterer Körper findet man u. a. in [Dubb07]. Bei komplizierten Strukturen der Körper, beispielsweise bei Rotoren elektrischer Maschinen oder komplexen Teilen von Arbeitsmaschinen, ist die Berechnung des Massenträgheitsmoments schwierig oder praktisch nicht möglich. In solchen Fällen ist eine experimentelle Bestimmung angebracht. Eine dafür oft angewendete Methode ist der Auslaufversuch. Den Körper, dessen Trägheitsmoment ermittelt werden soll, bringt man auf eine bestimmte Drehzahl, lässt ihn dann auslaufen und zeichnet dabei die Auslaufkurve $n = n(t)$ bzw. $\omega = \omega(t)$ auf. Aus dieser lässt sich das Trägheitsmoment bestimmen, wenn zuvor für verschiedene Drehzahlen auch das wirksame Last-Drehmoment (Bremsmoment) ermittelt wurde. Eine genaue Beschreibung des Verfahrens ist beispielsweise in [Nür59] und [Leon00] zu finden.

Satz von Steiner

Mit Hilfe dieses Satzes kann man das Trägheitsmoment J_A eines starren Körpers bezüglich einer Drehachse A berechnen, die nicht durch den Massenmittelpunkt des Körpers verläuft. Es seien J_S das auf den Schwerpunkt S bezogene Massenträgheitsmoment, m die Masse des Körpers und r_A der Abstand zwischen der Drehachse A und dem Schwerpunkt. Dann gilt

$$J_A = J_S + m \cdot r_A^2 \tag{5.7}$$

Zusammenfassung von Trägheitsmomenten

Bei einem Antriebssystem, das aus mehreren trägen Massen besteht, kann man die Einzelträgheitsmomente zu einem resultierenden Trägheitsmoment (Gesamtträgheitsmoment) zusammenfassen. Unter der Voraussetzung, dass alle Einzelträgheitsmomente auf die gleiche Drehachse bezogen sind, ist

$$J_{gesamt} = J_1 + J_2 + ...$$ (5.8)

Obige Formel folgt aus dem Energieerhaltungssatz:

$$E_{kin,1} + E_{kin,2} + ... = \frac{J_1}{2}\omega^2 + \frac{J_2}{2}\omega^2 + ... = \frac{J_1 + J_2 + ...}{2}\omega^2 = \frac{J_{gesamt}}{2}\omega^2$$ (5.9)

5.2.2 Federsteifigkeit

Die Federsteifigkeit c beschreibt das elastische Verhalten von Federn sowie sonstiger Bauelemente mit Elastizitäten. In Antriebssystemen sind das beispielsweise Wellen, Getriebezahnräder, Kupplungen, Seile, Treibriemen usw.

Die Drehfedersteifigkeit (Torsionssteifigkeit)

einer Welle lässt sich durch die folgende Gleichung definieren, sofern die Formänderung der Spannung proportional ist, d. h. sofern der Gültigkeitsbereich des Hook'schen Gesetzes nicht überschritten wird.

$$c_\varphi = \frac{M}{\varphi} = \frac{G \cdot I_p}{l}$$ (5.10)

Dabei sind

M...Torsionsmoment φ... Torsionswinkel

G... Schubmodul I_p... polares Flächenträgheitsmoment

l ... Bauteillänge

Der Schubmodul (Gleitmodul) ist eine Materialkonstante, die Auskunft über die lineare elastische Verformung infolge einer Scherkraft oder Schubspannung gibt. Er hat für **Stahl** der verschiedensten Sorten den Wert $G \approx 8 \cdot 10^{10}$ N/m².

Tabelle 5.4 Drehfedersteifigkeiten von Körpern mit elementarer Form

Vollzylinder (Welle)	$c_\varphi = \frac{\pi}{32} \cdot \frac{G}{l} \cdot d^4$
Hohlzylinder	$c_\varphi = \frac{\pi}{32} \cdot \frac{G}{l} \cdot \left(d_a^4 - d_i^4\right)$
Konische Welle	$c_\varphi = \frac{\pi}{32} \cdot \frac{3G}{l} \cdot \frac{d_1^3 d_2^3}{d_1^2 + d_1 d_2 + d_2^2}$

Reihenschaltung mehrerer Steifigkeiten

Bei hinter einander („in Reihe") liegenden Federn addieren sich die Federwege.

$$x_{ges} = x_1 + x_2 + \ldots + x_n = \frac{F}{c_1} + \frac{F}{c_2} + \ldots + \frac{F}{c_n} = \frac{F}{c_{ges}} \tag{5.11}$$

$$\frac{1}{c_{ges}} = \sum_{i=1}^{n} \frac{1}{c_i} \tag{5.12}$$

Bei einer abgesetzten Welle addieren sich die Torsionswinkel der Einzelsteifigkeiten. Die Gesamtsteifigkeit ergibt sich dann aus

$$\varphi_{ges} = \varphi_1 + \varphi_2 + \ldots + \varphi_n = \frac{M}{c_1} + \frac{M}{c_2} + \ldots + \frac{M}{c_n} = \frac{M}{c_{ges}} \tag{5.13}$$

$$\frac{1}{c_{ges}} = \sum_{i=1}^{n} \frac{1}{c_i} \tag{5.14}$$

Parallelschaltung mehrerer Steifigkeiten

$$F = \sum_i F_i = c_1 \cdot x + c_2 \cdot x + \ldots + c_n \cdot x = x \cdot \sum_{i=1}^{n} c_i = x \cdot c_{ges}$$

$$c_{ges} = \sum_{i=1}^{n} c_i \tag{5.15}$$

Kupplungen

Wegen ihres komplexen Aufbaues und der unterschiedlichen Ausführungsformen ist die Beschreibung der Steifigkeits- und Dämpfungseigenschaften von Kupplungen meist nur mit Hilfe experimenteller Untersuchungen möglich. Die üblichen Herstellerangaben sind experimentell ermittelte Steifigkeitsparameter c_{dyn} bei verschiedenen Kupplungsbeanspruchungen M_{dyn} für unterschiedliche Frequenzen (dynamische Kupplungssteifigkeit). Experimentell werden auch die Werte der statischen Kupplungssteifigkeit c_{stat} ermittelt. Für die Simulation empfiehlt es sich, das Übertragungsverhalten einer Kupplung auf der Basis der Herstellerangaben oder eigener Messwerte als Kennlinie $M(\varphi, d\varphi/dt)$ zu beschreiben [Schl06].

Federsteifigkeit von Zahnrädern, Lagern usw.

In komplexen mechanischen Systemen kann ggf. auch der Einfluss dieser Komponenten und anderer nicht vernachlässigt werden, obwohl sie in erster Näherung meist als starr angenommen werden. Auch die Kontaktsteifigkeit von Verbindungselementen kann die Gesamtsteifigkeit eines Systems wesentlich beeinflussen. Bezüglich weiterführender Hinweise zur Problematik der Federsteifigkeit kann hier allerdings nur auf die Spezialliteratur verwiesen werden (z. B. [Dres06], [DreHol09]).

5.2.3 Dämpfung

Durch Dämpfung wird die mechanische Energie in andere Energieformen, insbesondere in Wärme, umgewandelt. Man unterscheidet innere und äußere Dämpfungen.

Innere Dämpfungen sind die Material- bzw. Werkstoffdämpfung infolge von Verformungswiderständen in Werkstoffen und die Berührungs- oder Kontaktdämpfung, beispielsweise an Schrauben- und Nietverbindungen. Als **äußere Dämpfungen** bezeichnet man äußere Bewegungswiderstände, wie beispielsweise die Reibung in Führungen und Lagern.

Die Werkstoffdämpfung lässt sich in erster Näherung durch ein Voigt-Kelvin-Modell beschreiben, das aus einer Parallelschaltung eines (linearen oder nichtlinearen) Steifigkeitsanteils und eines Dämpfungsanteils besteht (Bild 5.1).

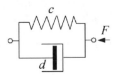

Bild 5.1 Voigt-Kelvin-Modell für Steifigkeit und Dämpfung

Für nicht zu große Amplituden- und Frequenzbereiche kann man von einer geschwindigkeitsproportionalen Werkstoffdämpfung ausgehen. Dieses Dämpfungsmodell wird als viskose Dämpfung bezeichnet.

$$F_d = d \cdot \dot{x} \qquad \text{Dämpfungskraft}$$
$$M_d = d \cdot \dot{\varphi} \qquad \text{Dämpfungsmoment}$$
(5.16)

Die Größe d heißt Dämpfungskonstante. Ihre Berechnung ist allerdings sehr aufwändig, weil Werkstoff- und Geometrieeinflüsse des Bauteils zu berücksichtigen sind. Sehr häufig werden die Dämpfungsparameter mechanischer Elemente daher experimentell bestimmt. Für lineare Schwinger sind gebräuchliche Verfahren der Ausschwingversuch und die erzwungene harmonische Bewegung [Dres06].

Außer der Dämpfungskonstanten d werden noch andere Dämpfungskennwerte verwendet. Weit verbreitet ist der Dämpfungsgrad D (Lehrsches Dämpfungsmaß). Zwischen beiden Werten besteht für $D \ll 1$ die Beziehung

$$d = 2D\sqrt{c \cdot m} = 2D \cdot c / \omega_0$$
(5.17)

Dabei sind c die Federsteifigkeit, m die Masse und ω_0 die Eigenkreisfrequenz.

Auf die Berücksichtigung der Dämpfung kann man meist verzichten, wenn nur folgende Größen interessieren [DreHol09]:

- niedere Eigenfrequenzen (und Resonanzgebiete) eines Antriebssystems,
- die Spitzenwerte nach Stoßvorgängen,
- Schwingungszustände außerhalb der Resonanzgebiete.

Dämpfungskräfte sollten aber zumindest näherungsweise als viskose oder modale Dämpfung einbezogen werden, wenn folgende Fragen zu beantworten sind:

- Resonanzamplituden linearer Systeme bei periodischer Belastung,
- Lastwechselzahl bei Ausschwingvorgängen, z. B. nach Stößen.

Dem Modell der modalen Dämpfung liegt die Annahme zugrunde, dass jede Eigenschwingung für sich durch eine modale Dämpfungskraft gedämpft wird, die proportional zur modalen Geschwindigkeit ist.

Tabelle 5.5 Erfahrungswerte für den Dämpfungsgrad D [Dres06]

Übertragungselement	Dimensionsbereich	Richtwert Dämpfungsgrad D
Welle (aus Stahl)	d < 100 mm	0,005
Welle (aus Stahl)	d > 100 mm	0,01
Zahnradstufe	P < 100 kW	0,02
Zahnradstufe	P = 100 ... 1000 kW	0,04
Zahnradstufe	P > 1000 kW	0,06
Elastische Kupplung	Siehe Herstellerkataloge	0,02 ... 0,2

Es ist auch zu bedenken, dass Dämpfungen oft frequenzabhängig oder nichtlinear wirken bzw. dass der geschwindigkeitsproportionale Zusammenhang gemäß (5.16) nicht immer gilt. Weiterführende Hinweise zu dieser doch sehr komplizierten Problematik sind u. a. in [Dres06] und [DreHol09] zu finden. Ein Spezialfall der äußeren Dämpfung ist die im folgenden Abschnitt behandelte Reibung.

5.2.4 Reibung

Immer dann, wenn Körper, die sich berühren, gegeneinander bewegt werden, tritt Reibung auf. Zu unterscheiden sind Festkörperreibung, Flüssigkeitsreibung und Mischreibung.

Bei der **Festkörperreibung** (trockener Reibung) muss man außerdem zwischen Haft- und Gleitreibung unterscheiden. Die der Bewegung entgegen gerichtete Reibungskraft F_R ist in beiden Fällen proportional zur auf die Berührungsfläche wirkende Normalkraft F_N, unterschiedlich sind jedoch die Reibungszahlen. Die Haftreibung wird durch die Haftreibungszahl μ_0 beschrieben, die Gleitreibung (auch Coulomb'sche Reibung genannt) durch die Gleitreibungszahl μ. Normalerweise gilt $\mu_0 > \mu$. Haftreibung tritt auf, wenn Körper gegeneinander bewegt werden sollen, die sich zuvor zueinander in Ruhe befanden.

$$F_{R,H} = \mu_0 \cdot F_N \qquad F_{R,G} = \mu \cdot F_N \tag{5.18}$$

Haft- und Gleitreibungszahlen für verschiedene Stoffpaare und die Bedingungen „trocken" und „geschmiert" sind beispielsweise [Dubb07, B14] zu entnehmen.

Weil die Reibungskraft der jeweiligen Bewegung entgegen gerichtet ist, wird bei wechselnder Bewegungsrichtung $\dot{x}$ oft folgender Ansatz gewählt:

$$F_R = -sign(\dot{x}) \cdot \mu \cdot F_N \tag{5.19}$$

Bei der numerischen Integration von Bewegungsgleichungen hat diese Lösung im Falle sehr häufiger Richtungswechsel den Nachteil großer Rechenzeiten, denn es müssen dabei die Zeitpunkte der einzelnen Richtungswechsel (der Nulldurchgänge von v) numerisch bestimmt werden oder man muss mit sehr kleinen Schrittweiten arbeiten. Aus diesem Grunde wurde eine Reihe von stetigen Näherungen für (5.19) entwickelt. [Dres06] gibt solche Näherungsformeln an und macht auch Aussagen zum Einfluss von Schwingungen auf die Reibungszahl.

Für eine genaue Nachbildung der Reibung ist auch der Übergang von Haft- auf Gleitreibung zu berücksichtigen. Nach [BoPa82] ist die Gleitreibungskraft nicht konstant, sondern fällt während der Beschleunigung exponentiell vom Losreißwert $F_{R,H}$ der Haftreibung auf den kinetischen Reibwert $F_{R,G}$.

$$F_{R,gleit} = \left(\left(F_{R,H} - F_{R,G} \right) e^{-|\dot{x}|/K_D} + F_{R,G} \right) \cdot sign(\dot{x}) \tag{5.20}$$

Wenn sich eine Körper im Ruhezustand befindet ($\dot{x} = 0$), weil die auf ihn einwirkende äußere Kraft kleiner ist als die Haftreibungskraft, dann wird der Ruhezustand durch ein Kräftegleichgewicht garantiert, d. h. die wirksame Reibungskraft $F_{R,eff}$ ist immer genau so groß wie die Summe der externen Kräfte, die antreibend auf die Masse des Körpers wirken. Erst dann, wenn die resultierende antreibende Kraft den Wert der Haftreibungskraft $F_{R,H}$ erreicht oder gar überschreitet, nimmt auch die wirksame Reibungskraft $F_{R,eff}$ den Wert $F_{R,H}$ an. Sie geht aber auf den Wert $F_{R,gleit}$ über, wenn der Körper in Bewegung kommt, weil die antreibende Kraft größer als die Haftreibungskraft ist. Es gelten also folgende Gleichungen:

$$\left| F_{R,eff}(t) \right| = \begin{cases} \left| F_{ext} \right| & \text{wenn} \quad \dot{x} = 0 \text{ und } \left| F_{ext} \right| \leq F_{R,H} \\ F_{R,H} & \text{wenn} \quad \dot{x} = 0 \text{ und } \left| F_{ext} \right| > F_{R,H} \\ F_{R,gleit} & \text{wenn} \quad \dot{x} \neq 0 \end{cases} \tag{5.21}$$

Im Haft-Zustand der zu bewegenden Masse (1. Zeile von Gl. (5.21)) befindet sich die Reibkraft im statischen Gleichgewicht mit F_{ext}. Die zweite Zeile beschreibt den Augenblick des Losbrechens, d. h. die resultierende externe Kraft überschreitet $F_{R,H}$. Den darauf folgenden Zustand des Gleitens beschreibt die dritte Zeile. Gemäß Gl. (5.20) hat die Reibungskraft eine gewisse Zeit nach Überwindung der Haftreibung den konstanten Betrag $F_{R,G}$. Das gilt jedoch nur für die Festkörperreibung, nicht für die im Folgenden beschriebene Mischreibung.

Flüssigkeitsreibung oder viskose Reibung liegt vor, wenn sich zwischen den gleitenden Körpern eine Flüssigkeitsschicht befindet. Die Reibungskraft ist in diesem Fall von der Relativgeschwindigkeit v abhängig und meist wesentlich kleiner als bei Festkörperreibung.

Mischreibung ist eine Reibungsart, bei der Festkörperreibung und Flüssigkeitsreibung nebeneinander bestehen. Sie wird u. a. bei sehr gut geschmierten Gleitlagern beobachtet und tritt dann auf, wenn das Verhältnis λ von Dicke h des Schmierstofffilms zum mittleren Rauhwert σ der Gleitpartner sich im Bereich

$$1 < \lambda = \frac{h}{\sigma} < 3 \tag{5.22}$$

bewegt [Iser08]. Bei $\lambda < 1$ liegt Festkörperreibung vor, bei $\lambda > 3$ Flüssigkeitsreibung.

Tabelle 5.6 Größenordnung der Reibungszahlen [Hütte, D86]

Reibungsart	Zwischenstoff	Reibungszahl μ
Festkörperreibung	–	$> 10^{-1}$
Mischreibung	partieller Schmierstofffilm	$10^{-2} \dots 10^{-1}$
Flüssigkeitsreibung	Schmierstofffilm	$< 10^{-2}$
Rollreibung	Wälzkörper	$\approx 10^{-3}$
Luftreibung	Gas	$\approx 10^{-4}$

Detailliertere Aussagen insbesondere zur Modellierung der Mischreibung sind beispielsweise in [KloHe02] zu finden.

5.2.5 Lose (Spiel)

Funktionsbedingt lässt sich bei Getrieben, aber auch bei Kupplungen und Gelenken, Lose (Spiel) nicht ganz vermeiden. In Zahnradgetrieben (Bild 5.2 (a)) ist ein gewisses Flankenspiel notwendig, um ein Klemmen der Verzahnung infolge von Fertigungsungenauigkeiten und Erwärmung auszuschließen. Nicht selten beträgt bei Antrieben mit großen Übersetzungsverhältnissen das reduzierte Spiel an der Motorwelle Dutzende von Grad [DreHol09]. Das Spiel führt dazu, dass der Kontakt zwischen Teilen des Antriebs zeitweilig verloren geht, wenn das zu übertragende Drehmoment sein Vorzeichen ändert und dadurch die treibenden Zahnflanken wechseln. Während des Spieldurchlaufs bewegen sich die angetriebene und die getriebene Seite unabhängig voneinander und es kommt zu einer Differenz zwischen den Winkelgeschwindigkeiten beider Seiten. Am Ende des Spieldurchlaufs können dann erhebliche Drehmomentstöße im mechanischen System entstehen, die sich in Form von Ausgleichsschwingungen auf das gesamte Antriebssystem auswirken und eventuell Überlastungen bzw. Schadensfälle zur Folge haben, wenn sie bei der Projektierung nicht berücksichtigt wurden. Bei der Modellbildung dürfen daher Lose-Effekte nicht in jedem Fall vernachlässigt werden.

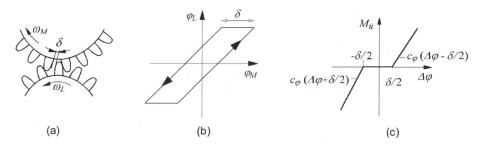

Bild 5.2 (a) Spiel δ zwischen Zahnflanken, (b) Hysteresekennlinie, (c) Totzone-Modell (Verdrehwinkel der Lastseite auf die Motorwelle umgerechnet)

Das Übertragungsverhalten eines Getriebes mit Lose lässt sich durch eine Hysteresefunktion gemäß Bild 5.2 (b) beschreiben. Der Einfachheit halber wurde bei dieser Darstellung eine Getriebeübersetzung von 1 angenommen, d. h. alle Größen sind auf die Antriebsseite des Getriebes (Motorwelle, Index M) bezogen. Nur wenn $|\Delta\varphi| = |\varphi_M - \varphi_L| \geq \delta$ ist, bewirkt eine Änderung von φ_M auch eine Änderung von φ_L, d. h. nur dann besteht zwischen den Zahnflanken Kraftschluss für die Übertragung eines Drehmoments. Eine mathematische Formulierung des Hysteresemodells – als trägheitsgetriebenes Hysteresemodell bezeichnet – lautet unter der Annahme vollkommen steifer Übertragungselemente [NoGu02]

$$\dot{\varphi}_L(t) = \dot{\varphi}_M(t) \quad \text{wenn} \quad \dot{\varphi}_M(t) > 0 \quad \text{und} \quad \varphi_L(t) = \varphi_M(t) - \delta$$

$$\dot{\varphi}_L(t) = \dot{\varphi}_M(t) \quad \text{wenn} \quad \dot{\varphi}_M(t) < 0 \quad \text{und} \quad \varphi_L(t) = \varphi_M(t) + \delta \qquad (5.23)$$

$$\ddot{\varphi}_L(t) = 0 \quad \text{sonst}$$

Das Modell (5.23) geht davon aus, dass das angetriebene Element (Lastseite L) während des Spieldurchlaufs nicht beschleunigt oder verzögert wird, d. h. sich mit gleich bleibender Geschwindigkeit bewegt. Da auf der Lastseite beispielsweise auch Reibung wirksam sein kann, muss in solch einem Fall das Modell entsprechend angepasst werden.

Die Hysteresefunktion wird bei der Modellierung häufig durch eine Totzone in der Steifigkeitskennlinie (Bild 5.2 (c)) nachgebildet. Die Dämpfung wird bei diesem Ansatz vernachlässigt. Unter Berücksichtigung des Spiels gilt dann für das von einer Welle übertragene Torsionsmoment $M_{\ddot{u}}$

$$M_{\ddot{u}} = \begin{cases} c_\varphi(\Delta\varphi + \delta/2) & \text{für} & \Delta\varphi \leq -\delta/2 \\ 0 & \text{für} & -\delta/2 < \Delta\varphi < \delta/2 \\ c_\varphi(\Delta\varphi - \delta/2) & \text{für} & \Delta\varphi \geq \delta/2 \end{cases} \qquad (5.24)$$

Weitere Möglichkeiten der Modellierung von Lose in mechanischen Systemen werden in [NoGu02] beschrieben. Ausführliche Beispiele zur Modellierung unter Berücksichtigung des Spiels findet man auch in [Dres06] und [DreHo09].

5.3 Grundgleichungen für die Modellierung mechanischer Systeme

5.3.1 Erhaltungssätze

Die im Folgenden vorgestellten Methoden zur Modellierung mechanischer Systeme basieren auf den bekannten Erhaltungssätzen der Physik. Ein Erhaltungssatz besagt, dass in einem räumlich abgeschlossenen System die jeweilige Erhaltungsgröße, z. B. die Energie, unveränderlich ist. Eine Änderung der Quantität der Energie in einem abgegrenzten Teilsystem ist also nur möglich, wenn ein Energiestrom über die Grenzen des betrachteten Systems hinweg existiert. Erhaltungssätze gelten außer für die Energie u. a. auch für die Masse, die elektrische Ladung und für den Impuls bzw. den Drehimpuls.

5.3.2 Grundgesetz der Dynamik für geradlinige Bewegung

Ein Körper mit der Masse m werde durch die Kraft F auf einer geraden Bahn x mit der Geschwindigkeit v bewegt. Das Produkt aus seiner Masse und seiner Geschwindigkeit ist der Impuls p des Körpers – eine vektorielle Größe mit der Richtung der Geschwindigkeit.

$$p = m \cdot v \tag{5.25}$$

Die vektorielle Summe der Impulse eines Systems ist zeitlich konstant, wenn keine äußeren Kräfte auf dieses System wirken (**Impulserhaltungssatz**).

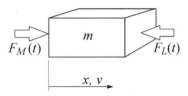

Bild 5.3 Translation einer Masse

Grundgesetz der Dynamik

$$F = \frac{dp}{dt} = \frac{d\left(m \cdot v\right)}{dt} = v \cdot \frac{dm}{dt} + m \cdot \frac{dv}{dt} \tag{5.26}$$

Das Newtonsche Grundgesetz der Dynamik[1] besagt, dass die resultierende äußere Kraft F, die auf einen Körper wirkt, gleich der Impulsänderung je Zeiteinheit ist, d. h. gleich der Ableitung des Impulses nach der Zeit. Die Kraft F sei beispielsweise die Resultierende aus der Antriebskraft F_M eines Motors und einer der Bewegung entgegenwirkenden Lastkraft F_L (Bild 5.3).

Bei konstanter Masse $m = m_0$ und mit $v = dx/dt$ folgt aus Gl. (5.26) die Differentialgleichung

$$m_0 \cdot \frac{dv}{dt} = m_0 \cdot \frac{d^2 x}{dt^2} = F; \quad m = m_0 = konst. \tag{5.27}$$

Beispiel: Feder-Masse-System mit Dämpfung

Bild 5.4 zeigt ein einfaches Schwingungssystem, bestehend aus Masse, Feder und Dämpfungselement. Durch eine äußere Kraft wird die Masse aus ihrer Ruhelage $x = 0$ in die Position $x(0) = x_0$ gebracht und dann freigegeben. Die darauf folgende Ausgleichsbewegung der Masse soll berechnet werden.

---

[1] es wird auch als Impulssatz, Newtonsche Bewegungsgleichung oder 2. Newtonsches Axiom bezeichnet

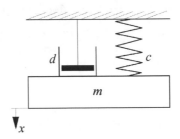

Bild 5.4 Feder-Masse-System mit Dämpfung

Als Ruhelage $x = 0$ wird der statische Gleichgewichtszustand zwischen Gravitationskraft $m \cdot g$ und Vorspannung der Feder angenommen. In der Kräftebilanz tritt daher die Gravitationskraft nicht mehr auf. Die Federkraft F_c sei linear vom Weg x und die Dämpfungskraft F_d sei linear von der Geschwindigkeit $v = \dot{x}$ abhängig. Beide wirken der jeweiligen Bewegungsrichtung der Masse entgegen. Aus Gl. (5.27) folgt

$$m \cdot \frac{d^2 x}{dt^2} = m \cdot \ddot{x} = -F_d - F_c$$

Mit

$$F_d = d \cdot \dot{x} \quad \text{und} \quad F_c = c \cdot x$$

ergibt sich die **Schwingungsgleichung**

$$\ddot{x} + \frac{d}{m} \cdot \dot{x} + \frac{c}{m} \cdot x = 0 \ . \tag{5.28}$$

Diese Gleichung wird oft auch in den Formen

$$\ddot{x} + 2\delta \cdot \dot{x} + \omega_0^2 \cdot x = 0 \quad \text{und} \tag{5.29}$$

$$\ddot{x} + 2D \cdot \omega_0 \cdot \dot{x} + \omega_0^2 \cdot x = 0 \tag{5.30}$$

angegeben. Dabei sind

$$\delta = \frac{d}{2m} \qquad \text{der Abklingkoeffizient,}$$

$$\omega_0 = \sqrt{\frac{c}{m}} \qquad \text{die Eigenkreisfrequenz der ungedämpften Schwingung,} \tag{5.31}$$

$$D = \frac{\delta}{\omega_0} \qquad \text{der Dämpfungsgrad.}$$

Alle drei Größen folgen aus der Interpretation der Lösung der Schwingungsgleichung (5.28). Das formulierte Anfangswertproblem wird nun mit Hilfe von Maple berechnet.

```
> DG:= diff(x(t),t$2)+ d/m*diff(x(t),t)+ c/m*x(t) = 0;
```

$$DG := \frac{d^2}{dt^2}\,x(t) + \frac{d\left(\frac{d}{dt}\,x(t)\right)}{m} + \frac{c\,x(t)}{m} = 0$$

```
> AnfBed:= x(0)=x0, D(x)(0)=0:
> Loe1:= dsolve({DG, AnfBed});
```

$$Loe1 := x(t) = \frac{1}{2}\,\frac{x0\left(-d^2 - d\sqrt{d^2 - 4\,c\,m} + 4\,c\,m\right)e^{\frac{1}{2}\frac{\left(-d+\sqrt{d^2-4\,c\,m}\right)t}{m}}}{-d^2 + 4\,c\,m}$$
$$+ \frac{1}{2}\,\frac{\left(-d^2 + d\sqrt{d^2 - 4\,c\,m} + 4\,c\,m\right)x0\,e^{\frac{1}{2}\frac{\left(d+\sqrt{d^2-4\,c\,m}\right)t}{m}}}{-d^2 + 4\,c\,m}$$

Ermittlung der Lösung für den Fall fehlender Dämpfung:
```
> Loe2:= subs(d=0, Loe1);
```

$$Loe2 := x(t) = \frac{1}{2}\,x0\,e^{\frac{1}{2}\frac{\sqrt{-4\,c\,m}\,t}{m}} + \frac{1}{2}\,x0\,e^{-\frac{1}{2}\frac{\sqrt{-4\,c\,m}\,t}{m}}$$

```
> Loe2:= simplify(Loe2) assuming c>0, m>0;
```

$$Loe2 := x(t) = x0\cos\left(\frac{\sqrt{c}\,t}{\sqrt{m}}\right)$$

Es ergibt sich erwartungsgemäß eine harmonische Schwingung mit konstanter Amplitude x_0. Das Argument der Kosinus-Funktion ist die in Gl. (5.31) angegebene Eigenkreisfrequenz ω_0 der ungedämpften Schwingung, multipliziert mit der Zeit t.

Der Charakter der Lösung der Schwingungsgleichung wird bekanntlich durch die Art der Wurzeln des charakteristischen Polynoms bestimmt. Diese erscheinen in den Exponenten der e-Funktionen der Lösung $Loe1$. Schwingungen treten auf, wenn konjugiert-komplexe Wurzeln vorhanden sind, wenn also der Radikand $d^2 - 4cm$ ein negatives Vorzeichen hat. Für diesen Fall wird eine spezielle Lösung ermittelt.

```
> Loe3:= dsolve({DG, AnfBed}) assuming (d^2<4*c*m);
```

$$Loe3 := x(t) = \frac{x0\,d\,e^{-\frac{1}{2}\frac{d\,t}{m}}\sin\left(\frac{1}{2}\frac{\sqrt{-d^2+4\,c\,m}\,t}{m}\right)}{\sqrt{-d^2+4\,c\,m}} + x0\,e^{-\frac{1}{2}\frac{d\,t}{m}}\cos\left(\frac{1}{2}\frac{\sqrt{-d^2+4\,c\,m}\,t}{m}\right)$$

Es ergibt sich als Lösung eine abklingende harmonische Schwingung. Die Geschwindigkeit des Abklingens beschreibt der Abklingkoeffizient $\delta = d/(2m)$ im Exponenten der e-Funktion (siehe Gl. (5.31)). Die Eigenkreisfrequenz ω_1 der gedämpften Schwingung folgt aus den Argumenten der Sinus- und der Kosinus-Funktion. ω_1 wird in die Lösung eingeführt:

```
> G1:= (1/2)*sqrt(-d^2+4*c*m)/m*t=omega[1]*t;
```

$$G1 := \frac{1}{2}\frac{\sqrt{-d^2 + 4\,c\,m}\ t}{m} = \omega_1\,t$$

```
> Loe3a:= subs(G1, Loe3);
```

$$Loe3a := x(t) = \frac{x0\ e^{-\frac{1}{2}\frac{d\,t}{m}}\left(d\sin(\omega_1\,t) + \cos(\omega_1\,t)\sqrt{-d^2 + 4\,c\,m}\right)}{\sqrt{-d^2 + 4\,c\,m}}$$

Die Richtigkeit der obigen Substitution kann man anhand der bekannten Beziehung

$$\omega_1 = \sqrt{\omega_0^2 - \delta^2} \tag{5.32}$$

mit Hilfe der Gl. (5.31) leicht überprüfen. Die weitere Vereinfachung von *Loe3a*, z. B. durch Zusammenfassen der Sinus- und der Kosinusfunktion, sei dem Leser überlassen.

Beispiel: Fahrersitz eines LKW [1]

Der mit einer hydraulisch gedämpften Luftfeder ausgestattete Fahrersitz eines LKW wird während der Fahrt durch die Fußpunkterregung $x_e(t)$ in Schwingung versetzt (Schema in Bild 5.5). Die Masse m von Fahrer und Sitz beträgt 100 kg. Die Wirkung der gedämpften Luftfeder beschreiben die Federsteifigkeit c_F und die Dämpfungskonstante d (geschwindigkeits-proportionale Dämpfung). Die Steifigkeit des Sitzpolsters werde durch die Federkonstante c_P berücksichtigt.

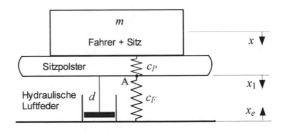

Bild 5.5 Feder-Masse-Schema des LKW-Sitzes

Von dem vorangegangenen Beispiel unterscheidet sich das Vorliegende, abgesehen vom anderen Aufbau des Schwingungssystems, durch die Fußpunkterregung, die Schwingungen der Masse m erzwingt. Zwei Zustände sind von Interesse:

   a)   Durch einen Defekt in der Hydraulik ist die Dämpfung des Sitzes ausgefallen.

   b)   Die hydraulische Dämpfung ist funktionsfähig.

[1] Die Aufgabenstellung für dieses Beispiel ist aus [RiSa08] entnommen.

Hier soll nur der Fall a) behandelt werden. Mit dem zweiten Teil der Aufgabe befasst sich der Abschnitt 6.1.

Bei fehlender hydraulischer Dämpfung liegen die beiden Federn praktisch „in Reihe" und die Federsteifigkeiten c_P und c_F können gemäß Gl. (5.12) zu einer Gesamtsteifigkeit c zusammengefasst werden.

$$\frac{1}{c} = \frac{1}{c_P} + \frac{1}{c_F} \qquad c = \frac{c_P \cdot c_F}{c_P + c_F}$$

Die Bewegungsgleichung für das im Bild 5.5 dargestellte System ist

$$m \cdot \ddot{x} = -c \cdot \left(x + x_e \right) \quad \text{bzw.}$$

$$m \cdot \ddot{x} + c \cdot x = -c \cdot x_e$$

Bei der Formulierung der Bewegungsgleichung wurde wieder davon ausgegangen, dass die Gravitationskraft durch die Federvorspannung kompensiert wird, der Wert $x = 0$ also dem Ruhezustand bei der Belastung der Feder mit der Masse m entspricht. Mit der Annahme

$$x_e(t) = r \cdot \sin\left(\omega_e \cdot t \right)$$

folgt

$$m \cdot \ddot{x} + c \cdot x = -c \cdot r \cdot \sin\left(\omega_e \cdot t \right)$$

Die Lösung dieser Differentialgleichung wird Maple übertragen.

```
> restart:  interface(displayprecision=4):
> DG1:= m*diff(x(t),t,t) + c*x(t) = -c*r*sin(omega[e]*t);
```

$$DG1 := m \left(\frac{d^2}{dt^2} x(t) \right) + c\, x(t) = -c\, r \sin\left(\omega_e\, t \right)$$

Anfangszustand ist der Ruhezustand ohne Erregung bei belastetem Fahrersitz.

```
> AnfBed:= x(0)=0, D(x)(0)=0;
```

$$AnfBed := x(0) = 0,\ D(x)(0) = 0$$

```
> Loes1:= dsolve({DG1,AnfBed}, x(t));
```

$$Loes1 := x(t) = \frac{\sin\left(\dfrac{\sqrt{c}\ t}{\sqrt{m}} \right) \sqrt{c}\ r\, \omega_e \sqrt{m}}{c - \omega_e^2\, m} - \frac{c\, r \sin\left(\omega_e\, t \right)}{c - \omega_e^2\, m}$$

```
> x1:= subs(Loes1, x(t));
```

$$x1 := \frac{\sin\left(\dfrac{\sqrt{c}\ t}{\sqrt{m}} \right) \sqrt{c}\ r\, \omega_e \sqrt{m}}{c - \omega_e^2\, m} - \frac{c\, r \sin\left(\omega_e\, t \right)}{c - \omega_e^2\, m}$$

Im Ausdruck $x1$ wird nun c durch den oben angegebenen Ausdruck zur Berechnung der Gesamt-Federsteifigkeit ersetzt, anschließend die Lösung von $x1$ für die vorgegebenen Parameter bestimmt und graphisch dargestellt.

```
> x1a:= subs(c=cp*cf/(cp+cf), x1):
> param1:= [m=100, cp=100000, cf=10000, r=0.03, omega[e]=5]:
> x1b:= simplify(subs(param1, x1a));
```

$$x1b := 0.0217 \sin(9.5346\,t) - 0.0414 \sin(5.0000\,t)$$

```
> plot(x1b(t), t=0..30);
```

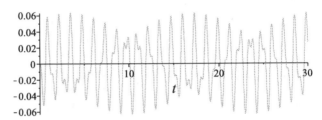

Weil die Dämpfung fehlt, klingt die Schwingung nicht ab. Wesentlich für deren Form ist das Verhältnis von Erregerkreisfrequenz ω_e zu Eigenkreisfrequenz ω_1 des Systems.

$$\eta = \frac{\omega_e}{\omega_1}$$

Bei fehlender Dämpfung ist $\omega_1 = \omega_0$ und damit ergibt sich unter Verwendung von Gl. (5.31) für den Nenner von $x1$

$$c - \omega_e^2 \cdot m = c\left(1 - \omega_e^2 \frac{m}{c}\right) = c\left(1 - \eta^2\right).$$

Die Lösung $x1$ wird entsprechend umgeformt, d. h. in sie werden η und ω_0 eingeführt.

```
> x1c:= subs([c-omega[e]^2*m=c*(1-eta^2),
          sqrt(c)*t/sqrt(m)=omega[0]*t], x1);
```

$$x1c := \frac{\sin(\omega_0\,t)\,r\,\omega_e\,\sqrt{m}}{\sqrt{c}\,(1-\eta^2)} - \frac{r \sin(\omega_e\,t)}{1-\eta^2}$$

```
> x1d:= subs(sqrt(m)=sqrt(c)/omega[0], x1c);
```

$$x1d := \frac{\sin(\omega_0\,t)\,r\,\omega_e}{\omega_0\,(1-\eta^2)} - \frac{r \sin(\omega_e\,t)}{1-\eta^2}$$

Der kritischste Punkt ergibt sich für $\eta = 1$. In diesem Fall wächst der Schwingungsausschlag theoretisch über alle Grenzen, d. h. es liegt Resonanz vor.

5.3.3 Grundgesetz der Dynamik für rotierende Bewegung um eine feste Achse

Analog zur Gleichung (5.26) gilt bei rotierender Bewegung eines Körpers mit dem Trägheitsmoment J und der Winkelgeschwindigkeit ω für die Änderung des Drehimpulses $J \cdot \omega$ die Beziehung

$$M = \frac{d(J \cdot \omega)}{dt} = J \cdot \frac{d\omega}{dt} + \omega \cdot \frac{dJ}{dt} \qquad \text{(Drallsatz)} \qquad (5.33)$$

Dabei ist M das resultierende Drehmoment, beispielsweise die Differenz von Antriebsmoment M_M und Lastmoment M_L (Bild 5.6). Für konstantes Trägheitsmoment $J = J_0$ folgt mit dem Drehwinkel φ bzw. mit Winkelgeschwindigkeit $\omega = d\varphi/dt$

$$J_0 \cdot \frac{d\omega}{dt} = J_0 \cdot \frac{d^2\varphi}{dt^2} = M_M - M_L; \quad J = J_0 = konst. \qquad (5.34)$$

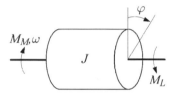

Bild 5.6 Rotation einer Masse

5.3.4 Transformation von Systemgrößen durch Getriebe

Getriebe setzen beispielsweise die Drehzahl der Antriebsmotoren auf die von den Arbeitsmaschinen benötigte Drehzahl um. Hier werden unter dem Begriff „Getriebe" aber alle Systemelemente zusammengefasst, die einer Anpassung von Drehzahlen und Bewegungsformen (z. B. Translation – Rotation) dienen.

Für die folgenden Betrachtungen ist vor allem das Übersetzungsverhältnis der Getriebe für Rotationsbewegungen wesentlich. Dieses ist definiert als Verhältnis von Antriebsdrehzahl n_1 zu Abtriebsdrehzahl n_2.

$$\ddot{u} = \frac{n_1}{n_2} = \frac{\omega_1}{\omega_2} \qquad (5.35)$$

ω... Winkelgeschwindigkeit

Index 1... Antriebsseite, Index 2... Abtriebsseite

Getriebe transformieren nicht nur die Umlaufgeschwindigkeiten, sondern auch Kräfte bzw. Drehmomente. Für ein **ideales Getriebe** (verlustfrei, trägheitslos, ohne Schlupf oder Lose) folgt aus dem Energieerhaltungssatz für das Drehmoment M_2 auf der Abtriebsseite

$$M_1 \cdot \omega_1 = M_2 \cdot \omega_2$$

$$M_2 = M_1 \frac{\omega_1}{\omega_2} = M_1 \cdot \ddot{u} \tag{5.36}$$

Reale Getriebe kann man in erster Näherung durch ein ideales Getriebe mit der Übersetzung $\ddot{u}$ oder durch ein ideales Getriebe mit einer Ersatzfedersteifigkeit und ggf. auch mit einem Ersatzdämpfer annähern. Bei genauen Modellen muss man aber für jede Getriebestufe mindestens eine Drehträgheit und ein Feder-Dämpfer-Element vorsehen.

Bildwellentransformation

Ist eine träge rotierende Masse nicht direkt, sondern über ein Getriebe mit anderen rotierenden Massen verbunden, so darf man die Einzelträgheitsmomente nur addieren, wenn sie sich auf die gleiche Drehachse beziehen. Häufig ist es vorteilhaft, alle Größen eines Antriebssystems auf eine Welle, Bildwelle genannt, zu transformieren und dadurch das Getriebe aus der Rechnung zu eliminieren.

Bei der Bildwellentransformation müssen nach dem Energieerhaltungssatz die kinetischen und potentiellen Energien sowie die Dämpfungs- und Erregerarbeiten konstant bleiben. Für das Umrechnen eines Trägheitsmoments J_2 von einer Welle mit der Drehzahl n_2 auf eine Welle mit der Drehzahl n_1 ergibt sich somit

$$E_{kin} = \frac{J_2}{2}\omega_2^2 = \frac{J_2'}{2}\omega_1^2 \tag{5.37}$$

$$J_2' = J_2 \cdot \left(\frac{\omega_2}{\omega_1}\right)^2 = J_2 \cdot \left(\frac{n_2}{n_1}\right)^2 \tag{5.38}$$

J_2' ist das auf die Antriebsdrehzahl n_1 umgerechnete Trägheitsmoment J_2. Das Trägheitsmoment eines Elements des Gesamtsystems wirkt sich also umso geringer auf das Gesamtträgheitsmoment aus, je niedriger seine Drehzahl ist.

Unter der Voraussetzung der Energieerhaltung ergeben sich außerdem die folgenden Transformationsformeln für Torsionssteifigkeiten c_φ und Dämpfungskonstanten d_ω

$$c_{\varphi2}' = c_{\varphi2}\left(\frac{\varphi_2}{\varphi_1}\right)^2 = c_{\varphi2}\left(\frac{n_2}{n_1}\right)^2 \tag{5.39}$$

$$d_{\omega2}' = d_{\omega2}\left(\frac{\omega_2}{\omega_1}\right)^2 = d_{\omega2}\left(\frac{n_2}{n_1}\right)^2 \tag{5.40}$$

Wählt man als Bildwelle die Motorwelle, dann ergeben sich mit dem in Gl. (5.35) definierten Übersetzungsverhältnis $\ddot{u}$ für die transformierten Größen die Beziehungen

$$J_2' = J_2 / \ddot{u}^2 \qquad \text{Trägheitsmoment}$$

$$c_{\varphi2}' = c_{\varphi2} / \ddot{u}^2 \qquad \text{Torsionssteifigkeit} \tag{5.41}$$

$$d_{\omega2}' = d_{\omega2} / \ddot{u}^2 \qquad \text{Dämpfungskonstante}$$

Kombination von Drehbewegungen und geradlinigen Bewegungen

Bei verschiedenen Antriebssystemen, wie Förderanlagen, Aufzügen und Werkzeugmaschinen, treten neben Drehbewegungen auch geradlinige Bewegungen auf. Zwecks Vereinfachung der Rechnung kann man dann eine der beiden Bewegungsformen auf die andere umrechnen. Als Beispiel dafür diene eine Förderanlage mit massefreier Seiltrommel (Bild 5.7).

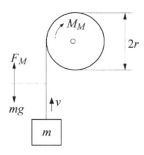

Bild 5.7 Kombination von Rotation und Translation

Die Masse m wird durch die Differenz zwischen der Hubkraft F_M und der Gravitation $m{\cdot}g$ beschleunigt. F_M wird durch das Drehmoment M_M aufgebracht.

$$F_M - m \cdot g = F_b = m \frac{dv}{dt} \tag{5.42}$$

$$v = r \cdot \omega; \qquad \frac{dv}{dt} = r \frac{d\omega}{dt} \tag{5.43}$$

Der Beschleunigungskraft F_b entspricht das Beschleunigungsmoment M_b.

$$M_b = r \cdot F_b = r \cdot m \frac{dv}{dt} = r \cdot m \cdot r \frac{d\omega}{dt} = m \cdot r^2 \frac{d\omega}{dt} = J_{ers} \frac{d\omega}{dt} \tag{5.44}$$

Das an der Drehachse wirksame **Ersatzträgheitsmoment J_{ers} der Masse m** ist also

$$J_{ers} = m \cdot r^2 \tag{5.45}$$

Die Gleichung (5.45) kann man analog benutzen, wenn das Trägheitsmoment J eines rotierenden Systems auf eine Ersatzmasse m_{ers} mit geradliniger Bewegung umgerechnet werden soll.

5.3.5 Beispiel: Rotierendes Zweimassensystem

Eine Arbeitsmaschine wird durch einen Motor mit Getriebe über eine relativ lange Welle bewegt (Bild 5.8). Das mathematische Modell dieses Antriebssystems ist zu entwickeln.

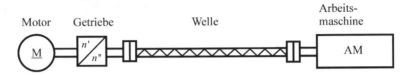

Bild 5.8 Schematische Darstellung des Zweimassensystems

Die Welle zwischen Getriebe und Arbeitsmaschine kann man wegen ihrer Länge nicht als mechanisch starr ansehen. Sie soll als Drehfeder mit der Torsionssteifigkeit c_W und der Dämpfungskonstanten d_W modelliert werden (Voigt-Kelvin-Modell). Die träge Masse dieser Welle sei vernachlässigbar.

Vernachlässigbar klein sei auch die Elastizität des Getriebes und der kurzen Welle zwischen Motor und Getriebe. Die Trägheitsmomente des Motors und des Getriebes kann man deshalb zusammenfassen, so dass sich als Modell ein elastisch gekoppeltes Zweimassensystem ergibt, das unter den genannten Annahmen drei Energiespeicher umfasst (Bild 5.9):

1. die träge Masse von Motor/Getriebe (kinetische Energie),
2. die elastische Welle (potentielle Energie),
3. die träge Masse der Arbeitsmaschine (kinetische Energie).

In der Zustandsform wird das Modell daher durch ein Differentialgleichungssystem 3. Ordnung repräsentiert.

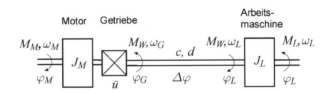

Bild 5.9 Größen am System Motor – Welle – Arbeitsmaschine

Das über die Welle übertragene Moment M_W verdreht diese um den Winkel $\varphi = \varphi_G - \varphi_L$. Es setzt sich aus den Übertragungsmomenten durch die Feder (M_c) und durch die Dämpfung (M_d) zusammen. Bei Verwendung des schon erwähnten Voigt-Kelvin-Modells ist

$$M_W = M_c + M_d = c \cdot \varphi + d \cdot \dot{\varphi}$$

Über das Getriebe wirkt M_W auf der Motorseite als M'_W.

$$M'_W = \frac{M_W}{\ddot{u}}$$

$$\ddot{u} = \frac{n_M}{n_G} = \frac{\omega_M}{\omega_G} \qquad \text{Übersetzungsverhältnis des Getriebes}$$

Die Differenz zwischen dem Motormoment M_M und M'_W beschleunigt die trägen Massen von Motor und Getriebe gemäß Gl. (5.34).

$$J_M \frac{d\omega_M}{dt} = M_M - M'_W = M_M - \frac{M_W}{\ddot{u}} = M_M - \frac{c \cdot \varphi + d \cdot \dot{\varphi}}{\ddot{u}}$$

Analog dazu wirkt auf J_L das Beschleunigungsmoment $M_W - M_L$:

$$J_L \frac{d\omega_L}{dt} = M_W - M_L = c \cdot \varphi + d \cdot \dot{\varphi} - M_L$$

Neben diesen beiden Differentialgleichungen 1. Ordnung wird für ein System 3. Ordnung noch eine weitere benötigt. Für die in der Welle gespeicherte potentielle Energie ist die Winkeldifferenz $\varphi = \varphi_G - \varphi_L$ charakteristisch. Es wird daher zusätzlich φ als Zustandsgröße eingeführt.

$$\varphi = \varphi_G - \varphi_L$$

$$\dot{\varphi} = \dot{\varphi}_G - \dot{\varphi}_L = \omega_G - \omega_L = \frac{\omega_M}{\ddot{u}} - \omega_L$$

Aus den beschriebenen Beziehungen folgt das Modell des Zweimassensystems:

$$DG1: \quad \dot{\omega}_M = \frac{1}{J_M} \left(M_M - \frac{c}{\ddot{u}} \varphi - \frac{d}{\ddot{u}} \left(\frac{\omega_M}{\ddot{u}} - \omega_L \right) \right)$$

$$DG2: \quad \dot{\omega}_L = \frac{1}{J_L} \left(c \cdot \varphi + d \cdot \left(\frac{\omega_M}{\ddot{u}} - \omega_L \right) - M_L \right) \qquad (5.46)$$

$$DG3: \quad \dot{\varphi} = \frac{\omega_M}{\ddot{u}} - \omega_L$$

Zum vollständigen Modell des in Bild 5.8 gezeigten Antriebssystems gehören auch die Gleichungen, die das Verhalten des Antriebsmotors beschreiben. Im Kapitel 6 wird das Beispiel wieder aufgegriffen und weitergeführt.

Ausgehend vom Differentialgleichungssystem (5.46) sollen nun die Zustandsform des Modells des Zweimassensystems bestimmt, die Eigenwerte der Systemmatrix **A** berechnet und die Steuerbarkeit des Systems kontrolliert werden. Diese Aufgaben sind mit Hilfe der Pakete **DynamicSystems** (siehe 3.5) und **LinearAlgebra** leicht zu lösen.

```
> DG1:= diff(omega[M](t),t)=1/J[M]*(M[M](t)-c/ü*phi(t)-
        d/ü*(omega[M](t)/ü-omega[L](t)));
```

$$DG1 := \frac{d}{dt}\,\omega_M(t) = \frac{M_M(t) - \dfrac{c\,\phi(t)}{\ddot{u}} - \dfrac{d\left(\dfrac{\omega_M(t)}{\ddot{u}} - \omega_L(t)\right)}{\ddot{u}}}{J_M}$$

```
> DG2:= diff(omega[L](t),t)=1/J[L]*(c*phi(t)+d*(omega[M](t)/ü-
        omega[L](t))-M[L](t));
```

$$DG2 := \frac{d}{dt}\,\omega_L(t) = \frac{c\,\phi(t) + d\left(\dfrac{\omega_M(t)}{\ddot{u}} - \omega_L(t)\right) - M_L(t)}{J_L}$$

```
> DG3:= diff(phi(t),t)=omega[M](t)/ü-omega[L](t);
```

$$DG3 := \frac{d}{dt}\,\phi(t) = \frac{\omega_M(t)}{\ddot{u}} - \omega_L(t)$$

Mit Hilfe von **DynamicSystems** wird die Zustandsform des Modells bzw. ein StateSpace-Objekt gewonnen und aus diesem die Systemmatrix **A** exportiert.

```
> with(DynamicSystems):
> ssDGsys:= StateSpace([DG1,DG2,DG3], inputvariable=[M[M],M[L]],
           outputvariable=[omega[M],omega[L],phi]):
> PrintSystem(ssDGsys);
```

$$\text{State Space}$$
$$\text{continuous}$$
$$3 \text{ output(s); } 2 \text{ input(s); } 3 \text{ state(s)}$$
$$\text{inputvariable} = \left[M_M(t),\, M_L(t) \right]$$
$$\text{outputvariable} = \left[\omega_M(t),\, \omega_L(t),\, \phi(t) \right]$$
$$\text{statevariable} = \left[x1(t),\, x2(t),\, x3(t) \right]$$

$$a = \begin{bmatrix} -\dfrac{d}{J_L} & \dfrac{d}{J_L\,\ddot{u}} & \dfrac{c}{J_L} \\[2ex] \dfrac{d}{J_M\,\ddot{u}} & -\dfrac{d}{J_M\,\ddot{u}^2} & -\dfrac{c}{J_M\,\ddot{u}} \\[2ex] -1 & \dfrac{1}{\ddot{u}} & 0 \end{bmatrix}$$

$$b = \begin{bmatrix} 0 & -\dfrac{1}{J_L} \\[2ex] \dfrac{1}{J_M} & 0 \\[2ex] 0 & 0 \end{bmatrix}$$

$$c = \begin{bmatrix} 0 & 1 & 0 \\ 1 & 0 & 0 \\ 0 & 0 & 1 \end{bmatrix}$$

$$d = \begin{bmatrix} 0 & 0 \\ 0 & 0 \\ 0 & 0 \end{bmatrix}$$

Ausgabe der Namen der zu exportierenden Variablen:

```
> exports(ssDGsys);
```

a, b, c, d, inputcount, outputcount, statecount, sampletime, discrete, systemname, inputvariable, outputvariable, statevariable, systemtype, ModulePrint

Export der Systemmatrix **A**:

```
> A:= ssDGsys:-a:
> eigenwerte:= LinearAlgebra[Eigenvalues](A);
```

$$eigenwerte :=$$

$$\begin{bmatrix} 0 \\ \dfrac{1}{2}\dfrac{-d\,J_L - d\,J_M\,\ddot{u}^2 + \sqrt{d^2\,J_L^2 + 2\,d^2\,J_L\,J_M\,\ddot{u}^2 + d^2\,J_M^2\,\ddot{u}^4 - 4\,J_M\,\ddot{u}^2\,J_L^2\,c - 4\,J_M^2\,\ddot{u}^4\,J_L\,c}}{J_M\,\ddot{u}^2\,J_L} \\ -\dfrac{1}{2}\dfrac{d\,J_L + d\,J_M\,\ddot{u}^2 + \sqrt{d^2\,J_L^2 + 2\,d^2\,J_L\,J_M\,\ddot{u}^2 + d^2\,J_M^2\,\ddot{u}^4 - 4\,J_M\,\ddot{u}^2\,J_L^2\,c - 4\,J_M^2\,\ddot{u}^4\,J_L\,c}}{J_M\,\ddot{u}^2\,J_L} \end{bmatrix}$$

Aus dem Vergleich dieser Lösung mit der allgemeinen Form der Eigenwerte eines Schwingungssystems

$$\lambda_{1,2} = -\delta \pm i \cdot \sqrt{\omega_0^2 - \delta^2}$$

ergeben sich für die Kreisfrequenz ω_0 der ungedämpften Schwingung (Kennkreisfrequenz) und für den Abklingkoeffizienten δ die folgenden Beziehungen:

$$\omega_0 = \sqrt{\dfrac{c\left(J_L + J_M \cdot \ddot{u}^2\right)}{J_L \cdot J_M \cdot \ddot{u}^2}} \qquad \delta = \dfrac{d}{2} \cdot \dfrac{J_L + J_M \cdot \ddot{u}^2}{J_L \cdot J_M \cdot \ddot{u}^2} \tag{5.47}$$

Für vorgegebene Parameterwerte werden nun noch die konkreten Eigenwerte des Systems ohne und mit Dämpfung berechnet und ausgewertet.

```
> eval(eigenwerte, [c=4.12e+4, d=0, J[M]=2, J[L]=1, ü=1]);
```

$$\begin{bmatrix} 0 \\ 248.5961\ I \\ -248.5961\ I \end{bmatrix}$$

Die Eigenkreisfrequenz des Systems ohne Dämpfung beträgt demnach 248,596 Hz.

```
> eval(eigenwerte, [c=4.12e+4, d=4, J[M]=2, J[L]=1, ü=1]);
```

$$\begin{bmatrix} 0 \\ -3.0000 + 248.5780\ I \\ -3.0000 - 248.5780\ I \end{bmatrix}$$

Mit Dämpfung (d = 4) hat das Zweimassensystem die Eigenkreisfrequenz 248,578 Hz und den Abklingkoeffizienten $\delta = 3$.

Prüfung der Steuerbarkeit:

```
> Controllable(ssDGsys);
```

$$true$$

Aus dem mit **DynamicSystems** gebildeten StateSpace-Objekt werden nun auch die Matrix **C** sowie die Vektoren der Zustands- und Ausgangsvariablen exportiert und damit die Ausgangsgleichung berechnet.

```
> C:= ssDGsys:-c:
> xx:= ssDGsys:-statevariable;
```

$$xx := \left[x1(t), x2(t), x3(t) \right]$$

```
> x:= Vector(xx);
```

$$x := \begin{bmatrix} x1(t) \\ x2(t) \\ x3(t) \end{bmatrix}$$

```
> y:= Vector(ssDGsys:-outputvariable);
```

$$y := \begin{bmatrix} \omega_M(t) \\ \omega_L(t) \\ \phi(t) \end{bmatrix}$$

Ausgangsgleichung:

```
> AG:= y = C.x;
```

$$AG := \begin{bmatrix} \omega_M(t) \\ \omega_L(t) \\ \phi(t) \end{bmatrix} = \begin{bmatrix} x2(t) \\ x1(t) \\ x3(t) \end{bmatrix}$$

Die ausgewertete Ausgangsgleichung liefert folgenden Zusammenhang zwischen Zustands- und Ausgangsvariablen: $x_1 = \omega_L$, $x_2 = \omega_M$ und $x_3 = \varphi$.

Abschließend sollen noch die Übertragungsfunktionen des Zweimassensystems bestimmt werden. Auch diese Aufgabe kann man mit Hilfe von **DynamicSystems** ohne Schwierigkeiten lösen.

```
> tfDGsys:= TransferFunction([DG1,DG2,DG3], inputvariable=[M[M],
          M[L]], outputvariable=[omega[M], omega[L],phi]):
> PrintSystem(tfDGsys);
```

In der Maple-Ausgabe bezeichnet tf $_{i,k}$ die Übertragungsfunktion (transfer function) für die i-te Ausgangsgröße und die k-te Eingangsgröße.

Transfer Function

continuous

3 output(s); 2 input(s)

inputvariable $= \left[M_M(s), M_L(s) \right]$

outputvariable $= \left[\omega_M(s), \omega_L(s), \phi(s) \right]$

$$\text{tf}_{1,1} = \frac{\bar{u}^2 J_L s^2 + \bar{u}^2 d s + \bar{u}^2 c}{J_M \bar{u}^2 J_L s^3 + \left(d J_L + d J_M \bar{u}^2 \right) s^2 + \left(c J_L + c J_M \bar{u}^2 \right) s}$$

$$\text{tf}_{2,1} = \frac{\bar{u} d s + c \bar{u}}{J_M \bar{u}^2 J_L s^3 + \left(d J_L + d J_M \bar{u}^2 \right) s^2 + \left(c J_L + c J_M \bar{u}^2 \right) s}$$

$$\text{tf}_{3,1} = \frac{J_L \bar{u}}{\bar{u}^2 J_M J_L s^2 + \left(d J_L + d J_M \bar{u}^2 \right) s + c J_L + c J_M \bar{u}^2}$$

$$\text{tf}_{1,2} = \frac{-\bar{u} d s - c \bar{u}}{J_M \bar{u}^2 J_L s^3 + \left(d J_L + d J_M \bar{u}^2 \right) s^2 + \left(c J_L + c J_M \bar{u}^2 \right) s}$$

$$\text{tf}_{2,2} = \frac{-\bar{u}^2 J_M s^2 - d s - c}{J_M \bar{u}^2 J_L s^3 + \left(d J_L + d J_M \bar{u}^2 \right) s^2 + \left(c J_L + c J_M \bar{u}^2 \right) s}$$

$$\text{tf}_{3,2} = \frac{J_M \bar{u}^2}{\bar{u}^2 J_M J_L s^2 + \left(d J_L + d J_M \bar{u}^2 \right) s + c J_L + c J_M \bar{u}^2}$$

5.3.6 Leistungssatz

Der Leistungssatz besagt, dass die Summe aller einem System zu- und abgeführten Leistungen zu jedem Zeitpunkt gleich der zeitlichen Änderung der kinetischen Energie des Systems ist.

$$\frac{dE_{kin}}{dt} = \sum P_i \quad \text{(Leistungssatz)} \tag{5.48}$$

Daraus folgt auch, dass sich die kinetische Energie eines mechanischen Systems nur stetig ändern kann, denn sprungartige Erhöhungen würden die Zuführung einer unendlich großen Leistung erfordern. Analoges gilt für den Energieinhalt aller physikalischen Systeme.

Der Leistungssatz eignet sich zur mathematischen Modellierung von konservativen und nicht-konservativen Systemen mit einem Freiheitsgrad. Für Systeme mit mehreren Freiheitsgraden ist er nicht verwendbar, weil dann nicht festgelegt wäre, wie sich die Energien auf die Freiheitsgrade verteilen[1].

---

[1] In konservativen Systemen ist die Summe von kinetischer und potentieller Energie konstant. In nicht-konservativen Systemen wirken auch Reibungs- oder Dämpferkräfte und somit ist die Summe von kinetischer und potentieller Energie nicht konstant, sondern verringert sich im Laufe der Zeit.

5.4   Lagrangesche Bewegungsgleichungen 2. Art

Das Aufstellen der Bewegungsgleichungen eines mechanischen Systems lässt sich häufig vereinfachen, wenn man dafür spezielle Koordinaten verwendet. Beispielsweise benötigt man zwei kartesische Koordinaten für die Beschreibung der Lage eines ebenen mathematischen Pendels. Der Umstand, dass der pendelnde Massepunkt nur die durch die Pendellänge r vorgegebenen Punkte in der Ebene erreichen kann, wird dabei durch die Bindungsgleichung $x^2 + y^2 = r^2$ berücksichtigt. Diese Gleichung führt also zu einer Verknüpfung der beiden kartesischen Koordinaten – sie sind nicht voneinander unabhängig.

Lagrangesche Bewegungsgleichungen[1] benutzen für die Lagebeschreibung Koordinaten, die voneinander unabhängig sind. Man bezeichnet diese als **verallgemeinerte** oder **generalisierte Koordinaten** q_i. Sinngemäß heißen die Ableitungen der Koordinaten q_i nach der Zeit verallgemeinerte oder generalisierte Geschwindigkeiten $\dot{q}_i$. Beim als Beispiel genannten Pendel wären die verallgemeinerte Koordinate der Auslenkungswinkel φ und die verallgemeinerte Geschwindigkeit die Winkelgeschwindigkeit ω.

> Hat ein System f Freiheitsgrade, so gibt es f voneinander unabhängige Koordinaten q_i (generalisierte Koordinaten), die den jeweiligen Zustand des Systems vollständig beschreiben.

Die Zahl der Freiheitsgrade eines Systems gibt an, wie viele voneinander unabhängige Bewegungen die Elemente, die das System bilden, ausführen können.

Lagrangesche Bewegungsgleichungen 2. Art haben die allgemeine Form

$$
\frac{d}{dt}\left(\frac{\partial L}{\partial \dot{q}_i}\right) - \frac{\partial L}{\partial q_i} = Q_i^* ; \quad i = 1, 2, \ldots, f
$$

$$
L = E_{kin} - E_{pot} \qquad \text{Lagrangesche Funktion}
$$

(5.49)

E_{kin}...kinetische Energie, E_{pot}...potentielle Energie

Q_i^* ... Summe der potentialfreien Kräfte in Richtung q_i

Potentialfreie Kräfte sind von außen einwirkende Kräfte sowie Reibungs- und Dämpfungskräfte. Wie schon das Beispiel „Pendel" zeigte, haben die verallgemeinerten Koordinaten nicht notwendigerweise die Dimension der Länge. Das Produkt von $q_i \cdot Qi^*$ muss aber stets die Dimension der Arbeit haben. Wenn also im Falle der Rotation als Lagekoordinate ein Winkel (Dimension rad) gewählt wird, dann muss die potentialfreie „Kraft" ein Drehmoment (Dimension Nm) sein. Die Herleitung der Lagrangeschen Bewegungsgleichungen wird in [Gross06] beschrieben.

---

[1] Joseph Louis de Lagrange, geb. 1736 in Turin, gest. 1813 in Paris. Mathematiker, Physiker und Astronom, Begründer der analytischen Mechanik. 1766–1786 Direktor der Preußischen Akademie der Wissenschaften.

Der Vorteil, den der Modellierungsansatz über die Lagrangeschen Bewegungsgleichungen im Vergleich zum Ansatz nach Newton bei komplexen Systemen besitzt, geht selbstverständlich verloren, wenn man an den Kräften interessiert ist. Bei einfachen mechanischen Problemen ist es sicher sinnvoll, den Newtonschen Ansatz vorzuziehen, weil „er intuitiv und analytisch leichter fassbar ist und so das Verständnis des Problems erleichtert" [Fowk96].

Beispiel: Verladebrücke[1]

Die Laufkatze einer Verladebrücke (Bild 5.10) transportiert eine Last m_L. Die Laufkatze selbst hat die Masse m_K. Sie wird durch die Kraft $F\,(t)$ angetrieben bzw. am Zielort durch diese Kraft gebremst.

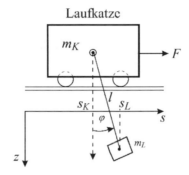

Bild 5.10 Verladebrücke

Für die Untersuchung, wie sich verschiedene Zeitverläufe von Antriebs- und Bremskraft auf die Schwingungen der Last und die Bewegung der Laufkatze auswirken, soll ein mathematisches Modell des Systems entwickelt werden. Dabei sei die Annahme zulässig, dass die Seilmasse gegenüber der Masse der Last vernachlässigbar und dass die Seillänge l konstant ist.

Das System hat zwei Freiheitsgrade und wird daher durch zwei generalisierte Koordinaten vollständig beschrieben. Als Koordinaten werden gewählt

s_K ...die Position der Laufkatze

φ ... der Pendelwinkel der Last.

Die Ableitungen der generalisierten Koordinaten nach der Zeit sind

$$\dot{s}_K = v_K \qquad \dot{\varphi} = \omega.$$

---

[1] Das Beispiel „Verladebrücke" wird in der Literatur zur Regelungstechnik häufig verwendet (siehe u. a. [Föll92], [Sch80]).

Dieser Ansatz führt auf zwei Lagrangesche Gleichungen mit der allgemeinen Form

$$\frac{d}{dt}\left(\frac{\partial L}{\partial \dot{s}_K}\right) - \frac{\partial L}{\partial s_K} = Q_{s_K}^* \quad \rightarrow \quad \frac{d}{dt}\left(\frac{\partial L}{\partial v_K}\right) - \frac{\partial L}{\partial s_K} = Q_{sK}^*$$

$$\frac{d}{dt}\left(\frac{\partial L}{\partial \dot{\varphi}}\right) - \frac{\partial L}{\partial \varphi} = Q_{\varphi}^* \quad \rightarrow \quad \frac{d}{dt}\left(\frac{\partial L}{\partial \omega}\right) - \frac{\partial L}{\partial \varphi} = Q_{\varphi}^*$$

(5.50)

Die kinetische Energie des Systems setzt sich zusammen aus den kinetischen Energien der Laufkatze und der daran hängenden Last.

$$E_{kin} = \frac{m_K}{2} v_K^2 + \frac{m_L}{2} v_{Lr}^2$$

v_K ... Geschwindigkeit der Laufkatze

v_{Lr} ... Geschwindigkeit der Last, resultierend aus Bewegung in s- und in z-Richtung

Die potentielle Energie der Last infolge der Bewegung in z-Richtung bei Auslenkung um den Winkel φ ist

$$E_{pot} = m_L \cdot g \left(1 - \cos\varphi\right) \cdot l \;^1$$

Die potentialfreien Kräfte sind in Richtung der Koordinate s_K

$$Q_{s_K}^* = F_A(t) - F_{Br}(t) = F(t)$$

und in Richtung der Koordinate φ

$$Q_{\varphi}^* = 0$$

Auf die Last wirkende äußere Kräfte, wie beispielsweise die Luftreibung, werden also vernachlässigt.

Die bei der Formulierung von E_{kin} benutzte Geschwindigkeit v_{Lr} wird nun mit Hilfe der allgemeinen Koordinaten s_K und φ bzw. deren Ableitungen nach der Zeit beschrieben. Aus den geometrischen Verhältnissen (Bild 5.10) lassen sich folgende Gleichungen entwickeln:

$$v_{Lr} = \sqrt{v_{Ls}^2 + v_{Lz}^2}$$

Die Last legt in s- und in z-Richtung folgende Wege zurück:

$$s_L = s_K + l \cdot \sin\varphi \quad \rightarrow \quad \dot{s}_L = v_{Ls} = \dot{s}_K + l \cdot \cos(\varphi) \cdot \dot{\varphi} = v_K + l \cdot \cos(\varphi) \cdot \omega$$

$$z_L = l \cdot \cos\varphi - l \quad \rightarrow \quad \dot{z}_L = v_{Lz} = -l \cdot \sin(\varphi) \cdot \dot{\varphi} = -l \cdot \sin(\varphi) \cdot \omega$$

---

[1] Der Bezugspunkt für die Angabe der potentiellen Energie kann beliebig gewählt werden, weil in die folgenden Rechnungen nur die Ableitung der potentiellen Energie, d. h. deren Änderung, eingeht. Es wäre daher auch folgender Ansatz möglich: $E_{pot} = -m_L \cdot g \cdot l \cdot \cos\varphi$

Die nächsten Rechnungen werden mit Unterstützung von Maple ausgeführt. Wegen der notwendigen partiellen Ableitungen der Lagrangeschen Funktion wird die Zeitabhängigkeit der Variablen anfangs nicht angegeben, sondern erst später eingeführt.

```
> E[kin] := (1/2)*m[K]*v[K]^2+(1/2)*m[L]*v[Lr]^2;
```

$$E_{kin} := \frac{1}{2}\, m_K\, v_K^2 + \frac{1}{2}\, m_L\, v_{Lr}^2$$

```
> E[pot] := m[L]*g*l*(1-cos(phi));
```

$$E_{pot} := m_L\, g\, l\, \left(1 - \cos(\phi)\right)$$

```
> Q[sK] := F;   Q[phi] := 0;
```

$$Q_{sK} := F$$

$$Q_{\phi} := 0$$

```
> v[Lr]:=sqrt(v[Ls]^2+v[Lz]^2);
```

$$v_{Lr} := \sqrt{v_{Ls}^2 + v_{Lz}^2}$$

```
> v[Ls]:= v[K]+l*cos(phi)*omega;
```

$$v_{Ls} := v_K + l \cos(\phi)\, \omega$$

```
> v[Lz]:= -l*sin(phi)*omega;
```

$$v_{Lz} := -l \sin(\phi)\, \omega$$

Bildung der Lagrangeschen Funktion:

```
> LF(t):= E[kin]-E[pot];
```

$$LF(t) := \frac{1}{2}\, m_K\, v_K^2 + \frac{1}{2}\, m_L\, \left(\left(v_K + l \cos(\phi)\, \omega \right)^2 + l^2 \sin(\phi)^2\, \omega^2 \right)$$
$$- m_L\, g\, l\, \left(1 - \cos(\phi)\right)$$

Aufstellen der Lagrangeschen Gleichungen:

Die in Gleichung (5.50) in allgemeiner Form dargestellten Lagrangeschen Gleichungen der Verladebrücke werden nun aufgestellt. Die partiellen Ableitungen der Lagrangeschen Funktion sind zu bilden und die Ableitungen nach v_K und ω noch nach der Zeit t abzuleiten. Vor der Ableitung nach der Zeit müssen mittels **subs** die betreffenden Variablen durch Variablen mit Abhängigkeit von der Zeit ersetzt werden. Die Ersetzungsgleichungen sind in der Variablen *sset* zusammengefasst.

```
> sset:= {s[K]=s[K](t), v[K]=diff(s[K](t),t),
          phi=phi(t), omega=diff(phi(t),t)};
```

$$sset := \left\{ \phi = \phi(t),\ \omega = \frac{d}{dt}\,\phi(t),\ s_K = s_K(t),\ v_K = \frac{d}{dt}\,s_K(t) \right\}$$

```
> DG1:= diff(subs(sset, diff(LF(t),v[K])), t) -
              subs(sset, diff (LF(t),s[K])) = Q[sK]:
> DG1:= simplify(DG1);
```

$$DG1 := m_K \left(\frac{d^2}{dt^2}\,s_K(t) \right) + m_L \left(\frac{d^2}{dt^2}\,s_K(t) \right) - m_L\,l\sin(\phi(t)) \left(\frac{d}{dt}\,\phi(t) \right)^2$$

$$+ m_L\,l\cos(\phi(t)) \left(\frac{d^2}{dt^2}\,\phi(t) \right) = F$$

```
> DG2:= diff(subs (sset, diff(LF(t),omega)), t) -
              subs (sset, diff (LF(t),phi)) = 0:
> DG2:= simplify(DG2)/m[L]/l;
```

$$DG2 := \cos(\phi(t)) \left(\frac{d^2}{dt^2}\,s_K(t) \right) + l \left(\frac{d^2}{dt^2}\,\phi(t) \right) + g\sin(\phi(t)) = 0$$

Maple liefert als Modell der Verladebrücke zwei gekoppelte Differentialgleichungen 2. Ordnung. In Kurzschreibweise haben diese die Form

$$\left(\frac{m_K}{m_L} + 1 \right) \cdot \ddot{s}_K + l\left[\ddot{\varphi}\cos\varphi - \dot{\varphi}^2\sin\varphi \right] = \frac{1}{m_L}F(t)$$

$$l \cdot \ddot{\varphi} + \ddot{s}_K \cdot \cos\varphi + g \cdot \sin\varphi = 0\ .$$

Linearisierung des Modells

Meist kann man in der Praxis davon ausgehen, dass die Bewegung der Laufkatze durch Steuerung oder Regelung so beeinflusst wird, dass die Schwingungen der Last und damit $|\varphi|$ nur kleine Werte annehmen. Unter dieser Bedingung wird

$$\sin\varphi \approx \varphi \qquad \cos\varphi \approx 1 \qquad \dot{\varphi}^2\sin\varphi \approx 0$$

und das Modell erhält für $|\varphi| \ll 1$ die folgende Form:

$$\left(\frac{m_K}{m_L} + 1 \right) \cdot \ddot{s}_K + l \cdot \ddot{\varphi} = \frac{1}{m_L}\left(F(t) - F_{Br}(t) \right)$$

$$\ddot{s}_K + l \cdot \ddot{\varphi} + g \cdot \varphi = 0$$

6 Ausgewählte Beispiele

6.1 Hydraulisch gedämpfter Fahrersitz eines LKW

Das Beispiel des Abschnitts 5.3.2 wird hier noch einmal aufgegriffen. Der mit einer hydraulisch gedämpften Luftfeder ausgestattete Fahrersitz eines LKW wird während der Fahrt durch die Fußpunkterregung $x_e(t)$ in Schwingung versetzt (Schema in Bild 6.1). Die Masse m von Fahrer und Sitz beträgt 100 kg. Die Wirkung der gedämpften Luftfeder beschreiben die Federsteifigkeit c_F und die Dämpfungskonstante d (geschwindigkeitsproportionale Dämpfung). Die Steifigkeit des Sitzpolsters werde durch die Federkonstante c_P berücksichtigt.

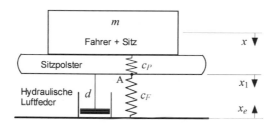

Bild 6.1 Feder-Masse-Schema des LKW-Sitzes

Untersucht werden soll im Unterschied zum Abschnitt 5.3.2 das Verhalten des Schwingungssystems bei funktionsfähiger Dämpfung.

Dämpfung des Sitzes ist funktionsfähig: vereinfachtes Modell

Der Dämpfer ist zwischen Anfangs- und Endpunkt der Feder c_F angeordnet. Vereinfachend wird aber vorerst angenommen, dass er über die gesamte Federlänge (einschließlich des Sitzpolsters) wirkt, dass für die Dämpfungskraft also gilt

$$F_d = d\left(\dot{x} - \dot{x}_e\right).$$

Damit ergibt sich mit der aus c_P und c_F gebildeten resultierenden Federkonstanten c

$$m \cdot \ddot{x} = -c \cdot (x + x_e) - d\left(\dot{x} + \dot{x}_e\right) \quad \text{bzw.}$$

$$m \cdot \ddot{x} + c \cdot x + d \cdot \dot{x} = -c \cdot x_e - d \cdot \dot{x}_e$$

Die resultierende Federkonstante c liefert Gleichung (5.12)

$$\frac{1}{c} = \frac{1}{c_P} + \frac{1}{c_F} \qquad c = \frac{c_P \cdot c_F}{c_P + c_F}$$

Maple-Programm:

```
> DG2:= m*diff(x(t),t,t) + d*diff(x(t),t) + c*x(t) =
       -c*r*sin(omega[e]*t)-d*r*omega[e]*cos(omega[e]*t);
```

$$DG2 := m\left(\frac{d^2}{dt^2}x(t)\right) + d\left(\frac{d}{dt}x(t)\right) + c\,x(t) = -c\,r\sin(\omega_e\,t) - d\,r\,\omega_e\cos(\omega_e\,t)$$

```
> Loes2:= dsolve({DG2,AnfBed}, x(t)) assuming d^2<4*c*m;
```

$$Loes2 := x(t) = -\frac{e^{-\frac{1}{2}\frac{d\,t}{m}}\sin\left(\frac{1}{2}\frac{\sqrt{-d^2+4\,c\,m}\,\,t}{m}\right)\omega_e\,r\,m\left(-2\,c^2+2\,c\,\omega_e^2\,m-d^2\,\omega_e^2\right)}{\sqrt{-d^2+4\,c\,m}\,\left(c^2-2\,c\,\omega_e^2\,m+d^2\,\omega_e^2+\omega_e^4\,m^2\right)}$$

$$\cdots\frac{e^{-\frac{1}{2}\frac{d\,t}{m}}\cos\left(\frac{1}{2}\frac{\sqrt{-d^2+4\,c\,m}\,\,t}{m}\right)r\,d\,\omega_e^3\,m}{c^2-2\,c\,\omega_e^2\,m+d^2\,\omega_e^2+\omega_e^4\,m^2}$$

$$\cdots\frac{\left(\left(\left(d^2-c\,m\right)\omega_e^2+c^2\right)\sin(\omega_e\,t)-d\,\omega_e^3\,m\cos(\omega_e\,t)\right)r}{\omega_e^4\,m^2+\left(-2\,c\,m+d^2\right)\omega_e^2+c^2}$$

In der ermittelten Lösung wird nun die resultierende Federkonstante c gemäß obiger Gleichung durch die Federkonstanten c_P und c_F ersetzt.

```
> Loes2a:= subs(c=cp*cf/(cp+cf), Loes2):
```

Mit einem vorgegebenen Satz von Parameterwerten wird die spezielle Lösung $x2$ berechnet und graphisch dargestellt.

```
> param2:= [m=100, cp=100000, cf=10000, d=30, r=0.03, omega[e]=5]:
> x2:= simplify(subs(param2, rhs(Loes2a)));
```

$$x2 := 0.0217\,e^{-0.1500\,t}\sin(9.5334\,t) - 0.0003\,e^{-0.1500\,t}\cos(9.5334\,t)$$
$$- 0.0414\sin(5.0000\,t) + 0.0003\cos(5.0000\,t)$$

```
> plot(x2, t=0..30, gridlines);
```

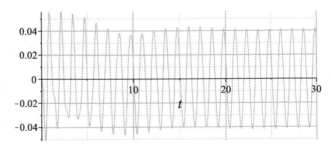

Wie zu erwarten, klingt in diesem Fall die Eigenschwingung (Lösung der homogenen Differentialgleichung) durch die Dämpfung ab und es bleibt nach hinreichender Zeit nur die erzwungene Schwingung (Partikularlösung der Differentialgleichung) bestehen.

Dämpfung des Sitzes ist funktionsfähig: genaues Modell

Dem vereinfachten Modell soll ein genaueres gegenübergestellt werden. Am Punkt A im Bild 6.1 (Unterkante des Sitzes) besteht das in Bild 6.2 dargestellte Kräftegleichgewicht.

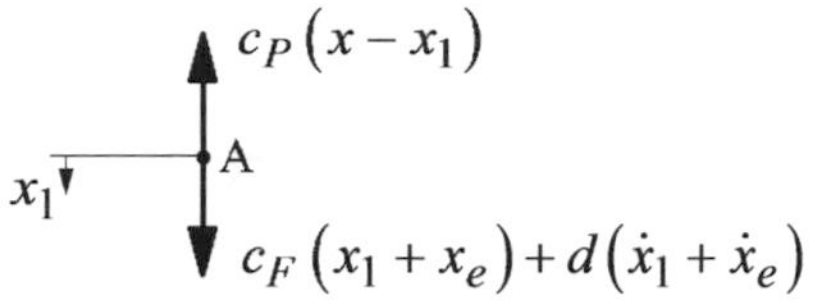

$$c_P\left(x - x_1\right)$$

x_1 A

$$c_F\left(x_1 + x_e\right) + d\left(\dot{x}_1 + \dot{x}_e\right)$$

Bild 6.2 Kräftegleichgewicht im Punkt A

$$c_P\left(x - x_1\right) = c_F\left(x_1 + x_e\right) + d\left(\dot{x}_1 + \dot{x}_e\right)$$

Daraus folgt mit $\dot{x}_e = v_e$

$$\dot{x}_1 = \frac{c_P\left(x - x_1\right) - c_F\left(x_1 + x_e\right) - d \cdot v_e}{d}$$

Außerdem gilt

$$m \cdot \ddot{x} = -c_P\left(x - x_1\right)$$

Die angegebenen Gleichungen werden nun in Maple-Form notiert.

```
> restart: with(plots):
> DG3:= diff(x1(t),t)=1/d*(cp*(x(t)-x1(t))-cf*(x1(t)+xe)-d*ve);
```

$$DG3 := \frac{\mathrm{d}}{\mathrm{d}t}\,x1(t) = \frac{cp\,(x(t) - x1(t)) - cf\,(x1(t) + xe) - d\,ve}{d}$$

```
> DG4:= m*diff(x(t),t,t)   = -cp*(x(t)-x1(t));
```

$$DG4 := m\left(\frac{\mathrm{d}^2}{\mathrm{d}t^2}\,x(t)\right) = -cp\,(x(t) - x1(t))$$

Für Weg und Geschwindigkeit des Fußpunktes gelten folgende Beziehungen:

```
> xe:= r*sin(omega[e]*t);
```

$$xe := r\,\sin\left(\omega_e\,t\right)$$

```
> ve:= diff(xe, t);
```

$$ve := r\,\cos\left(\omega_e\,t\right)\omega_e$$

```
> AnfBed:= x(0)=0, x1(0)=0, D(x)(0)=0:
> Loes:= dsolve({DG3, DG4, AnfBed}, [x(t), x1(t)], method=laplace);
```

Mit der Laplace-Methode findet Maple auch für diese Anfangswertaufgabe eine analytische Lösung. Diese wird allerdings hier nicht dargestellt, weil sie sehr komplex und umfangreich ist.

Die Teillösung $x(t)$ wird nun separiert. Auch sie ist nicht besonders übersichtlich.

```
> xa:= subs(Loes, x(t));
```

$$
xa := \left[\left(\left(-cf^2\, cp + cf\, cp\, m\, \omega_e^2 + cf^2\, m\, \omega_e^2 - d^2\, cp\, \omega_e^2 + d^2\, \omega_e^4\, m \right) \sin(\omega_e\, t) + \left(cp\, d \right. \right. \right.
$$

$$
\omega_e^2 \cos(\omega_e\, t) - \left(\sum_{\_\alpha = RootOf\left(\_Z^3\, d\, m + (cp\, m + cf\, m)\, \_Z^2 + \_Z\, d\, cp + cf\, cp \right)} \right.
$$

$$
\frac{1}{2\, cp\, m\, \_\alpha + 3\, \_\alpha^2\, d\, m + d\, cp + 2\, cf\, m\, \_\alpha} \left(e^{-\_\alpha\, t} \left(\omega_e^2 \left(cf^3\, m + cp\, m\, d^2\, \_\alpha^2 \right. \right. \right.
$$

$$
- cp\, \_\alpha\, d^3 + d\, m\, \_\alpha\, cp^2 + 2\, cf\, cp\, d\, m\, \_\alpha + d\, m\, \_\alpha\, cf^2 - cf\, cp\, d^2 + cf\, cp^2\, m
$$

$$
+ 2\, cf^2\, cp\, m \right) + \omega_e^4\, m\, d^2 \left(cf + \_\alpha\, d \right) - cp\, cf^2 \left(cf + cp + \_\alpha\, d \right) \Big) \Big) \Big) \Big) \omega_e\, m \Big) cp\, r \Big)
$$

$$
\Big/ \; \Big(2\, cf\, cp\, m^2\, \omega_e^4 - 2\, cf\, cp^2\, m\, \omega_e^2 + cf^2\, cp^2 + d^2\, \omega_e^6\, m^2 + cp^2\, m^2\, \omega_e^4 + cf^2\, m^2\, \omega_e^4
$$

$$
- 2\, d^2\, cp\, \omega_e^4\, m - 2\, cf^2\, cp\, m\, \omega_e^2 + d^2\, cp^2\, \omega_e^2 \Big)
$$

Der Ausdruck

$$
\_\alpha = RootOf\left(\_Z^3\, d\, m + (cp\, m + cf\, m)\, \_Z^2 + \_Z\, d\, cp + cf\, cp \right)
$$

steht für die Wurzeln des als Argument von *RootOf* angegebenen Polynoms. Mit dem Befehl **allvalues** könnte man die Rechnung weiter vorantreiben, allerdings wird das Resultat dann noch wesentlich länger und noch unübersichtlicher.

```
> param:= [r=0.03, omega[e]=5, d=30, m=100, cf=10000, cp=100000]:
> xb:= subs(param,xa):
> plot(xb, t=0..30, gridlines);
```

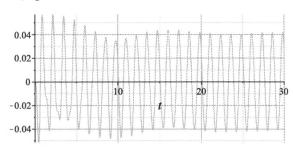

Zum Vergleich wird auch eine numerische Lösung bestimmt:

```
> DGsys:= subs(param, {DG3,DG4,AnfBed}):
> Loes:= dsolve(DGsys, [x(t), x1(t)], numeric,
         maxfun=0, maxstep=0.0001);
```

$$
Loes := \mathbf{proc}(x\_rkf45) \; ... \; \mathbf{end\ proc}
$$

```
> odeplot(Loes, [t,x(t)], t=0..30, numpoints=2000, gridlines=true);
```

Auf die Wiedergabe des Diagramms wird verzichtet, weil es mit der vorhergehenden Graphik-Ausgabe praktisch übereinstimmt.

6.2   Verladebrücke

Die Laufkatze einer Verladebrücke (Bild 6.3) transportiert eine Last m_L von der Startposition $s_K = 0$ zu einer Zielposition. Die Laufkatze selbst hat die Masse m_K. Sie wird durch eine Kraft $FA(t)$ angetrieben und am Zielort durch eine Kraft $FB(t)$ gebremst. Ihre Bewegung regt die an einem Seil der Länge l hängende Last zu Schwingungen an, die auf die Katze zurückwirken. Das Verhalten des Systems Laufkatze – Last, dessen Modell bereits im Abschnitt 5.4 entwickelt wurde, soll unter verschiedenen Bedingungen des Antriebs bzw. der Bremsung untersucht werden.

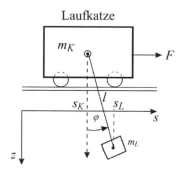

Bild 6.3 Laufkatze mit Last

Im Folgenden wird vorausgesetzt, dass die Auslenkungen der schwingenden Last relativ klein bleiben, dass die Seilmasse gegenüber der Masse der Last vernachlässigt werden kann und dass die Seillänge l konstant ist. Diesen Bedingungen entspricht die linearisierte Form des im Abschnitt 5.4 entwickelten Modells.

$$\left(\frac{m_K}{m_L}+1\right) \cdot \ddot{s}_K + l \cdot \ddot{\varphi} = \frac{1}{m_L} F(t)$$

$$\ddot{s}_K + l \cdot \ddot{\varphi} + g \cdot \varphi = 0$$

(6.1)

Zunächst wird das Verhalten des Systems unter der Einwirkung einer konstanten Antriebskraft analysiert, wobei auch Dämpfungseinflüsse vernachlässigt werden. In den darauf folgenden Abschnitten wird das Modell (6.1) durch Modelle des Antriebsmotors und der Bremseinrichtung ergänzt.

6.2.1 Antrieb der Laufkatze durch eine konstante Kraft

Differentialgleichungen Gl. (6.1) in Maple-Notation:

```
> DG1:= (mK/mL+1)*diff(sK(t),t,t)+l*diff(phi(t),t,t)=F(t)/mL;
```

$$DG1 := \left(\frac{mK}{mL}+1\right)\left(\frac{\mathrm{d}^2}{\mathrm{d}t^2} sK(t)\right) + l\left(\frac{\mathrm{d}^2}{\mathrm{d}t^2}\phi(t)\right) = \frac{F(t)}{mL}$$

```
> DG2:= diff(sK(t),t,t)+l*diff(phi(t),t,t)+g*phi(t)=0;
```

$$DG2 := \frac{d^2}{dt^2}\, sK(t) + l\left(\frac{d^2}{dt^2}\,\phi(t)\right) + g\,\phi(t) = 0$$

Festlegung der Werte der Parameter (mit Ausnahme der Seillänge *l*), der Eingangsgröße $F(t)$ und der Anfangsbedingungen:

```
> param:= [mK=1000, mL=4000, g=9.81, F(t)=F0];
```

$$param := [mK = 1000,\ mL = 4000,\ g = 9.8100,\ F(t) = F0]$$

```
> AnfBed:= {sK(0)=0, D(sK)(0)=0, phi(0)=0, D(phi)(0)=0};
```

$$AnfBed := \{\phi(0) = 0,\ sK(0) = 0,\ D(\phi)(0) = 0,\ D(sK)(0) = 0\}$$

Mit den gewählten Parametern wird nun ein modifiziertes Differentialgleichungssystem *sysDG* erzeugt und dessen Lösung berechnet.

```
> sysDG:= eval({DG1,DG2}, param):
> Loes:= dsolve(sysDG union AnfBed, [sK(t),phi(t)]);
```

$$Loes := \left[\phi(t) = \frac{1}{49050}\cos\left(\frac{3}{10}\frac{\sqrt{545}\,t}{\sqrt{l}}\right)F0 - \frac{1}{49050}F0,\ sK(t) = \right.$$

$$\left. -\frac{2}{122625}F0\,l\cos\left(\frac{3}{10}\frac{\sqrt{545}\,t}{\sqrt{l}}\right) + \frac{1}{10000}F0\,t^2 + \frac{2}{122625}\,l\,F0\right\}$$

Für die konkreten Werte der Kraft $F0{=}1000\ N$ und der Seillänge $l{=}10\ m$ ergibt sich die spezielle Lösung *Loes1*, deren Komponenten anschließend den Variablen *sK1* und *phi1* zugewiesen und graphisch dargestellt werden.

```
> Loes1:= eval(Loes, [F0=1000, l=10]);
```

$$Loes1 := \left[\phi(t) = \frac{20}{981}\cos\left(\frac{3}{100}\sqrt{545}\sqrt{10}\,t\right) - \frac{20}{981},\ sK(t) = \right.$$

$$\left. -\frac{160}{981}\cos\left(\frac{3}{100}\sqrt{545}\sqrt{10}\,t\right) + \frac{1}{10}t^2 + \frac{160}{981}\right\}$$

```
> sK1:= subs(Loes1, sK(t)):  phi1:= subs(Loes1, phi(t)):
> setoptions(titlefont=[HELVETICA,BOLD,12],labelfont=[HELVETICA,12]):
> p1:= plot(sK1, t=0..15, title="Weg der Laufkatze in m",
        labels=["t/s", "sK/m"]):
> p2:= plot(eval(phi1*180/Pi), t=0..15,
        title="Winkel der Last in Grad", labels=["t/s", "phi/Grad]):
> display(array([p1,p2]));
```

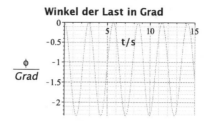

Im Weg-Zeit-Diagramm der Laufkatze sind die Rückwirkungen der Schwingungen der Last auf die Bewegung der Katze deutlich zu erkennen. In den folgenden Abschnitten wird auch der Bremsvorgang in die Untersuchungen einbezogen und die Antriebskraft etwas genauer modelliert, ohne jedoch für dieses Lehrbeispiel den Anspruch praxisrelevanter Modellierung zu erheben.

6.2.2 System mit Modell für Antrieb und Bremse – analytische Lösung

Das Verhalten des Antriebsmotors wird als Verzögerungsglied erster Ordnung nachgebildet. Diese sehr grobe Modellierung berücksichtigt zwar, dass Anfahrmoment bzw. Antriebskraft erst nach einer bestimmten Anfahrzeit ihren Maximalwert erreichen, vernachlässigt aber die Abhängigkeit des Motormoments von der Drehzahl. Sie wird gewählt, weil eine analytische Lösung des Differentialgleichungssystems angestrebt wird, Maple diese aber für das genauere Modell nicht bestimmen kann. Aus dem gleichen Grund muss auch auf die Berücksichtigung der Dämpfungskräfte, die der Antriebskraft entgegen gerichtet sind, verzichtet werden. Die Laufkatze wird unter diesen Bedingungen also bis zum Einsetzen der Bremse ständig beschleunigt – in der Praxis sicherlich nur ein Sonderfall bei kurzen Fahrstrecken.

Die Bremsung erfolge mechanisch durch Reibung. Sie soll durch eine der Bewegungsrichtung entgegen gerichtete konstante Kraft modelliert werden, die solange wirkt, bis die Geschwindigkeit der Katze den Wert Null erreicht hat. Auch danach muss noch eine Bremskraft existieren, um trotz der Schwingungen der Last eine Bewegung der Laufkatze zu verhindern. Die Größe dieser Kraft $F(t)$ ergibt sich aus obigem Modell, wenn man das Gleichungssystem (6.1) nach der Unbekannten $\ddot{s}_K$ auflöst und für die Beschleunigung der Laufkatze den Wert Null einsetzt.

$$\ddot{s}_K = \frac{F(t)}{m_K} + \frac{m_L}{m_K} \cdot g \cdot \varphi = 0 \tag{6.2}$$

$$F(t) = -m_L \cdot g \cdot \varphi \tag{6.3}$$

Allerdings gilt diese Beziehung nur, solange die Haltekraft der Bremse nicht überschritten wird, d. h. für $|F(t)| \leq FH$. Damit ergibt sich für die effektive Bremskraft $FB(t)$ das folgende Modell:

$$FB(t) = \begin{cases} FBr \cdot sign(v_K), & \text{wenn } v_K \neq 0 \\ m_L \cdot \varphi \cdot g, & \text{wenn } v_K = 0 \text{ und } |m_L \cdot \varphi \cdot g| \leq F_H \end{cases} \qquad (6.4)$$

Die Vorzeichen gelten unter der Annahme, dass $FB(t)$ der im Bild 6.3 dargestellten Kraft $F(t)$ entgegen gerichtet ist. Der im Kapitel 5 beschriebene Übergang von der Haft- zur Gleitreibung wird in Gleichung (6.4) vernachlässigt.

Für die Kraft $F(t)$ gelten in den Betriebsphasen Antreiben, Bremsen und Stillstand unterschiedliche Gleichungen. Es wird daher zuerst der Vorgang „Antreiben" berechnet, dessen Lösung den Zeitpunkt, an dem die Laufkatze die Strecke von 10 m zurückgelegt hat, liefert. Mit diesem können dann die Anfangswerte für die Berechnung des Vorgangs „Bremsen" bestimmt werden usw.

Motor-Modell:

```
> DG3_1:= F(t) = -Tm*diff(F(t),t)+Fmax;
```

$$DG3\_1 := F(t) = -Tm\left(\frac{\mathrm{d}}{\mathrm{d}t}F(t)\right) + Fmax$$

Parameter :

```
> param:= [mK=1000, mL=4000, l=10, g=9.81, Fmax=500, Tm=2,
          FBr=2000, FH=3000]:
```

Die Parameter sind einigermaßen willkürlich und unter dem Aspekt anschaulicher Ergebnisse gewählt. In der Liste befinden sich auch Parameter, die erst für die späteren Rechenschritte benötigt werden.

Berechnung der Betriebsphase „Antreiben"

Anfangswerte:

```
> AnfBed:= {sK(0)=0, D(sK)(0)=0, phi(0)=0, D(phi)(0)=0, F(0)=0};
```

$$AnfBed := \left\{ F(0) = 0, \phi(0) = 0, sK(0) = 0, D(\phi)(0) = 0, D(sK)(0) = 0 \right\}$$

In der ersten Phase der Rechnung gilt das durch $DG1$, $DG2$ und $DG3\_1$ gebildete Differential-gleichungssystem. Um die Rechnung zu vereinfachen, wird aus diesem durch Einsetzen der Parameterwerte das modifizierte System $DGsys1$ gebildet und damit die Betriebsphase „Fahren" berechnet.

```
> DGsys1:= eval({DG1,DG2,DG3_1}, param);
```

$$DGsys1 := \left\{ \frac{5}{4}\frac{\mathrm{d}^2}{\mathrm{d}t^2} sK(t) + 10\left(\frac{\mathrm{d}^2}{\mathrm{d}t^2}\phi(t)\right) = \frac{1}{4000}F(t), \frac{\mathrm{d}^2}{\mathrm{d}t^2} sK(t) \right.$$

$$\left. + 10\left(\frac{\mathrm{d}^2}{\mathrm{d}t^2}\phi(t)\right) + 9.8100\,\phi(t) = 0, F(t) = -2\left(\frac{\mathrm{d}}{\mathrm{d}t}F(t)\right) + 500 \right\}$$

```
> Loe1:= dsolve(DGsys1 union AnfBed, [sK(t), phi(t), F(t)]);
```

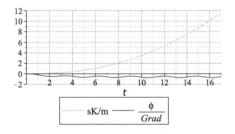

$$Loe1 := \left\{ F(t) = 500 - 500\,e^{-\frac{1}{2}t}, \phi(t) = -\frac{50}{337137}\sin\left(\frac{3}{20}\sqrt{218}\,t\right)\sqrt{218}\right.$$

$$+ \frac{500}{1011411}\cos\left(\frac{3}{20}\sqrt{218}\,t\right) - \frac{10}{981} + \frac{10}{1031}\,e^{-\frac{1}{2}t}, sK(t) =$$

$$-\frac{400}{337137}\sin\left(\frac{3}{20}\sqrt{218}\,t\right)\sqrt{218} - \frac{4000}{1011411}\cos\left(\frac{3}{20}\sqrt{218}\,t\right)$$

$$\left. + \frac{1}{20}\,t^2 - \frac{2462}{5155}\,e^{-\frac{1}{2}t} - \frac{1}{5}\,t + \frac{2362}{4905}\right\}$$

```
> sK_1:= subs(Loe1,sK(t)): phi_1:= subs(Loe1,phi(t)):
> plot([sK_1, phi_1*180/Pi], t=0..17, view=[0..17, -2..12],
       legend=["sK/m",phi/Grad]);
```

Sobald sK den Wert von 10 m erreicht hat, sollen der Motor abgeschaltet und die Bremse aktiviert werden. Der betreffende Zeitpunkt $t1$ wird berechnet:

```
> t1:= fsolve(sK_1=10, t);
```

$$t1 := 15.9313$$

Mit $t1$ werden nun die Endwerte der letzten Rechnung bzw. die Anfangswerte der folgenden ermittelt. Benötigt werden auch die Werte der Geschwindigkeit der Laufkatze und die Winkelgeschwindigkeit der Last. $v_K(t)$ und $\omega(t)$ müssen deshalb aus dem Verlauf von $s_K(t)$ bzw. $\varphi(t)$ berechnet werden.

```
> vK_1:= diff(sK_1,t);
```

$$vK\_1 := -\frac{40}{1031}\cos\left(\frac{3}{20}\sqrt{218}\,t\right) + \frac{200}{337137}\sin\left(\frac{3}{20}\sqrt{218}\,t\right)\sqrt{218}$$

$$+ \frac{1}{10}\,t + \frac{1231}{5155}\,e^{-\frac{1}{2}t} - \frac{1}{5}$$

```
> vK1:= evalf(subs(t=t1, vK_1));
```

$$vK1 := 1.4164$$

```
> ph1:= evalf(subs(t=t1, phi_1));
```

$$ph1 := -0.0120$$

```
> omega_1:= diff(phi_1,t);
```

$$omega\_1 := \frac{5}{1031} \cos\left(\frac{3}{20} \sqrt{218}\, t\right) - \frac{25}{337137} \sin\left(\frac{3}{20} \sqrt{218}\, t\right) \sqrt{218}$$
$$- \frac{5}{1031} e^{-\frac{1}{2} t}$$

```
> om1:= evalf(subs(t=t1, omega_1));
```

$$om1 := -0.0029$$

```
> evalf(subs(t=t1, F_1));
```

$$499.8264$$

Berechnung der Betriebsphase „Bremsen"

Die Bremse wird in *DG3_2* als konstante Gegenkraft modelliert.

```
> DG3_2:= F(t)= -FBr;
```

$$DG3\_2 := F(t) = -FBr$$

Mit den bereits vereinbarten Parameterwerten wird das angepasste Differentialgleichungssystem *DGsys2* für die Berechnung der nächsten Betriebsphase gebildet.

```
> DGsys2:= eval({DG1,DG2,DG3_2}, param):
> AnfBed2:= {sK(t1)=10, D(sK)(t1)=vK1, phi(t1)=ph1, D(phi)(t1)=om1};
```

$$AnfBed2 := \{\phi(15.9313) = -0.0120,\ sK(15.9313) = 10,$$
$$D(\phi)(15.9313) = -0.0029,\ D(sK)(15.9313) = 1.4164\}$$

```
> Loe2:= dsolve(DGsys2 union AnfBed, [sK(t), phi(t), F(t)]);
```

Das Ergebnis *Loe2* wird wegen seines großen Umfangs hier nicht dargestellt. Für die weitere Rechnung sind die Endwerte dieser Phase, die abgeschlossen ist, wenn die Laufkatze zur Ruhe gekommen ist, von Interesse. Daher muss in den nächsten Schritten die Lösungsfunktion für $v_K(t)$ durch Ableitung der Lösungsfunktion $s_K(t)$, die in der Variablen *sK_2* gespeichert wird, bestimmt und damit dann der gesuchte Zeitpunkt *t2* berechnet werden.

```
> sK_2:= subs(Loe2, sK(t)):    phi_2:= subs(Loe2, phi(t)):
> vK_2:= diff(sK_2,t):
> plot([sK_2, phi_2*180/Pi, vK_2], t=t1..20,
        legend=["sK/m", phi/Grad, "vK/m/s"]);
```

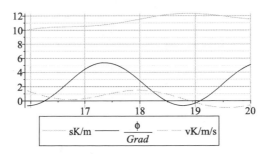

```
> t2:= fsolve(vK_2, t=18..20);
```

$$t2 := 18.8830$$

Ohne die Angabe des Zeitbereichs lieferte Maple als Lösung nicht den Zeitpunkt des ersten Nulldurchgangs von $v_K(t)$, sondern den des nächsten.

Die folgenden Programmschritte ermitteln die Anfangswerte für die Berechnung der Phase „Stillstand".

```
> sK2:= evalf(subs(t=t2, sK_2));
```

$$sK2 := 12.3589$$

```
> vK2:= evalf(subs(t=t2, vK_2));
```

$$vK2 := 9.2000 \ 10^{-9}$$

```
> phi2:= evalf(subs(t=t2, phi_2));
```

$$\phi2 := -0.0106$$

```
> omega_2:= diff(phi_2,t):
> om2:= evalf(subs(t=t2, omega_2));
```

$$om2 := 0.0266$$

Berechnung der Betriebsphase „Stillstand"

Für die Berechnung der abschließenden Stillstandsphase wird das Modell der Bremse aus Gl. (6.4) in die Variable *DG3_3* übernommen und damit das Differentialgleichungssystem formuliert.

```
> DG3_3:= F(t) = - mL*phi(t)*g;   # effektive Haltekraft der Bremse
```

$$DG3\_3 := F(t) = -mL \, \phi(t) \, g$$

```
> DGsys3:= eval({DG1,DG2,DG3_3}, param):
> AnfBed:= {sK(t2)=sK2, D(sK)(t2)=vK2, phi(t2)=phi2, D(phi)(t2)=om2};
```

$$AnfBed := \{\phi(18.8830) = -0.0106, \ sK(18.8830) = 12.3589, \ D(\phi)(18.8830)$$
$$= 0.0266, \ D(sK)(18.8830) = 9.2000 \ 10^{-9}\}$$

```
> Dsol3:= dsolve(DGsys3 union AnfBed, [sK(t), phi(t), F(t)]);
> sK_3:= subs(Dsol3, sK(t)): phi_3:= subs(Dsol3, phi(t)):
> plot([sK_3, phi_3*180/Pi], t=t2..30, view=[t2..30,-2..14],
        legend=["sK/m",phi/Grad]);
```

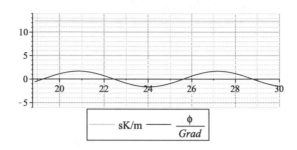

Abschließend werden die einzelnen Teillösungen mit Hilfe der Funktion **piecewise** zusammengefasst und in einem gemeinsamen Diagramm dargestellt.

```
> sKK:= piecewise(t<t1,sK_1, t<t2,sK_2, sK_3):
> phh:= piecewise(t<t1,phi_1, t<t2,phi_2, phi_3):
> plot([sKK, phh*180/Pi], t=0..30, view=[0..30,-4..14],
        legend=["sK/m", phi/Grad]);
```

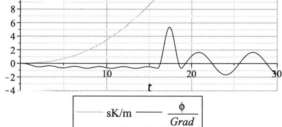

6.2.3 System mit zusätzlicher Dämpfung – numerische Berechnung

Das im Folgenden benutzte Modell umfasst zusätzlich zum unter 6.2.2 verwendeten eine geschwindigkeitsabhängige Dämpfung der Bewegung der Laufkatze. Für die Schwingungsbewegung der Last wird keine Dämpfung modelliert, weil diese praktisch nur auf das Langzeitverhalten Einfluss hat.

Die numerische Lösung benutzt die Option **events** zur Bestimmung der Zeitpunkte für den Wechsel des Differentialgleichungssystems. Weil das Bremsmodell gemäß Gleichung (6.4) die Geschwindigkeit $v_K(t)$ verwendet, werden *DG1* und *DG2*, die zwei Differentialgleichungen 2. Ordnung, durch Substitution in ein System von insgesamt vier Differentialgleichungen 1. Ordnung umgewandelt. Dazu dienen die Ersetzungsausdrücke *Ers1* und *Ers2*.

```
> Ers1:= [diff(sK(t),t)=vK(t), diff(phi(t),t)=omega(t)];
```

$$Ers1 := \left[\frac{d}{dt} sK(t) = vK(t), \frac{d}{dt} \phi(t) = \omega(t) \right]$$

```
> Ers2:= map(diff,Ers1,t);
```

$$Ers2 := \left[\frac{d^2}{dt^2}\, sK(t) = \frac{d}{dt}\, vK(t),\; \frac{d^2}{dt^2}\, \phi(t) = \frac{d}{dt}\, \omega(t) \right]$$

```
> DG1b:= subs([Ers1[],Ers2[]], DG1);
```

$$DG1b := \left(\frac{mK}{mL} + 1 \right) \left(\frac{d}{dt}\, vK(t) \right) + l\left(\frac{d}{dt}\, \omega(t) \right) = \frac{F(t)}{mL}$$

```
> DG2b:= subs([Ers1[],Ers2[]], DG2);
```

$$DG2b := \frac{d}{dt}\, vK(t) + l\left(\frac{d}{dt}\, \omega(t) \right) + g\,\phi(t) = 0$$

Die so geschaffenen neuen Gleichungen enthalten beide die Ableitungen der Variablen $vK(t)$ und $\omega(t)$, bilden also eine algebraische Schleife, die nun aufgelöst wird.

```
> Loe:= solve({DG1b, DG2b}, [diff(vK(t),t),diff(omega(t),t)]);
```

$$Loe := \left[\left[\frac{d}{dt}\, vK(t) = \frac{F(t) + g\,\phi(t)\, mL}{mK},\; \frac{d}{dt}\, \omega(t) = -\frac{F(t) + g\,\phi(t)\, mK + g\,\phi(t)\, mL}{l\, mK} \right]\right]$$

```
> dg1:= Loe[1,1];   dg2:= Loe[1,2];
```

$$dg1 := \frac{d}{dt}\, vK(t) = \frac{F(t) + g\,\phi(t)\, mL}{mK}$$

$$dg2 := \frac{d}{dt}\, \omega(t) = -\frac{F(t) + g\,\phi(t)\, mK + g\,\phi(t)\, mL}{l\, mK}$$

Die gewonnenen Differentialgleichungen *dg1* und *dg2* stellen zusammen mit den zwei Substitutionsgleichungen *dg3* und *dg4*, die aus der ersten Ersetzungsgleichung entnommen werden, das gesuchte System von Differentialgleichungen 1. Ordnung dar.

```
> dg3:= op(1, Ers1);   dg4:= op(2, Ers1);
```

$$dg3 := \frac{d}{dt}\, sK(t) = vK(t)$$

$$dg4 := \frac{d}{dt}\, \phi(t) = \omega(t)$$

Schließlich sind noch die Kräfte $F(t)$ zu beschreiben, die als Antriebs- oder Bremskraft wirken. Der Einfluss von Rollreibung und Luftwiderstand wird vereinfachend in einer geschwindigkeitsproportionalen Kraft *FD* zusammengefasst, die sowohl beim Antrieb der Laufkatze durch den Motor als auch während der Bremsphase der jeweiligen Bewegungsrichtung entgegen wirkt.

```
> FD:= KD*vK(t);            # Dämpfungskraft
```

$$FD := KD\, vK(t)$$

Die Antriebskraft, d. h. das Verhalten des Motors, wird durch die Kombination eines Verzögerungsgliedes erster Ordnung und eines drehzahl- bzw. geschwindigkeitsabhängigen Kraftabfalls (Faktor *Km*) modelliert. Während des Antriebs der Laufkatze wirkt die Resultierende von Antriebskraft *FA* und Dämpfungskraft *FD*.

```
> FA:= Fmax - Tm*diff(F(t),t) - Km*vK(t);
```

$$FA := Fmax - Tm\left(\frac{\mathrm{d}}{\mathrm{d}t}F(t)\right) - Km\,vK(t)$$

```
> dg51:= F(t) = FA - FD;
```

$$dg51 := F(t) = Fmax - Tm\left(\frac{\mathrm{d}}{\mathrm{d}t}F(t)\right) - Km\,vK(t) - KD\,vK(t)$$

Beim Abbremsen der Laufkatze bis zum Stillstand ($v_K(t) = 0$) wirkt die in Gl. (6.4) beschriebene Kraft. Hinzu kommt noch die Dämpfungskraft FD.

```
> dg52:= F(t)= -FBr*signum(vK(t)) - FD;
```

$$dg52 := F(t) = -FBr\,\mathrm{signum}(vK(t)) - KD\,vK(t)$$

Wenn die Laufkatze zu Stillstand gekommen ist, wird sie trotz der Schwingungen der Last durch die Bremskraft $FH_{eff} = -g \cdot \varphi \cdot m_L$ im Ruhezustand gehalten (Gl. (6.4)). Wegen der aus numerischen Gründen (Integrationsschrittweite) nicht auszuschließenden geringen Abweichung von $v_K(t) = 0$ nach der vorangegangenen Bremsphase wird außerdem eine geschwindigkeitsabhängige Korrekturgröße $FBr \cdot \tan(v_K(t))$ vorgesehen. Die Tangensfunktion bildet den Vorzeichenwechsel von $v_K(t)$ ab und ist im Bereich des Nullpunkts stetig. Zusätzliche numerische Probleme sind daher nicht zu erwarten.

```
> FHeff:= mL*phi(t)*g;     # effektive Haltekraft der Bremse
```

$$FHeff := g\,\phi(t)\,mL$$

```
> dg53:= F(t) = - FHeff - FBr*tan(vK(t));
```

$$dg53 := F(t) = -g\,\phi(t)\,mL - FBr\,\tan(vK(t))$$

Mit den beschriebenen unterschiedlichen Modellen der äußeren Kräfte ergeben sich die folgenden Differentialgleichungssysteme für die Phasen „Antreiben", „Bremsen" und „Stillstand".

```
> dg_sys1:= {dg1,dg2,dg3,dg4,dg51}:    # Antreiben
> dg_sys2:= {dg1,dg2,dg3,dg4,dg52}:    # Bremsen bis zum Stillstand
> dg_sys3:= {dg1,dg2,dg3,dg4,dg53}:    # Bremsen beim Stillstand
```

Beim Eintritt der Ereignisse „$s_K = s_{Kend}$" und „$v_K = 0$" muss jeweils auf das nächste Gleichungssystem umgeschaltet werden. Für das Erkennen dieser Ereignisse wird die Option **events** des Befehls **dsolve** genutzt. Wenn **events** „feuert", wird die Ausführung des Befehls **dsolve** unterbrochen und die vorgegebene Aktion ausgeführt (siehe Abschnitt 3.4.4). Im Folgenden wird die Aktion **halt** verwendet, die Ausführung des unterbrochenen Befehls beendet und der nächste Befehl **dsolve** mit geändertem Differentialgleichungssystem ausgeführt, wobei als Anfangsbedingungen die Endwerte der unterbrochenen Berechnung vorgegeben werden.

Für die numerische Lösung des Differentialgleichungssystems müssen alle Parameter mit Werten belegt sein.

```
> mK:=1000: mL:=4000: l:=10: g:=9.81: sKend:=10: Fmax:=500: Tm:=1:
  Km:= 10: FBr:=1500: KD:=300: FH:=3000: eps:=0.0001: tend:=30:
```

Berechnung der Betriebsphase „Antreiben"

```
> AnfBed1:= {sK(0)=0, vK(0)=0, phi(0)=0, omega(0)=0, F(0)=0};
```

$$AnfBed1 := \{F(0) = 0, \phi(0) = 0, sK(0) = 0, vK(0) = 0, \omega(0) = 0\}$$

```
> StoppBed1:= [sK(t)=sKend, halt];
```

$$StoppBed1 := [sK(t) = 10, halt]$$

```
> Dsol_1:= dsolve(dg_sys1 union AnfBed1, numeric, maxfun=0,
          [sK(t),phi(t),vK(t),omega(t),F(t)], events=[StoppBed1]):
```

Die Lösungswerte beim Abbruch der Rechnung einschließlich der Abbruchzeit ergeben sich wie folgt:

```
> x1:= Dsol_1(tend);
```

Warning, cannot evaluate the solution further right of 17.15639,
event #1 triggered a halt

$$x1 := [t = 17.1563, sK(t) = 10.0000, \phi(t) = -0.0010, vK(t) = 1.0517,$$
$$\omega(t) = 0.0007, F(t) = 191.3614]$$

```
> t1:= rhs(x1[1]);
```

$$t1 := 17.1563$$

Die berechneten Funktionen $s_K(t)$ und $\varphi(t)$ werden in den Variablen *ps1* und *pp1* gespeichert und anschließend dargestellt.

```
> ps1:= odeplot(Dsol_1, [t,sK(t)], t=0..t1):
> pp1:= odeplot(Dsol_1, [t,phi(t)*180/Pi], t=0..t1):
> display(array([ps1, pp1]));
```

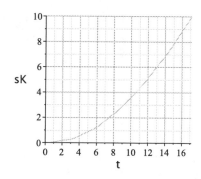 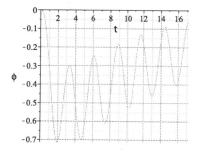

Nach ungefähr 17 Sekunden erreicht die Laufkatze die Position $s_K = 10$ *m*, bei der der Antrieb abgeschaltet und die Bremse eingelegt werden muss. Im nun folgenden Simulationsabschnitt wirkt die Kraft $F(t)$ gemäß Differentialgleichung *dg52*. Die Anfangswerte für die Berechnung des geänderten Differentialgleichungssystems sind die oben der Variablen *x1* zugewiesenen Endwerte der ermittelten Lösung *Dsol_1*.

Berechnung der Betriebsphase „Bremsen"

```
> AnfBed2:= {sK(t1)=rhs(x1[2]), phi(t1)=rhs(x1[3]), vK(t1)=rhs(x1[4]),
            omega(t1)=rhs(x1[5]), F(t1)=rhs(x1[6])};
```

$$AnfBed2 := \{F(17.1563) = 191.3614, \phi(17.1563) = -0.0010, sK(17.1563)$$

$$= 10.0000, vK(17.1563) = 1.0517, \omega(17.1563) = 0.0007\}$$

Die neu zu formulierende Stoppbedingung muss das Erreichen des Stillstands der Laufkatze bzw. den Übergang zur Haftreibung der Bremse signalisieren. Aus numerischen Gründen wird die Umschaltung der Bremse dann veranlasst, wenn sich $v_K(t)$ dem Wert Null bis auf den geringen Toleranzwert ε angenähert hat.

```
> StoppBed2:= [[vK(t)-eps,(abs(FHeff)<FH)], halt];
```

$$StoppBed2 := \left[\left[vK(t) - 0.0000, 39240.0000 \,|\phi(t)| < 3000\right], halt\right]$$

Mit geändertem Differentialgleichungssystem sowie mit neuen Anfangs- und Stoppbedingungen wird die Rechnung fortgesetzt.

```
> Dsol_2:= dsolve(dg_sys2 union AnfBed2, numeric, maxfun=0,
          [sK(t),phi(t),vK(t),omega(t),F(t)], events=[StoppBed2]):
> x2:= Dsol_2(tend);
Warning, cannot evaluate the solution further right of 20.079734,
event #1 triggered a halt
```

$$x2 := \left[t = 20.0797, sK(t) = 11.6243, \phi(t) = 0.0046, vK(t) = 0.0000,\right.$$

$$\left.\omega(t) = 0.0104, F(t) = -1500.0030\right]$$

```
> t2:= rhs(x2[1]);
```

$$t2 := 20.0797$$

```
> ps2:= odeplot(Dsol_2, [t,sK(t)], t=t1..t2):
> pp2:= odeplot(Dsol_2, [t,phi(t)*180/Pi], t=t1..t2):
> display(array([ps2,pp2]));
```

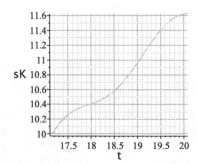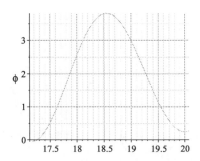

Berechnung der Betriebsphase „Stillstand"

Analog zum obigen Vorgehen werden wieder die Endwerte der unterbrochenen Rechnung dem nächsten Befehl **dsolve** als Anfangswerte vorgegeben.

```
> AnfBed3:= {sK(t2)=rhs(x2[2]), phi(t2)=rhs(x2[3]), vK(t2)=rhs(x2[4]),
            omega(t2)=rhs(x2[5]), F(t2)=rhs(x2[6])};
```

$$AnfBed3 := \{F(20.0797) = -1500.0030, \phi(20.0797) = 0.0046, sK(20.0797)$$
$$= 11.6243, vK(20.0797) = 0.0000, \omega(20.0797) = 0.0104\}$$

```
> Dsol_3:= dsolve(dg_sys3 union AnfBed3, numeric, maxfun=0,
           [sK(t),phi(t),vK(t),omega(t),F(t)]):
> ps3:= odeplot(Dsol_3, [t,sK(t)], t=t2..30):
> pp3:= odeplot(Dsol_3, [t,phi(t)*180/Pi], t=t2..30):
> display(array([ps3,pp3]));
```

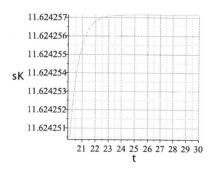
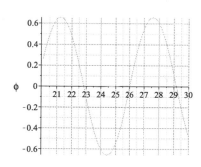

Abschließend werden die einzelnen Plots zu je einem Diagramm zusammengefasst.

```
> display(ps1, ps2, ps3, title="Weg der Laufkatze in m");
```

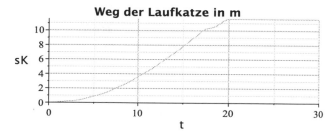

```
> display(pp1, pp2, pp3, title="Winkel der Last in Grad");
```

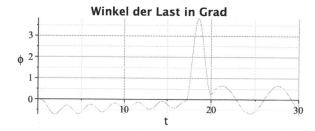

Ein Vergleich der Ergebnisse der analytischen und der numerischen Rechnung zeigt erwartungsgemäß Unterschiede, da sich die zugrunde liegenden Modelle und in einzelnen Punkten auch die Parameterwerte unterscheiden. Die Interpretation der Ergebnisse bleibt wieder dem Leser überlassen.

6.3   Dynamisches Verhalten eines Gleichstromantriebs

Ein Gleichstromantrieb, dessen Arbeitsmaschine ein pulsierendes Widerstandsmoment aufweist, soll unter folgenden Bedingungen untersucht werden:

a)   Der Motor dreht sich ohne Last, aber mit der Schwungmasse der Arbeitsmaschine. In diesem Zustand kommt es zu einer Änderung der Ankerspannung um Δu.

b)   Die Ankerspannung ist konstant, aber das Widerstandsmoment der Arbeitsmaschine pulsiert. Die periodische Änderung des Moments soll vereinfachend nur durch ihre Grundwelle mit der Periodendauer T_{Last} beschrieben werden.

Bei der Modellierung des Gleichstromantriebs wird von der schematischen Darstellung im Bild 6.4 ausgegangen. Der Hauptfeldfluss Φ_e der Maschine wird als konstant vorausgesetzt, weil der Erregerkreis an einer vom Ankerkreis unabhängigen konstanten Spannungsquelle liegt (Fremderregung) und weil außerdem angenommen wird, dass die Bürsten so eingestellt sind, dass sie sich genau in der neutralen Zone befinden, dass eine gute Kompensation des Ankerquerfeldes existiert und auch keine Sättigung oder Dämpfung im magnetischen Kreis des Wendepolflusses eintritt.

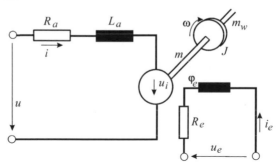

Bild 6.4 Fremderregter Gleichstrommotor

Der Ohmsche Widerstand R_a und die Induktivität L_a sind Summenwerte des gesamten Ankerkreises, schließen also die Wendepolwicklung, eine eventuelle Kompensationswicklung, den Bürstenspannungsabfall und die Netzzuleitungen ein. Am Anker des Motors, der sich mit der Winkelgeschwindigkeit ω dreht, liegt die Spannung u an. Für den Ankerkreis gilt gemäß Bild 6.4 die Gleichung

$$u = R_a \cdot i + L_a \frac{di}{dt} + c \cdot \Phi_e \cdot \omega \tag{6.5}$$

Dabei ist c eine Konstante, in die verschiedene Maschinendaten des Motors eingehen. Der Ausdruck $c \cdot \Phi_e \cdot \omega$ beschreibt die im Anker induzierte Spannung u_i. Außerdem gilt die Bewegungsgleichung

$$J \frac{d\omega}{dt} = c \cdot \Phi_e \cdot i - m_w \tag{6.6}$$

J steht für das Trägheitsmoment von Motor einschließlich Arbeitsmaschine und m_w ist das vom Motor zu überwindende Gegenmoment der Arbeitsmaschine. Die Reibungsverluste des Motors werden ebenso wie dessen Eisen- und Zusatzverluste vernachlässigt.

Das konstante Produkt $c \cdot \Phi_e$ wird im Weiteren durch die Motorkonstante K_M und die Winkelgeschwindigkeit ω durch die Drehzahl n ersetzt. Dabei ist zu beachten, dass die Drehzahl in s^{-1} angegeben wird.

$$c \cdot \Phi_e = K_M \; ; \qquad \omega = 2\pi \cdot n \tag{6.7}$$

Variable Eingangsgrößen des Modells sind die Ankerspannung u und das Gegenmoment m_w. Betrachtet werden sollen die Änderungen dieser Größen gegenüber einem vorher existierenden stationären Zustand und die dadurch verursachten Änderungen der Ausgangsgrößen Ankerstrom i und Drehzahl n. Dabei wird vorausgesetzt, dass die Abweichungen der Eingangsgrößen von ihren stationären Werten relativ klein sind und alle Motorparameter (L_a usw.) deshalb als konstant angenommen werden können. Notiert man die variablen Eingangs- und Ausgangsgrößen in den Gleichungen (6.5) und (6.6) in der Form $y = Y + \Delta y$ und subtrahiert von den so entstehenden Gleichungen die entsprechenden Beziehungen für den stationären Zustand (Y), so ergeben sich unter Berücksichtigung von (6.7) zwei Gleichungen für die Abweichungen vom stationären Arbeitspunkt, die sich von den vorherigen nur dadurch unterscheiden, dass an Stelle einer Variablen y die Variable Δy steht. Das ist auch nicht anders zu erwarten, da es sich um ein lineares System handelt.

$$\Delta u = R_a \cdot \Delta i + L_a \frac{d\Delta i}{dt} + K_M \cdot 2\pi \cdot \Delta n$$

$$J \cdot 2\pi \frac{d\Delta n}{dt} = K_M \cdot \Delta i - \Delta m_W \tag{6.8}$$

Um den Aufwand für die Notierung klein zu halten, wird im Folgenden auf die Angabe des Zeichens Δ verzichtet. Im Maple-Programm werden in die Gleichungen noch die Ankerkreiszeitkonstante T_a und die mechanische Zeitkonstante T_m eingeführt.

$$T_a = \frac{L_a}{R_a} \qquad T_m = \frac{J \cdot R_a}{K_M^2} \tag{6.9}$$

```
> restart:
> interface(displayprecision=4):
```

Differentialgleichung des Ankerstromkreises:
```
> DG1:= u(t)=Ra*i(t)+La*diff(i(t),t)+KM*2*Pi*n(t);
```

$$DG1 := u(t) = Ra\, i(t) + La \left(\frac{d}{dt} i(t) \right) + 2\, KM\, \pi\, n(t)$$

Bewegungsgleichung des Motors:
```
> DG2:= J*2*Pi*diff(n(t), t) = KM*i(t)-mw(t);
```

$$DG2 := 2\, J\, \pi \left(\frac{d}{dt} n(t) \right) = KM\, i(t) - mw(t)$$

Bildung der Differentialgleichungsmenge *DGsys* und Einführung der Zeitkonstanten T_m und T_a:

```
> DGsys:= eval({DG1, DG2}, KM=sqrt(Ra*J/Tm));
```

$$DGsys := \left\{ 2\,J\,\pi\left(\frac{\mathrm{d}}{\mathrm{d}t}\,n(t) \right) = \sqrt{\frac{Ra\,J}{Tm}}\,i(t) - mw(t), u(t) \right.$$

$$\left. = Ra\,i(t) + La\left(\frac{\mathrm{d}}{\mathrm{d}t}\,i(t) \right) + 2\sqrt{\frac{Ra\,J}{Tm}}\,\pi\,n(t) \right\}$$

```
> DGsys:= eval(DGsys, La=Ta*Ra);
```

$$DGsys := \left\{ 2\,J\,\pi\left(\frac{\mathrm{d}}{\mathrm{d}t}\,n(t) \right) = \sqrt{\frac{Ra\,J}{Tm}}\,i(t) - mw(t), u(t) \right.$$

$$\left. = Ra\,i(t) + Ta\,Ra\left(\frac{\mathrm{d}}{\mathrm{d}t}\,i(t) \right) + 2\sqrt{\frac{Ra\,J}{Tm}}\,\pi\,n(t) \right\}$$

Zu Beginn befindet sich der Motor in einem stationären Zustand. Für die Anfangsbedingungen gilt daher:

```
> AnfBed:= {i(0)=0, n(0)=0}:
```

6.3.1 Sprungförmige Änderung der Ankerspannung, kein Gegenmoment

Mit den aus dieser Aufgabenstellung folgenden Vorgaben für die Eingangsgrößen wird aus *DGsys* ein modifiziertes Differentialgleichungssystem erstellt und dessen Lösung berechnet.

```
> DGsys1:= eval(DGsys, [u(t)=u, mw(t)=0]);
```

$$DGsys1 := \left\{ u = Ra\,i(t) + Ta\,Ra\left(\frac{\mathrm{d}}{\mathrm{d}t}\,i(t) \right) + 2\sqrt{\frac{Ra\,J}{Tm}}\,\pi\,n(t), 2\,J\,\pi\left(\frac{\mathrm{d}}{\mathrm{d}t}\,n(t) \right) = \sqrt{\frac{Ra\,J}{Tm}}\,i(t) \right\}$$

```
> Loe1:= dsolve(DGsys1 union AnfBed, [i(t),n(t)], method=laplace);
```

$$Loe1 := \left\{ i(t) = \frac{2\sinh\left(\frac{1}{2}\,\frac{t\sqrt{Tm\,(Tm - 4\,Ta)}}{Ta\,Tm} \right)\sqrt{Tm\,(Tm - 4\,Ta)}\,e^{-\frac{1}{2}\frac{t}{Ta}}\,u}{(Tm - 4\,Ta)\,Ra}, n(t) \right.$$

$$= \frac{1}{2}\,\frac{1}{\pi\sqrt{\frac{Ra\,J}{Tm}}}\left(u\left(1 + \frac{1}{-Tm + 4\,Ta}\left(e^{-\frac{1}{2}\frac{t}{Ta}}\left(\cosh\left(\frac{1}{2}\,\frac{t\sqrt{Tm\,(Tm - 4\,Ta)}}{Ta\,Tm} \right)(Tm \right.\right.\right.\right.$$

$$\left.\left.\left.\left.- 4\,Ta) + \sinh\left(\frac{1}{2}\,\frac{t\sqrt{Tm\,(Tm - 4\,Ta)}}{Ta\,Tm} \right)\sqrt{Tm\,(Tm - 4\,Ta)} \right)\right)\right)\right)\right\}$$

```
> odetest(Loe1,DGsys1);
```

$$\{0\}$$

Die folgenden Anweisungen separieren die beiden Lösungsanteile.

```
> ia:=subs(Loe1,i(t)):  na:= subs(Loe1,n(t)):
```

Für die weitere Auswertung der Lösung sind die Parameterwerte und die Größe der Ankerspannungsänderung $u = \Delta u$ festzulegen. Die Ankerspannung erhöhe sich um 1 V.

```
> param1:= [Ra=0.05, La=0.0025, KM=4.14, J=200, u=1]:
> Ta1:= eval(La/Ra, param1); Tm1:= eval(Ra*J/KM^2, param1);
```

$$Ta1 := 0.0500$$

$$Tm1 := 0.5834$$

```
> param1:= [op(param1), Ta=Ta1, Tm=Tm1];
```

$$param1 := [Ra = 0.0500, La = 0.0025, KM = 4.1400, J = 200, u = 1,$$
$$Ta = 0.0500, Tm = 0.5834]$$

```
> ia1:= eval(ia, param1);
```

$$ia1 := 49.3411 \sinh(8.1068 \, t) \, e^{-10.0000 \, t}$$

```
> plot(ia1, t=0..2, title="i(t) bei Sprung der Ankerspannung",
        labels=["t/s","i/A"]);
```

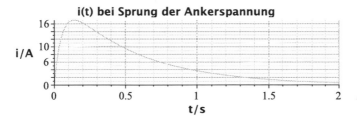

```
> na1:= eval(na, param1);
```

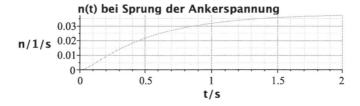

```
> plot(na1, t=0..2, title="n(t) bei Sprung der Ankerspannung",
        labels=["t/s","n/1/s"]);
```

n(t) bei Sprung der Ankerspannung

Das relativ große Trägheitsmoment des Antriebs hat zur Folge, dass die Drehzahl nur sehr langsam der Spannungsänderung folgt.

Aus der Lösung *Loe*1 des Differentialgleichungssystems ist ersichtlich, dass der Charakter der Lösungsfunktionen durch das Vorzeichen des Radikanden $T_m(T_m - 4T_a)$ bestimmt wird. Im vorliegenden Beispiel ist $T_m > 4\,T_a$. Es ergeben sich deshalb keine komplexen Lösungen und der Verlauf der Lösungsfunktionen zeigt keine Schwingungen. Einen völlig anderen Charakter erhalten die Lösungsfunktionen, wenn der Wert des Trägheitsmoments J deutlich geringer ist. Zum Vergleich werden die Lösungen für $J = 20\ \mathrm{kgm}^2$ berechnet.

```
> param2:= [Ra=0.05, La=0.0025, KM=4.14, J=20, u=1]:
> Ta2:= eval(La/Ra, param2); Tm2:= eval(Ra*J/KM^2, param2);
```

$$Ta2 := 0.0500$$

$$Tm2 := 0.0583$$

```
> param2:= [op(param2), Ta=Ta2, Tm=Tm2];
```

$$param2 := [Ra = 0.0500, La = 0.0025, KM = 4.1400, J = 20, u = 1,$$
$$Ta = 0.0500, Tm = 0.0583]$$

```
> ia2:= eval(ia, param2);
```

$$ia2 := 25.6710 \sin(15.5818\,t)\,e^{-10.0000\,t}$$

```
> plot(ia2, t=0..1, title="i(t) bei Sprung der Ankerspannung",
        labels=["t/s","i/A"]);
```

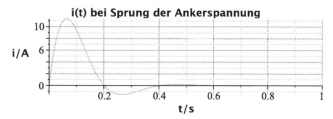

```
> na2:= eval(na, param2);
```

```
> plot(na2, t=0..1, title="n(t) bei Sprung der Ankerspannung",
        labels=["t/s","n/1/s"]);
```

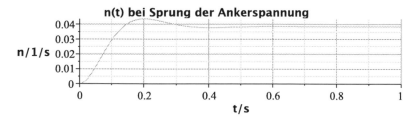

6.3.2 Periodische Änderung des Widerstandsmoments, Ankerspannung konstant

Die Periodendauer der Lastschwankungen ist i. Allg. proportional zur Drehzahl des Antriebs-motors. Für diesen Ansatz findet **dsolve** aber keine analytische Lösung. Weil die durch die Schwankung verursachte Drehzahländerung nur gering ist, beschreibt jedoch auch die im Folgenden getroffene Annahme einer konstanten Lastperiode die tatsächlichen Verhältnisse aus-reichend genau. Mit den neuen Vorgaben für die Werte der Eingangsgrößen wird ein modifiziertes Differentialgleichungssystem erstellt und dessen Lösung berechnet.

```
> m1:= mw0*sin(2*Pi/Tlast*t):   # Widerstandsmoment
> DGsys2:= eval(DGsys, [u(t)=0, mw(t)=m1]);
```

$$DGsys2 := \left[0 = Ra\,i(t) + Ta\,Ra\left(\frac{\mathrm{d}}{\mathrm{d}t}i(t)\right) + 2\sqrt{\frac{Ra\,J}{Tm}}\,\pi\,n(t),\right.$$

$$\left. 2\,J\,\pi\left(\frac{\mathrm{d}}{\mathrm{d}t}n(t)\right) = \sqrt{\frac{Ra\,J}{Tm}}\,i(t) - mw0\sin\left(\frac{2\,\pi\,t}{Tlast}\right) \right]$$

```
> Loe2:= dsolve({DGsys2[],AnfBed}, [i(t),n(t)], method=laplace);
```

Die Lösung ist in ihrer allgemeinen Form sehr umfangreich und daher hier nicht angegeben. Die berechneten Lösungsfunktionen werden separaten Variablen zugewiesen.

```
> ib:= subs(Loe2, i(t)):    nb:= subs(Loe2, n(t)):
```

Festlegung der Parameter des Motors und der Last

```
> param1:= [Ra=0.05, La=0.0025, KM=4.14, J=200, mw0=300, Tlast=2]:
> Ta1:= eval(La/Ra, param1); Tm1:= eval(Ra*J/KM^2, param1):
> param1:= [op(param1),Ta=Ta1, Tm=Tm1];
```

$$param1 := [Ra = 0.0500,\ La = 0.0025,\ KM = 4.1400,\ J = 200,\ mw0 = 300,$$
$$Tlast = 2,\ Ta = 0.0500,\ Tm = 0.5834]$$

Mit dem vorgegebenen Parametersatz *param1* werden die Zeitverläufe des Ankerstroms und des Lastmoments berechnet und in einem Diagramm dargestellt.

```
> ib1:= eval(ib,param1);
```

$$ib1 := \frac{1}{4.5130\,\pi^2 + 0.0136\,\pi^4 + 16}\Big(72.4638\,(4\,(-0.1167\,\pi^2 + 4)\sin(\pi\,t) + 4.6676\,\pi\,(e^{-18.1068t}$$
$$-\,2\cos(\pi\,t) + e^{-1.8932t}) + 2.4671\,\pi\,(-e^{-18.1068t} + e^{-1.8932t})\,(1.9338 + 0.0117\,\pi^2)))$$

```
> ib1:= simplify(ib1);
```

$$ib1 := 13.3446\sin(3.1416\,t) - 1.4251\,e^{-18.1068\,t}$$
$$-\,34.3498\cos(3.1416\,t) + 35.7750\,e^{-1.8932\,t}$$

```
> Last:= eval(m1, param1):    with(plots):
> setoptions(titlefont=[HELVETICA,BOLD,10],
  labelfont=[HELVETICA,BOLD,10],gridlines=true):
  setcolors(["Blue","Black"]):
> p1:= plot(ib1, t=0..6, labels=["t/s","i/A"], legend="i(t)",
      title="Strom u.Gegenmoment bei period. Laständerung"):
> p2:= plot(Last, t=0..6, labels=["t/s","Nm"], legend="mw(t)",
      color=black):
> dualaxisplot(p1, p2);
```

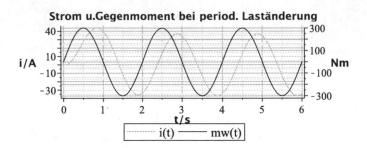

Für die genaue Ermittlung des Maximalwertes des Stromes wird zuerst die Nullstelle von dessen Ableitung im Zeitintervall [0.01...1] *s* bestimmt:

```
> tmax:= fsolve(diff(ib1,t)=0, t=0.01..1);
```

$$tmax := 0.8443$$

```
> evalf(eval(ib1, t=tmax));
```

$$43.8265$$

Die Drehzahl hat bei der vorgegebenen periodischen Belastung den folgenden Verlauf:

```
> nb1:= eval(nb,param1):
> plot(nb1, t=0..6, title="Drehzahl bei periodischer Laständerung",
        labels=["t/s","n/1/s"]);
```

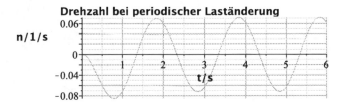

Aus den Diagrammen ist ersichtlich, dass die durch die periodischen Lastmomentschwankungen verursachten Änderungen des Ankerstroms und der Drehzahl infolge der Pufferwirkung der relativ großen Schwungmasse sehr moderat sind.

6.4 Drehzahlregelung eines Gleichstromantriebs

Das Führungs- und das Störverhalten des im Bild 6.5 gezeigten drehzahlgeregelten Gleichstromantriebs soll untersucht werden.

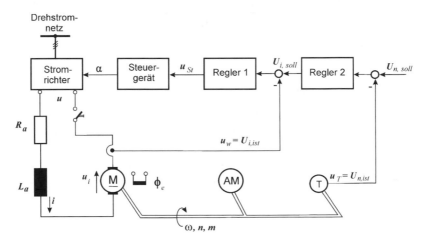

Bild 6.5 Wirkschema des drehzahlgeregelten Gleichstrommotors

Dieses Beispiel setzt voraus, dass der Leser mit Grundlagen der Regelungstechnik vertraut ist. Es demonstriert, dass sich mit Maple auch Rechnungen mit Übertragungsfunktionen einfach ausführen lassen und dass auch die Berechnung relativ komplexer Übertragungsfunktionen von Maple leicht bewältigt wird.

Der Erregerkreis des Motors liege an einer konstanten Gleichspannungsquelle. Der Ankerkreis des Motors wird über einen steuerbaren Stromrichter gespeist. Für den Motor seien wieder die schon im Abschnitt 6.3 getroffenen Voraussetzungen gültig. Die Regeleinrichtung ist als Kaskadenregelung, d. h. mit einem unterlagerten Stromregelkreis ausgeführt. Eingangsgröße des Stromreglers ist die Differenz zwischen dem vom übergeordneten Drehzahlregler vorgegebenen Sollwert $U_{i,soll}$ und dem über den Stromwandler erfassten Istwert des Stromes im Ankerkreis. Der Istwert der Drehzahl bzw. der Winkelgeschwindigkeit wird durch eine Tachomaschine als Spannung $u_T = U_{n,ist}$ ermittelt. Deren Differenz zum Sollwert $U_{n,soll}$ ist die Eingangsgröße des Drehzahlreglers. Die Parameter der beiden Regler wurden nach Optimalitätskriterien festgelegt und es soll nun am Modell experimentell überprüft werden, ob die vorgegebenen Einstellwerte zu akzeptablen Ergebnissen führen.

Die Untersuchung des Systems Motor/Regeleinrichtung, dessen Strukturbild Bild 6.6 zeigt[1], ist recht einfach, wenn man die Übertragungsfunktionen der Blöcke einzelnen Bezeichnern zuweist und dann die Übertragungsfunktionen des geschlossenen Regelkreises für das Führungs- und das Störverhalten mit den Regeln der Blockalgebra formuliert.

---

[1] Die Ankergegenspannung u_i wurde bei dessen Aufstellung vernachlässigt, da $T_a \ll T_m$.

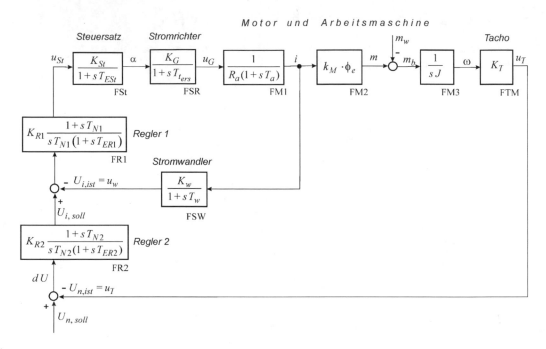

Bild 6.6 Strukturbild der Drehzahlregelung mit unterlagerter Stromregelung

Zuerst werden also die Zuweisungen an die Bezeichner der einzelnen Blöcke des Bild 6.6 vorgenommen, wobei wegen der genannten Bedingungen für das Produkt $c_e \cdot \Phi_e$ die Konstante *KM* eingeführt wird.

```
> FM1:= 1/Ra/(1+s*Ta);
```

$$FM1 := \frac{1}{Ra\,(1 + s\,Ta)}$$

```
> FM2:= KM;
```

$$FM2 := KM$$

```
> FM3:= 1/(s*J);
```

$$FM3 := \frac{1}{s\,J}$$

```
> FTM:= KT;   # Tachomaschine
```

$$FTM := KT$$

```
> FSR:= KG/(1+s*Ters); # Stromrichter
```

$$FSR := \frac{KG}{1 + s\,Ters}$$

```
> FSt:= KSt/(1+s*TSt); # Steuergerät
```

$$FSt := \frac{KSt}{1 + s\,TSt}$$

```
> FR1:= KR1*(1+s*T[N1])/(s*T[N1])/(1+s*T[R1]);   # Regler 1
```

$$FR1 := \frac{KR1\left(1 + s\,T_{N1}\right)}{s\,T_{N1}\left(1 + s\,T_{R1}\right)}$$

```
> FR2:= KR2*(1+s*T[N2])/(s*T[N2])/(1+s*T[R2]);   # Regler 2
```

$$FR2 := \frac{KR2\left(1 + s\,T_{N2}\right)}{s\,T_{N2}\left(1 + s\,T_{R2}\right)}$$

```
> FSW:= KW/(1+s*TW);   # Stromwandler
```

$$FSW := \frac{KW}{1 + s\,TW}$$

In die zu ermittelnden Übertragungsfunktionen geht die Übertragungsfunktion $FI = i/U_{i,soll}$ des unterlagerten Stromregelkreises ein. Diese folgt aus der bekannten Beziehung

$$FI = \frac{F_0}{1 + F_0 \cdot F_r}$$

wenn F_0 die Übertragungsfunktion des Vorwärtszweiges und F_r die des Rückkopplungszweiges ist. Im Vorwärtszweig liegen der Stromregler, der Stromrichter mit Steuergerät und der Ankerkreis des Motors (FM1), im Rückkopplungszweig befindet sich der Gleichstromwandler.

```
> FI := FR1*FSt*FSR*FM1/(1+FR1*FSt*FSR*FM1*FSW);
```

$$FI := \left(KR1\left(1 + s\,T_{N1}\right)KSt\,KG\right) \Bigg/ \Bigg[s\,T_{N1}\left(1 + s\,T_{R1}\right)\left(1 + s\,TSt\right)\left(1 + s\,Ters\right)Ra\left(1 + s\,Ta\right)\Bigg(1$$

$$+ \frac{KR1\left(1 + s\,T_{N1}\right)KSt\,KG\,KW}{s\,T_{N1}\left(1 + s\,T_{R1}\right)\left(1 + s\,TSt\right)\left(1 + s\,Ters\right)Ra\left(1 + s\,Ta\right)\left(1 + s\,TW\right)}\Bigg)\Bigg]$$

Der nächste Schritt formuliert den Zusammenhang zwischen Winkelgeschwindigkeit ω und Eingangsgröße dU des Drehzahlreglers. dU ist die Differenz zwischen dem Drehzahl-Sollwert $U_{n,soll}$ und dem von der Tachomaschine gelieferten Winkelgeschwindigkeits-Abbild u_T.

```
> dU:= Un_soll-omega*FTM:   # Eingangsgröße Regler 2 bezogen auf omega
```

Folgende Gleichung kann man aus dem Strukturbild (Bild 6.6) ablesen:

```
> Go:= omega = (dU*FR2*FI*FM2 - mw)*FM3;
```

$$Go := \omega = \frac{1}{s\,J}\Bigg[\left(\left(Un\_soll - \omega\,KT\right)KR2\left(1 + s\,T_{N2}\right)KR1\left(1 + s\,T_{N1}\right)KSt\,KG\,KM\right) \Bigg/ \Bigg(s^2\,T_{N2}\left(1\right.$$

$$\left. + s\,T_{R2}\right)T_{N1}\left(1 + s\,T_{R1}\right)\left(1 + s\,TSt\right)\left(1 + s\,Ters\right)Ra\left(1 + s\,Ta\right)\Bigg(1$$

$$+ \frac{KR1\left(1 + s\,T_{N1}\right)KSt\,KG\,KW}{s\,T_{N1}\left(1 + s\,T_{R1}\right)\left(1 + s\,TSt\right)\left(1 + s\,Ters\right)Ra\left(1 + s\,Ta\right)\left(1 + s\,TW\right)}\Bigg)\Bigg) - mw\Bigg]$$

Es fehlt noch der Zusammenhang zwischen dem Ankerstrom i – der zweiten Ausgangsgröße der Untersuchung – und der Eingangsgröße des Drehzahlreglers. Letztere wird hier mit dUi

bezeichnet, weil der Rückkopplungszweig durch den Bezug auf den Strom i anders zusammengesetzt ist.

```
> dUi:= Un_soll-(i*FM2-mw)*FM3*FTM: # Eingang Regler 2 bezogen auf i
> Gi:= i = dUi*FR2*FI;
```

$$Gi := i - \left(\left(Un\_soll - \frac{(i\,KM - mw)\,KT}{s\,J} \right) KR2\,(1 + s\,T_{N2})\,KR1\,(1 + s\,T_{N1})\,KSt\,KG \right) \Big/ \left(s^2\,T_{N2}\,(1 \right.$$

$$\left. + s\,T_{R2})\,T_{N1}\,(1 + s\,T_{R1})\,(1 + s\,TSt)\,(1 + s\,Ters)\,Ra\,(1 + s\,Ta)\,\left(1 \right.\right.$$

$$\left.\left. + \frac{KR1\,(1 + s\,T_{N1})\,KSt\,KG\,KW}{s\,T_{N1}\,(1 + s\,T_{R1})\,(1 + s\,TSt)\,(1 + s\,Ters)\,Ra\,(1 + s\,Ta)\,(1 + s\,TW)} \right) \right)$$

Obige Beziehungen für Go und Gi sind so formuliert, dass sie sowohl für die Untersuchung des Führungs- als auch des Störverhaltens genutzt werden können.

Untersuchung des Führungsverhaltens

Für diese wird angenommen, dass das Widerstandsmoment der Arbeitsmaschine konstant ist, d. h. dass $mw = 0$ gilt. Mit dem Befehl **eval** wird diese Bedingung in die Gleichungen Go und Gi eingeführt. Danach werden die neuen Gleichungen mittels **isolate** nach ω bzw. i aufgelöst und durch die Führungsgröße dividiert. Es entstehen so die Gleichungen Go_b und Gi_b , deren rechte Seiten die Übertragungsfunktionen $\omega/Un,soll$ und $i/Un,soll$ des Regelkreises sind.

```
> Go_a:= eval(Go, mw=0): # Führungsverhalten soll untersucht werden
> Gi_a:= eval(Gi, mw=0):
> Go_b:= isolate(Go_a,omega)/Un_soll:   Go_b:= simplify(Go_b):
> Go_c:= rhs(Go_b):
> Gi_b:= isolate(Gi_a,i)/Un_soll:   Gi_b:= simplify(Gi_b):
> Gi_c:= rhs(Gi_b):
```

Wegen ihres sehr großen Umfangs werden die berechneten Übertragungsfunktionen nicht angegeben, sondern sofort weiter verarbeitet. Die folgende Erzeugung von Objekten des Typs **TransferFunction** (Paket DynamicSystems) bereitet die Auswertung der Übertragungsfunktionen $\omega/U_{n,soll}$ und $i/U_{n,soll}$ mit Hilfe des Befehls **ResponsePlot** vor.

```
> with(plots): with(DynamicSystems):
> TFo:= TransferFunction(Go_c,inputvariable=[Un_soll],
        outputvariable=[omega]):
> TFi:= TransferFunction(Gi_c,inputvariable=[Un_soll],
        outputvariable=[i]):
```

Parameter der Regelstrecke:

```
> param1:= [Ra=0.4,La=0.02,KM=3.92,J=3.9,KT=0.1145,KW=0.08,TW=0.001,
        KG=195,Ters=0.0017,KSt=0.262,TSt=0.001]:
> Ta1:= eval(La/Ra, param1);   Tm1:= eval(Ra*J/KM^2, param1);
```

$$Ta1 := 0.05000000000$$

$$Tm1 := 0.1015201999$$

```
> param1:= [param1[], Ta=Ta1, Tm=Tm1]:
```

Parameter der Regler:

```
> paramR:= [KR1=0.4902, T[N1]=0.05, T[R1]=0.0013, KR2=24.47,
            T[N2]=0.0566, T[R2]=0.001]:
> Optionen:= duration=0.3, color=blue, parameters=[param1[],paramR[]],
            numpoints=1000, font=[TIMES,12], labelfont=[TIMES,14],
            titlefont=[TIMES,14], gridlines=true,
            title="Führungsverhalten GS-Antrieb":
> ResponsePlot(TFo, [-0.6], output=[60*omega/2/Pi],
            labels=["t/s","n/1/min"], Optionen);
```

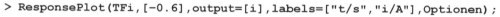

Das 2. Argument von **ResponsePlot** bezeichnet den Wert der Eingangsgröße, hier den Sprung des Führungssignals $U_{n,soll}$ um –0,6 V, also einer Änderung des Drehzahlsollwertes um –50 min^{-1}. Auch die Ausgabegröße von ResponsePlot ist auf Umdrehungen/Minute umgerechnet, weil diese Angabe praxisnäher ist.[1]

```
> ResponsePlot(TFi,[-0.6],output=[i],labels=["t/s","i/A"],Optionen);
```

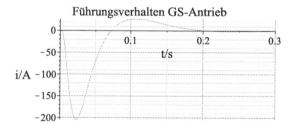

Untersuchung des Störverhaltens

Für die Untersuchung des Störverhaltens müssen nur einzelne Schritte ab der Bildung von *Go_a* bzw. *Gi_a* neu programmiert werden. Statt *mw* ist $U_{n,soll}$ auf den Wert Null zu setzen. Die nach ω bzw. *i* aufgelösten Gleichungen sind dann durch die Störgröße *mw* zu dividieren. Selbstverständlich müssen bei der danach folgenden Bildung der TransferFunction-Objekte auch die Input- und die Output-Variablen und in den Befehlen **ResponsPlot** einzelne Argumente angepasst werden. Die Ausführung dieser Schritte sei aber dem Leser überlassen. Lediglich die Ergebnisse für eine sprungförmige Erhöhung des Gegenmoments um 40 Nm werden noch angegeben.

---

[1] Parameter der Elemente des Regelkreises aus [THI01] bzw. [MüR99]

```
> ResponsePlot(TFo,[40],output=[60*omega/2/Pi],
  labels=["t/s","n/1/min"],Optionen);
```

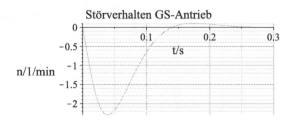

```
> ResponsePlot(TFi,[40],output=[i],labels=["t/s","i/A"],Optionen);
```

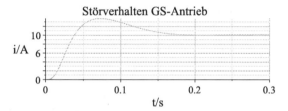

6.5   Einschaltstrom eines Einphasen-Transformators

Bekannt ist, dass beim Einschalten eines Transformators mit offener Sekundärwicklung Ströme auftreten können, die dessen Nennstrom um ein Vielfaches überschreiten. Die Größe des Einschaltstromes ist außer von den technischen Daten des Transformators und des vorgeschalteten Netzes auch vom Phasenwinkel der Netzspannung zum Zeitpunkt des Einschaltens und von Größe und Richtung des remanenten Magnetflusses im Transformatorkern abhängig. Im Folgenden wird dieser Vorgang ausgehend von den in der Literatur beschriebenen physikalisch-mathematischen Beziehungen[1] für einen Einphasen-Transformator (Bild 6.7) untersucht. Vor allem interessiert dabei wieder die Frage, welche Unterstützung Maple bei der Lösung dieser Aufgabe bieten kann.

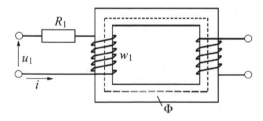

Bild 6.7 Schema eines Einphasentransformators

---

[1] z. B. [BöSe65], [SchW58], [Rüd74]

Der Zielstellung dieses Beispiels angemessen werden einige Vernachlässigungen getroffen: Der Streufluss, d. h. der Magnetfluss, der sich nicht über den Eisenkern schließt, Eisenverluste und Windungskapazitäten werden nicht berücksichtigt. Ebenso bleibt der Einfluss des speisenden Netzes außer Betracht. Relativ genau muss jedoch die Magnetisierungskennlinie des Transformatorblechs nachgebildet werden, und zwar vor allem im Sättigungsbereich.

Aus Bild 6.7 folgt mit w_1 für die Windungszahl der Primärwicklung

$$u_1 = i_1 R_1 + w_1 \frac{d\Phi}{dt} \tag{6.10}$$

Für die Spannung u_1 gelte

$$u_1 = U\sqrt{2}\cos(\omega \cdot t + \alpha) \tag{6.11}$$

Dabei ist α der Phasenwinkel zum Zeitpunkt des Einschaltens. Für den magnetischen Fluss besteht die Beziehung $\Phi = \Phi(i_1)$, die durch die Magnetisierungskennlinie des Transformators vorgegeben ist. Bei der ersten Analyse wird aber vereinfachend ein linearer Zusammenhang zwischen i und Φ angenommen.

6.5.1 Lineare Beziehung zwischen i und Φ

Bei konstanter Permeabilität des Eisens gilt

$$i = \frac{w_1}{L}\Phi \tag{6.12}$$

Aus (6.10) bis (6.12) folgt

```
> G1:= u1 = R1*w1*Phi(t)/L + w1*diff(Phi(t),t);
```

$$G1 := u1 = \frac{R1\,w1\,\Phi(t)}{L} + w1\left(\frac{d}{dt}\Phi(t)\right)$$

```
> u1:= U*sqrt(2)*cos(omega*t+alpha);
```

$$u1 := U\sqrt{2}\cos(\omega t + \alpha)$$

```
> DG:= isolate(G1, diff(Phi(t),t));
```

$$DG := \frac{d}{dt}\Phi(t) = -\frac{-U\sqrt{2}\cos(\omega t + \alpha) + \dfrac{R1\,w1\,\Phi(t)}{L}}{w1}$$

Zum Zeitpunkt des Einschaltens ist der Induktionsfluss im Transformator gleich dem remanenten Fluss Φ_r. Damit ergeben sich der Lösungsansatz und die Lösung

```
> Loe:= dsolve({DG, Phi(0)=Phi[r]});
```

$$Loe := \Phi(t) = e^{-\frac{R1\,t}{L}}\left(\Phi_r - \frac{U\sqrt{2}\,L(\cos(\alpha)R1 + \sin(\alpha)\omega L)}{w1\left(R1^2 + \omega^2 L^2\right)}\right)$$
$$+ \frac{U\sqrt{2}\,L(\cos(\omega t + \alpha)R1 + \sin(\omega t + \alpha)\omega L)}{w1\left(R1^2 + \omega^2 L^2\right)}$$

$\Phi(t)$ setzt sich aus zwei Anteilen zusammen: aus einem mit der Zeitkonstanten L/R_1 abklingenden Gleichanteil und einem sinusförmigen Anteil, der dem Fluss im eingeschwungenen Zustand entspricht und durch den zweiten Term der Lösung repräsentiert wird. Der Gleichanteil ist vom Wert der Remanenz und von der Größe des Phasenwinkels α abhängig. Vernachlässigt man R_1, da sein Wert bei Transformatoren gewöhnlich klein ist, ergibt sich ein sehr übersichtlicher Ausdruck, allerdings ohne Abkling-Komponente.

```
> eval(subs(R1=0, Loe));
```

$$\Phi(t) = \Phi_r - \frac{U\sqrt{2}\,\sin(\alpha)}{\omega\,w_1} + \frac{U\sqrt{2}\,\sin(\omega\,t + \alpha)}{\omega\,w_1}$$

Spannung u_1 und Magnetfluss des Transformators sind um $90°$ phasenverschoben. Wenn die Zuschaltung der Netzspannung in dem Augenblick erfolgt, in dem u_1 den Augenblickswert Null hat, müsste der Magnetfluss also sein Maximum haben. Wenn er aber wegen des vorherigen spannungslosen Zustands den Wert Null besitzt oder wenn ein Remanenzfluss vorhanden ist, dann wird der Übergang in den stationären Zustand durch einen Ausgleichsvorgang erreicht. Aus obigem Ausdruck für $\Phi(t)$ geht hervor, dass der Magnetfluss seinen größtmöglichen Wert eine halbe Periode nach dem Einschalten ($\omega \cdot t = \pi$) annimmt, wenn bei $\alpha = -\pi/2$ eingeschaltet wird. Bei $R_1 = 0$ ist dann

```
> Phi[max]:= eval(subs(R1=0, omega*t=Pi, alpha=-Pi/2, Loe));
```

$$\Phi_{max} := \Phi(t) = \Phi_r + \frac{2\,U\sqrt{2}}{\omega\,w_1}$$

Dabei ist $U\sqrt{2}/(\omega \cdot w_1) = \Phi_{d,max}$ die Amplitude des stationären Magnetflusses. Φ_{max} erreicht demnach im Extremfall den Wert $\Phi_r + 2\Phi_{d,max}$. Dieser große Magnetfluss treibt den Eisenkern des Transformators bis weit in den Sättigungsbereich und führt damit zu einer überproportionalen Zunahme der magnetischen Feldstärke bzw. des Magnetisierungsstroms.

6.5.2 Nichtlineare Beziehung zwischen i und Φ

Nach den einführenden Betrachtungen soll nun der Einfluss der Sättigung des Magnetkerns des Transformators bei hohen Strömen nicht mehr vernachlässigt werden. Der Strom i ist mit dem magnetischen Fluss Φ über die Magnetisierungskennlinie verknüpft. Es gilt

$$\Theta = i \cdot w_1 = H \cdot l_m \,.$$

Θ ist die durch den Strom i erzeugte Durchflutung, H die magnetische Feldstärke und l_m die mittlere Länge der Feldlinien. H steht über die Magnetisierungskennlinie $B(H)$ mit der Induktion B in Zusammenhang. Somit ergibt sich

$$i = \frac{H \cdot l_m}{w_1} \quad \text{mit} \quad H = f(B) \quad \text{und} \quad B = \Phi / A$$

$$i = \frac{f(\Phi / A) \cdot l_m}{w_1}; \quad A \dots \text{vom Magnetfluss durchsetzter Querschnitt}$$

Beim Betrieb des Transformators im ungesättigten Bereich wären für l_m und A die entsprechenden Werte des Eisenkreises einzusetzen. Weil aber der Einschaltstrom den Eisenkern bis weit in die Sättigung treibt und dadurch die Permeabilität des Eisens sich von der der Luft nur unwesentlich unterscheidet, durchsetzt der Magnetfluss nicht mehr nur hauptsächlich das Eisen. Die Werte für l_m und A werden in diesem Fall auch von der Form und der Art der Wicklung (Röhren- oder Scheibenwicklung) beeinflusst (siehe [SchW58]). Ausgangspunkt für die folgende Rechnung ist wieder die Gleichung (6.10).

```
> Phi:= 'Phi':  # Löschen der bisherigen Zuweisung an Phi
> G2:= u1 = i(t)*R1+w1*diff(Phi(t),t);
```

$$G2 := U\sqrt{2}\,\cos\left(\omega t + \alpha\right) = i(t)\,R1 + w1\left(\frac{\mathrm{d}}{\mathrm{d}t}\,\Phi(t)\right)$$

```
> DG2:= isolate(G2, diff(Phi(t),t));
```

$$DG2 := \frac{\mathrm{d}}{\mathrm{d}t}\,\Phi(t) = -\frac{-U\sqrt{2}\,\cos\left(\omega t + \alpha\right) + i(t)\,R1}{w1}$$

Gleichung für Strom $i(t)$:

```
> G3:= i(t)= fH(Phi(t)/A)/w1*lm;
```

$$G3 := i(t) = \frac{fH\left(\dfrac{\Phi(t)}{Ae}\right)lm}{w1}$$

```
> AnfBed:= {Phi(0)=Phir}:
```

Das zu lösende Gleichungssystem besteht aus der Differentialgleichung DG2 und der Gleichung G3 (DAE-Problem).

```
> Gsys:= {DG2, G3};
```

$$Gsys := \left\{ i(t) = \frac{fH\left(\dfrac{\Phi(t)}{Ae}\right)lm}{w1}, \ \frac{\mathrm{d}}{\mathrm{d}t}\,\Phi(t) = -\frac{-U\sqrt{2}\,\cos\left(\omega t + \alpha\right) + i(t)\,R1}{w1} \right\}$$

Die Magnetisierungskennlinie wird durch Stützpunkte beschrieben, deren H- und B-Werte in zwei getrennten Listen *Hdata* und *Bdata* notiert sind. Gewählt wurde die Magnetisierungskennlinie eines kaltgewalzten Blechs (siehe Abschnitt 4.6.2).

```
> Hdata:= [-10000,-3000,-1000,-500,-300,-200,-100,-50,-30,-10,0,
          10,30,50,100,200,300,500,1000,3000,10000]:
> Bdata:= [-2.0,-1.97,-1.93,-1.9,-1.87,-1.84,-1.78,-1.59,-1.5,-0.75,0,
          0.75,1.5,1.59,1.78,1.84,1.87,1.9,1.93,1.97,2.0]:
```

Für die Modellierung der Magnetisierungskennlinie wird die Spline-Interpolation genutzt. Weil sehr hohe Induktionen auftreten können, die evtl. außerhalb des Bereichs der Stützstellen liegen und eine Extrapolation erforderlich machen, wird ein Spline 1. Grades gewählt.

```
> with(CurveFitting):  H:= Spline(Bdata, Hdata, B, degree=1);
```

$$H := \begin{cases} 4.566666667\cdot10^5 + 2.333333333\cdot10^5\cdot B & B < -1.97 \\ 95500.00000 + 50000.00000\cdot B & B < -1.93 \\ 31166.66667 + 16666.66667\cdot B & B < -1.9 \\ \cdots \end{cases}$$

Die Ergebnisse des Befehls **Spline** werden aus Platzgründen hier nur angedeutet. Das Gleiche gilt für die darauf folgende Erzeugung der Funktion *fH* = H(B).

```
> fH:= unapply(H,B);
```

$$fH := B \rightarrow piecewise(B < -1.97,\ 4.566666667 \cdot 10^5 + 2.333333333 \cdot 10^5 \cdot B,\ B < -1.93, \ldots$$

Parameter des Transformators:

```
> R1:= 0.0112:   U:= 10000:  w1:= 104:  A:= 0.2885:  lm:= 6:
  Phir:= 0.2:  alpha:= -Pi/2:  omega:= 2*Pi*50:
```

Vor und nach der Berechnung der Lösung des Differentialgleichungssystems wird die aktuelle Systemzeit mittels **time**() bestimmt und aus der Differenz die aktuelle Rechenzeit in Sekunden ermittelt.

```
> st:= time():
  Loe:= dsolve(Gsys union AnfBed,numeric, method=rosenbrock_dae,
       [i(t),Phi(t)], output=listprocedure, range=0..2, maxfun=0);
  rz:= time()-st;
```

$$Loe := \left[t = proc(t) \ \ldots \ end\ proc,\ i(t) = proc(t) \ \ldots \ end\ proc,\ \Phi(t) = proc(t) \ \ldots \ end\ proc \right]$$

$$rz := 3.510$$

Für die weitere Verarbeitung werden die Lösungsfunktionen separiert.

```
> Phi1:= eval(Phi(t),Loe):
> i1:= eval(i(t),Loe):
> setoptions(gridlines=true, numpoints=1000,
            labelfont=[TIMES,12,BOLD]):
> p1:= plot(Phi1(t), t=0..0.1, Phi=-0.5..1.5, labels=[t,Phi/Vs],
            legend=Phi(t), color=blue):
> p2:= plot(i1(t), t=0..0.1, labels=[t,i/A], legend=i(t)):
> dualaxisplot(p1, p2);
```

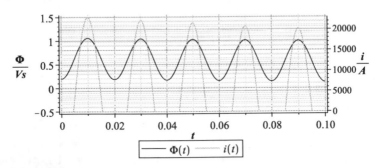

Um den Zeitpunkt für das Auftreten des Spitzenwertes des Stromes nach dem Einschalten genauer zu bestimmen, wird $i1(t)$ in die Funktion $fi1$ überführt, diese Funktion nach der Zeit abgeleitet und die Nullstelle der Ableitung im Bereich t = (0 ... 0.02) s bestimmt.

```
> fi1:=unapply(i1(t),t);
```

$$fi1 := t \rightarrow i1(t)$$

```
> t1:= fsolve(D(fi1(t))=0, t=0.0..0.02);
```

$$t1 := 0.01000000000$$

Zum errechneten Zeitpunkt hat der Strom den Wert

```
> fi1(t1);
```

$$22976.2593277792802$$

Experimente zeigen aber, dass die oben ermittelte Nullstelle der Ableitung nicht ganz genau ist. Deshalb wird noch ein anderer Weg beschritten: Für zeitdiskrete Werte von $i1(t)$ wird mit sehr kleiner Schrittweite h der zentrale Differenzenquotient gebildet und dessen Nulldurchgang graphisch bestimmt.

```
> t0:= 0.0097:  tn:=0.0101:  h:= 0.000001:
> di:= Vector([seq((i1(t+h)-i1(t-h))/2/h, t=t0..tn, h)]);
```

$$di := \begin{vmatrix} 1 \, .. \, 401 \; Vector_{column} \\ Data \; Type: \; anything \\ Storage: \; rectangular \\ Order: \; Fortran\_order \end{vmatrix}$$

```
> tt:= Vector([seq(t0..tn,h)]):
> plot(tt, di, labels=["t","di/dt"]);
```

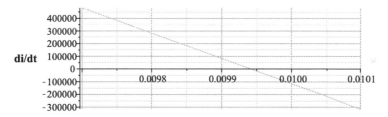

Die Nullstelle der Steigung, d. h. die Stelle mit dem Maximalwert des Stromes, liegt demnach ungefähr bei t = 0,00994 s und der für diese Stelle berechnete Strom ist tatsächlich etwas größer als der vorher berechnete Wert.

```
> i1(0.00994);
```

$$22979.5990756120736$$

6.5.3 Fourieranalyse des Einschaltstroms des Transformators

Diese Untersuchung soll die Frage beantworten, welchen Anteil die einzelnen Harmonischen am Gesamtstrom $i(t)$ in der ersten Periode nach dem Einschalten, d. h. im Intervall $[0...0.02]\ s$, haben. Vorgestellt werden zwei Lösungen, um unterschiedliche Sprachmittel von Maple nochmals ins Blickfeld zu rücken. Beide greifen auf die bekannten Integrale zur Berechnung der Fourier-Koeffizienten zurück, unterscheiden sich also im mathematischen Ansatz nicht.

$$a_0 = \frac{1}{T}\int_0^T i_1(t)\cdot dt \qquad a_k = \frac{2}{T}\int_0^T i_1(t)\cdot \cos\left(\frac{k\cdot 2\pi}{T}t\right)dt$$

$$b_k = \frac{2}{T}\int_0^T i_1(t)\cdot \sin\left(\frac{k\cdot 2\pi}{T}t\right)dt \qquad k = 1,2,3,\ldots \tag{6.13}$$

Statt des Integrationsbefehls **int** wird dessen inerte Form **Int** verwendet und das Ergebnis mit **evalf** ausgewertet, um zu vermeiden, dass Maple vor der numerischen Auswertung des Integrals eine symbolische Lösung sucht.

Fourieranalyse 1

Bei dieser Lösungsvariante werden die Formeln zur Berechnung der Fourier-Koeffizienten als Funktionen a(k) und b(k) notiert.

```
> a:= k -> evalf(2/T*Int(i1(t)*cos(k*2*Pi/T*t),t=0..T,epsilon=eps)):
  b:= k -> evalf(2/T*Int(i1(t)*sin(k*2*Pi/T*t),t=0..T,epsilon=eps)):
```

Der Parameter *eps* gibt die Genauigkeit für die Berechnung der Integrale vor. Zwecks Vereinfachung wird die Berechnung von a_0 auch über obige Beziehung vorgenommen. Das entsprechende Ergebnis muss daher später durch 2 dividiert werden.

Berechnung der Fourier-Koeffizienten:

```
> T:= 0.02: N:= 8: eps:=0.005:
> A:= seq(a(k),k=0..N);
```

$$A := 15774.19601, -11861.50934, 4150.845381, 571.2422889, -726.6467519,$$
$$-322.8923002, 248.5967855, 210.6435012, -91.98747788$$

```
> B:= seq(b(k),k=1..N);
```

$$B := 224.5242776, -153.0647894, -36.80572947, 56.33981493, 32.91632506,$$
$$-28.78859239, -29.71305992, 14.15987193$$

A und *B* sind Folgen der Fourier-Koeffizienten a_k und b_k, in Maple *Expression Sequences* genannt. Beim Zugriff auf einzelne Werte dieser Folgen ist zu beachten, dass die Indizierung bei 1 beginnt und dass $A[1] = 2a_0$ ist.

Mit den oben definierten Funktionen a und b wird nun die Fourier-Reihe berechnet und gezeichnet. Der Befehl **add** übernimmt die Summierung. Eine alternative Variante wäre der Zugriff auf Elemente der zuvor berechneten Folgen *A* und *B*.

```
> f_reihe:= a(0)/2 + add(a(n)*cos(2*n*Pi/T*t),n=1..N) +
            add(b(n)*sin(2*n*Pi/T*t),n=1..N):
> plot([i1(t), f_reihe], t=0..0.02, legend=["i(t)","f_reihe"],
        linestyle=[solid,dashdot], thickness=[2,3]);
```

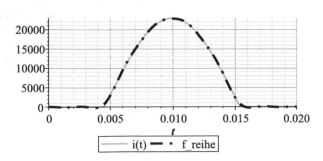

Fourieranalyse 2

Im Unterschied zur vorherigen Lösung werden bei dieser die Koeffizienten in einer Programm-schleife berechnet und in einer indizierten Variablen gespeichert. Aus der Sicht von Maple handelt es sich dabei um die implizite Erzeugung einer Tabelle (table). Eine mehrfache Aus-wertung der Integrale bei verschiedenen Zugriffen auf die Koeffizienten ist daher nicht mehr erforderlich. In der Schleife wird auch die tabellarische Ausgabe der Ergebnisse veranlasst. Für diese formatierte Ausgabe wird der Befehl **printf** verwendet, der im Anhang A beschrieben ist.

```
> T:= 0.02: N:= 8: eps:= 0.005:
> for k from 0 to N do
  if k<>0 then
    a[k]:= evalf(2/T*Int(i1(t)*cos(k*2*Pi/T*t),t=0..T,epsilon=eps)):
    b[k]:= evalf(2/T*Int(i1(t)*sin(k*2*Pi/T*t),t=0..T,epsilon=eps)):
    printf("k=%2d:   %+8.4e  %+8.4e\n", k,a[k],b[k]);
    else
    a[0]:= evalf(1/T*Int(i1(t),t=0..T,epsilon=eps)):
    printf("k=%2d:   %+8.4e\n",k,a[0]);
  end if;
end do;
k= 0:   -7.2871e-03
k= 1:   -1.1862e-04   -2.2432e-02
k= 2:   -4.1308e-03   -1.5306e-02
k= 3:   -5.7124e-02   -6.6806e-01
k= 4:   -7.2663e-02   -5.6340e-01
k= 5:   -3.2289e-02   -3.2516e-01
k= 6:   -2.4860e-02   -2.8789e-01
k= 7:   -2.1064e-02   -2.9713e-01
k= 8:   -9.1987e-01   -1.4160e-01
```

Unter Verwendung der gespeicherten Koeffizienten wird die graphische Darstellung des Amp-litudenspektrums berechnet.

```
> Ampl_Spek:= {[[0,0],[0,a[0]]], seq([[k,0],
                 [k,sqrt(a[k]^2+b[k]^2)]], k=1..N)}:
> plot(Ampl_Spek, x=0..N, color=black, thickness=4,
  title="Amplitudenspektrum", labels=["k",""], titlefont=[TIMES,14]);
```

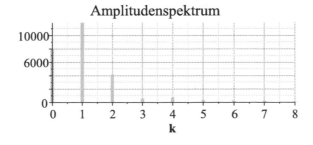

6.6   Antriebssystem mit elastisch gekoppelten Massen

Eine Arbeitsmaschine wird durch einen Getriebemotor über eine elastische Welle angetrieben. Die elastische Welle aus Stahl hat den Durchmesser d_W und die Länge l_W. Der Motor besitzt das Massenträgheitsmoment J_M und die Getriebeübersetzung ist $ü$. Die Arbeitsmaschine prägt an der Welle ab $t = 0$ ein periodisches Widerstandsmoment mit der Amplitude m_L und der Frequenz f_L ein.

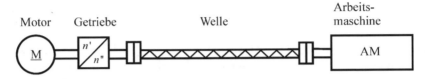

Bild 6.8 Antriebssystem mit elastischer Welle

Folgende Aufgaben sollen gelöst werden:

1.   Die Drehmomentschwingungen im mechanischen Übertragungssystem sowie die Verdrehung der Welle sind zu bestimmen.

2.   Im Hinblick auf eine beabsichtigte Realisierung einer Drehzahlregelung sind Frequenzkennlinien der Regelstrecke Motor – Welle – Arbeitsmaschine zu ermitteln.

Die Welle soll als Drehfeder mit der Torsionssteifigkeit c und der Dämpfungskonstanten d modelliert werden (Voigt-Kelvin-Modell). Die träge Masse der Welle sei vernachlässigbar. Das System wird daher als elastisch gekoppeltes Zweimassensystem beschrieben.

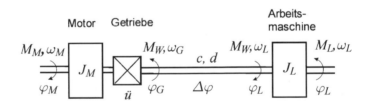

Bild 6.9 Größen am System Motor – Welle – Arbeitsmaschine

Eine ähnliche Aufgabenstellung wurde schon im Abschnitt 5.3.5 behandelt. Im Folgenden wird daher von den dort formulierten Gleichungen ausgegangen. Der Antriebsmotor ist ein fremderregter Gleichstrommotor. Daher kann bezüglich des Motormodells auf den Abschnitt 6.3 Bezug genommen werden. So wie bei den genannten Beispielen bezeichnen auch hier die Modellvariablen die Abweichungen des Systems vom vorher vorhandenen stationären Arbeitspunkt.

6.6.1 Torsion und Drehmomentschwingungen der Welle

Differentialgleichung des Ankerstromkreises des Motors:

```
> DG1:= u(t)=KM*omega[M](t)+Ra*i(t)+La*diff(i(t),t);
```

$$DG1 := u(t) = KM\,\omega_M(t) + Ra\,i(t) + La\left(\frac{\mathrm{d}}{\mathrm{d}t}\,i(t)\right)$$

In obiger Gleichung sind R_a der ohmsche Widerstand und L_a die Induktivität des Ankerkreises. KM ist eine Motorkonstante. Die Bedeutung aller anderen Symbole ist aus Bild 6.7 ersichtlich.

Bewegungsgleichung des Motors:

```
> DG2:= J[M]*diff(omega[M](t),t) = KM*i(t)-c/ü*phi(t)-
        d/ü*(omega[M](t)/ü-omega[L](t));
```

$$DG2 := J_M\left(\frac{\mathrm{d}}{\mathrm{d}t}\,\omega_M(t)\right) = KM\,i(t) - \frac{c\,\phi(t)}{\ddot{u}} - \frac{d\left(\dfrac{\omega_M(t)}{\ddot{u}} - \omega_L(t)\right)}{\ddot{u}}$$

Bewegungsgleichung der Arbeitsmaschine:

```
> DG3:= diff(omega[L](t),t)=1/J[L]*(c*phi(t)+
        d*(omega[M](t)/ü-omega[L](t))-M[L](t));
```

$$DG3 := \frac{\mathrm{d}}{\mathrm{d}t}\,\omega_L(t) = \frac{c\,\phi(t) + d\left(\dfrac{\omega_M(t)}{\ddot{u}} - \omega_L(t)\right) - M_L(t)}{J_L}$$

Differentialgleichung des Torsionswinkels:

```
> DG4:= diff(phi(t),t)=omega[M](t)/ü-omega[L](t);
```

$$DG4 := \frac{\mathrm{d}}{\mathrm{d}t}\,\phi(t) = \frac{\omega_M(t)}{\ddot{u}} - \omega_L(t)$$

Modell der Last:

```
> Mlast:= M0-M0*cos(2*Pi/Tlast*t+psi);
```

$$Mlast := M0 - M0\cos\left(\frac{2\,\pi\,t}{Tlast} + \psi\right)$$

Bildung des Gesamtmodells unter der Annahme konstanter Ankerspannung.

```
> DGsys:= subs([u(t)=0, M[L](t)=Mlast], {DG1,DG2,DG3,DG4}):
```

Festlegung der Anfangsbedingungen und Lösung des Anfangswertproblems:

```
> Anfbed:= {omega[M](0)=0, omega[L](0)=0, phi(0)=0, i(0)=0};
```

$$Anfbed := \left\{ i(0) = 0,\ \phi(0) = 0,\ \omega_L(0) = 0,\ \omega_M(0) = 0 \right\}$$

```
> Loe:= dsolve(DGsys union Anfbed,
        [omega[M](t),omega[L](t),phi(t),i(t)], method=laplace):
```

Die für phi(t) ermittelte Lösung wird der Variablen phiW zugewiesen.

```
> phiW:= subs(Loe, phi(t)):
```

Festlegung der Parameter des Antriebssystems:

Die Federsteifigkeit der Welle ist gemäß Tabelle 5.4

$$c_W = \frac{\pi}{32} \cdot 8 \cdot 10^{10} \cdot \frac{d_W^4}{l_W}$$

```
> cW:= Pi/4*10^10*dW^4/lW;
```

$$cW := \frac{2500000000\,\pi\,dW^4}{lW}$$

```
> param:= [J[M]=8, J[L]=1.6, d=15, c=evalf(subs(dW=0.06,lW=1.2, cW)),
           Tlast=0.02, ü=12, psi=-Pi/2, Ra=7.1,
           La=0.04, KM=2.07, M0=60];
```

$$param := \Big[J_M = 8,\, J_L = 1.6,\, d = 15,\, c = 84823.00166,\, Tlast = 0.02,\, \ddot{u} = 12,$$

$$\psi = -\frac{1}{2}\,\pi,\, Ra = 7.1,\, La = 0.04,\, KM = 2.07,\, M0 = 60 \Big]$$

Berechnung des Torsionswinkels der Welle in Grad:

```
> phiW1:= subs(param, phiW*180/Pi):
> plot(phiW1, t=0..0.2);
```

Torsionswinkel in Grad

Die Lösungsfunktion *phiW1* bzw. der Zeitverlauf des Torsionswinkels φ wird nun noch etwas genauer betrachtet.

```
> interface(displayprecision=4):
> phiW1:= simplify(phiW1);
```

$$phiW1 := -0.0218\,e^{(-4.6940 + 230.3606\,I)\,t} - 0.0001\,e^{-0.0754\,t}$$

$$+ 1.3545\,10^{-8}\,e^{-177.4246\,t} - 0.0218\,e^{(-4.6940 - 230.3606\,I)\,t}$$

$$+ 0.0469\,\sin(314.1593\,t) - 0.0324\,I\,e^{(-4.6940 - 230.3606\,I)\,t}$$

$$+ 0.0324\,I\,e^{(-4.6940 + 230.3606\,I)\,t} + 0.0030\,\cos(314.1593\,t) + 0.0405$$

Der Verlauf von $\varphi(t)$ lässt sich offensichtlich als Überlagerung zweier Schwingungen und einer konstanten Komponente beschreiben. Die weiteren Anteile in *PhiW1* sind vernachlässigbar klein. Die erste Schwingung mit der Kreisfrequenz $50 \cdot 2\pi$ Hz resultiert aus den Lastschwingungen mit der Periodendauer *Tlast* = 0.02 s, die zweite mit einer Kreisfrequenz von ungefähr

230 Hz ist die abklingende Eigenschwingung des Antriebssystems. Der konstante Anteil von etwa 0,0405 ° ist der Mittelwert des Torsionswinkels, der sich nach dem Abklingen der Eigenschwingungen einstellt und der dem Mittelwert des Lastmoments von 60 Nm entspricht. Um die Zusammensetzung der Funktion $\varphi(t)$ zu veranschaulichen, wird der Ausdruck in zwei Teile zerlegt. Der erste Teil A repräsentiert die konstante Dauerschwingung um den Mittelwert 0,0405 °, der zweite Teil B umfasst die mit der Zeit abklingenden Komponenten. Die Zerlegung erfolgt durch Kopieren von Teilen der Maple-Ausgabe und Einfügen (*copy* und *paste*).

```
> A:= 0.405e-1+0.30e-2*cos(314.1593*t)+0.0469*sin(314.1593*t);
```

$$A := 0.0405 + 0.0030\cos(314.1593\,t) + 0.0469\sin(314.1593\,t)$$

```
> B:= -0.1e-3*exp(-0.754e-1*t)+1.3547*10^(-8)*exp(-177.4246*t)
      -0.218e-1*exp((-4.6940-230.3606*I)*t)
      +(0.324e-1*I)*exp((-4.6940+230.3606*I)*t)
      -0.218e-1*exp((-4.6940+230.3606*I)*t)
      -(0.324e-1*I)*exp((-4.6940-230.3606*I)*t);
```

$$B := -0.0001\,e^{-0.0754\,t} + 1.3547\,10^{-8}\,e^{-177.4246\,t}$$
$$- 0.0218\,e^{(-4.6940 - 230.3606\,\mathrm{I})\,t} + 0.0324\,\mathrm{I}\,e^{(-4.6940 + 230.3606\,\mathrm{I})\,t}$$
$$- 0.0218\,e^{(-4.6940 + 230.3606\,\mathrm{I})\,t} - 0.0324\,\mathrm{I}\,e^{(-4.6940 - 230.3606\,\mathrm{I})\,t}$$

```
> plot([A,B], t=0..0.2, title="Anteile der Torsionsschwingung");
```

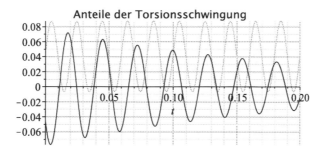

Bei der folgenden Berechnung des Übertragungsmoments der Welle wird der geringe Einfluss der Dämpfung vernachlässigt.

```
> MW:= subs(param, phiW*c):
> plot(MW, t=0..0.3, labels=["t/s","MW/Nm"]);
```

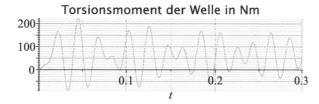

Die wesentlichen Kenngrößen des Schwingungssystems sind aus der Analyse der Lösungsfunktion $\varphi(t)$ bekannt. Sie werden mit Hilfe der Gleichungen (5.47) überprüft.

```
> omega[0]:= sqrt(c*(J[L]+J[M]*ü^2)/(J[L]*J[M]*ü^2));
```

$$\omega_0 := \sqrt{\frac{c\left(J_L + J_M\,\ddot{u}^2\right)}{J_L J_M\,\ddot{u}^2}}$$

```
> omega[0,1]:= eval(omega[0], param);    # aktuelle Kennkreisfrequenz
```

$$\omega_{0,1} := 230.4083$$

```
> delta:= d/2*(J[L]+J[M]*ü^2)/(ü^2*J[M]*J[L]);
```

$$\delta := \frac{1}{2}\,\frac{d\left(J_L + J_M\,\ddot{u}^2\right)}{J_L J_M\,\ddot{u}^2}$$

```
> delta[1]:= eval(delta, param);          # aktueller Abklingkoeffizient
```

$$\delta_1 := 4.6940$$

```
> Dg1:= delta[1]/omega[0,1];              # aktueller Dämpfungsgrad
```

$$Dg1 := 0.0204$$

```
> omega[e,1]:= omega[0,1]*sqrt(1-Dg1^2);  # Eigenkreisfrequenz
```

$$\omega_{e,1} := 230.3605$$

```
> f[e,1]:= evalf(omega[e,1]/2/Pi);        # Eigenfrequenz
```

$$f_{e,1} := 36.6630$$

Die Ergebnisse stimmen mit den Resultaten überein, die die Auswertung von $\varphi(t)$ lieferte. Die numerische Berechnung einer Lösung soll die Reihe der Vergleiche abschließen.

```
> J[M]:=8: J[L]:=1.6: c:=84823.00166: d:=15: M0:=60: Tlast:=0.02:
  ü:=12: KM:=2.07: La:=0.04: Ra:=7.1: psi:=-Pi/2:
> Loe2:= dsolve(DGsys union Anfbed,
        [omega[M](t),omega[L](t),phi(t),i(t)], numeric, maxfun=0);
```

$$Loe2 := proc(x\_rkf45) \ldots end\ proc$$

```
> odeplot(Loe2, [t,phi(t)*180/Pi], t=0..0.2,
        title="Torsionswinkel in Grad");
```

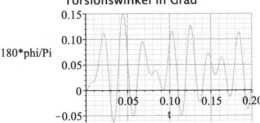

Torsionswinkel in Grad

```
> odeplot(Loe2, [[t,omega[M](t)/2/Pi], [t,i(t)]], t=0..40,
  title="Motordrehzahl und Ankerstrom", legend=["n/1/s","i/A"]);
```

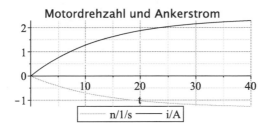

```
> odeplot(Loe2, [[t,omega[M](t)], [t,omega[L](t)]], t=0..0.3,
         title="Winkelgeschwindigkeiten auf Antriebs- und Lastseite",
         legend=[omega[M],omega[L]]);
```

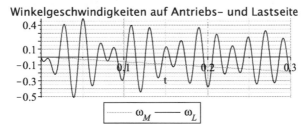

6.6.2 Übertragungsfunktionen und Frequenzkennlinien

Der Weg zu den Frequenzkennlinien führt über die Übertragungsfunktionen. Mit Hilfe des Pakets DynamicSystems (siehe Abschnitt 3.5) lassen sich diese sehr einfach ermitteln. Weil dieses Paket aber erst ab Maple-Version 12.0 verfügbar ist, soll hier ein anderer Weg beschritten werden: die Berechnung der Übertragungsfunktionen über die Laplace-Transformation; eine Methode, die ebenfalls schnell zum Ziel führt. Zu bestimmen ist die Übertragungsfunktion für das Motormoment M_M als Eingangsgröße und die Winkelgeschwindigkeit ω_L auf der Seite der Arbeitsmaschine als Ausgangsgröße. Da durch die im vorangegangenen Abschnitt berechnete numerische Lösung die originalen Differentialgleichungen nicht mehr zur Verfügung stehen (Wertzuweisung an die Parameter), werden diese nochmals notiert.

```
> restart: with(inttrans): with(plots):
> DG2:= diff(omega[M](t),t)=1/J[M]*(M[M](t)-c/ü*phi(t)-
       d/ü*(omega[M](t)/ü-omega[L](t))):
> DG3:= diff(omega[L](t),t)=1/J[L]*(c*phi(t)+
       d*(omega[M](t)/ü-omega[L](t))-M[L](t)):
> DG4:= diff(phi(t),t)=omega[M](t)/ü-omega[L](t):
> phi(0):=0: omega[M](0):=0: omega[L](0):=0:
> DGsys1:= subs(M[L](t)=0, {DG2,DG3,DG4});
```

$$DGsys1 := \left[\frac{d}{dt}\, \phi(t) = \frac{\omega_M(t)}{\ddot u} - \omega_L(t), \; \frac{d}{dt}\, \omega_L(t) = \frac{c\,\phi(t) + d\left(\dfrac{\omega_M(t)}{\ddot u} - \omega_L(t) \right)}{J_L}, \right.$$

$$\left. \frac{d}{dt}\, \omega_M(t) = \frac{M_M(t) - \dfrac{c\,\phi(t)}{\ddot u} - \dfrac{d\left(\dfrac{\omega_M(t)}{\ddot u} - \omega_L(t) \right)}{\ddot u}}{J_M} \right]$$

Vor Ausführung der Laplace-Transformation des Differentialgleichungssystems *DGsys1* werden einige Alias-Bezeichnungen eingeführt, um eine übersichtliche Darstellung zu erhalten.

```
> alias(Phi=laplace(phi(t),t,s), Omega[M]=laplace(omega[M](t),t,s),
  Omega[L]=laplace(omega[L](t),t,s), MM=laplace(M[M](t),t,s),
  ML=laplace(M[L](t),t,s)):
> DG_trans:= laplace(DGsys1,t,s);
```

$$DG\_trans := \left[s\,\Phi = \frac{\Omega_M}{\ddot u} - \Omega_L, \; s\,\Omega_L = \frac{c\,\Phi}{J_L} + \frac{d\,\Omega_M}{J_L\,\ddot u} - \frac{d\,\Omega_L}{J_L}, \; s\,\Omega_M \right.$$

$$\left. = \frac{MM}{J_M} - \frac{c\,\Phi}{J_M\,\ddot u} - \frac{d\,\Omega_M}{J_M\,\ddot u^2} + \frac{d\,\Omega_L}{J_M\,\ddot u} \right]$$

Das transformierte System wird nach der transformierten Ausgangsgrößen aufgelöst:

```
> DG_loe:= solve(DG_trans,[Omega[M], Omega[L], Phi]);
```

$$DG\_loe := \left[\left[\Omega_M = \frac{MM\,\ddot u^2 \left(s^2 J_L + d\,s + c \right)}{s\left(J_M\,\ddot u^2\,d\,s + J_M\,\ddot u^2\,c + s^2\,\ddot u^2\,J_M J_L + d\,s\,J_L + c\,J_L \right)}, \Omega_L \right. \right.$$

$$= \frac{(d\,s + c)\,\ddot u\,MM}{s\left(J_M\,\ddot u^2\,d\,s + J_M\,\ddot u^2\,c + s^2\,\ddot u^2\,J_M J_L + d\,s\,J_L + c\,J_L \right)}, \Phi$$

$$\left.\left. = \frac{\ddot u\,J_L\,MM}{J_M\,\ddot u^2\,d\,s + J_M\,\ddot u^2\,c + s^2\,\ddot u^2\,J_M J_L + d\,s\,J_L + c\,J_L} \right]\right]$$

Die Eingangsgröße der gesuchten Übertragungsfunktion ist das Motormoment M_M . Daher werden alle Terme von *DG_loe* durch *MM* dividiert. Das geschieht mit Hilfe des Befehls **map** in Verbindung mit der zu definierenden Hilfsfunktion *f*.

```
> f:= x -> x/MM;
```

$$f := x \rightarrow \frac{x}{MM}$$

```
> DG_loe1:= simplify(map(f, DG_loe[]));
```

$$DG\_loe1 := \left| \frac{\Omega_M}{MM} = \frac{\ddot{u}^2\left(s^2 J_L + d\,s + c\right)}{s\left(J_M\,\ddot{u}^2\,d\,s + J_M\,\ddot{u}^2\,c + s^2\,\ddot{u}^2\,J_M\,J_L + d\,s\,J_L + c\,J_L\right)},\right.$$

$$\frac{\Omega_L}{MM} = \frac{(d\,s + c)\,\ddot{u}}{s\left(J_M\,\ddot{u}^2\,d\,s + J_M\,\ddot{u}^2\,c + s^2\,\ddot{u}^2\,J_M\,J_L + d\,s\,J_L + c\,J_L\right)}, \frac{\Phi}{MM}$$

$$\left. = \frac{\ddot{u}\,J_L}{J_M\,\ddot{u}^2\,d\,s + J_M\,\ddot{u}^2\,c + s^2\,\ddot{u}^2\,J_M\,J_L + d\,s\,J_L + c\,J_L} \right|$$

Die Übertragungsfunktion Ω_L/M_M wird separiert und Zähler und Nenner werden nach der Potenz von s sortiert:

```
> TF2:= rhs(DG_loe1[2]);
```

$$TF2 := \frac{(d\,s + c)\,\ddot{u}}{s\left(J_M\,\ddot{u}^2\,d\,s + J_M\,\ddot{u}^2\,c + s^2\,\ddot{u}^2\,J_M\,J_L + d\,s\,J_L + c\,J_L\right)}$$

```
> TF2:= sort(collect(numer(TF2),s),s)/sort(collect(denom(TF2),s),s);
```

$$TF2 := \frac{d\,\ddot{u}\,s + c\,\ddot{u}}{\ddot{u}^2\,J_M\,J_L\,s^3 + \left(d\,J_L + J_M\,\ddot{u}^2\,d\right)s^2 + \left(c\,J_L + J_M\,\ddot{u}^2\,c\right)s}$$

Für den Übergang in den Frequenzbereich ist die Substitution $s = I\omega$ erforderlich.

```
> F2:= subs(s=I*omega, TF2);
```

$$F2 := \frac{I\,d\,\ddot{u}\,\omega + c\,\ddot{u}}{-I\,\ddot{u}^2\,J_M\,J_L\,\omega^3 - \left(d\,J_L + J_M\,\ddot{u}^2\,d\right)\omega^2 + I\left(c\,J_L + J_M\,\ddot{u}^2\,c\right)\omega}$$

Vereinbarung der Parameterwerte:

```
> param:= [J[M]=8, J[L]=1.6, c=84823.00166, d=15, ü=12];
```

$$param := \left[J_M = 8, J_L = 1.6, c = 84823.00166, d = 15, \ddot{u} = 12\right]$$

```
> F2p:= subs(param, F2);
```

$$F2p := \frac{180\,I\,\omega + 1.017876020\,10^6}{-1843.2\,I\,\omega^3 - 17304.0\,\omega^2 + 9.785181471\,10^7\,I\,\omega}$$

Die Amplitudenkennlinie wird aus *F2p* durch Berechnen des Betrags bestimmt. Um zur üblichen graphischen Darstellung zu kommen, wird anschließend der Logarithmus des Betrags gebildet, zwecks Umrechnung in Dezibel mit 20 multipliziert und dann mit dem Befehl **semilogplot** im halblogarithmischen Koordinatensystem dargestellt.

```
> betrag:= abs(F2p);
```

$$betrag := \left| \frac{180\,I\,\omega + 1.017876020\,10^6}{-1843.2\,I\,\omega^3 - 17304.0\,\omega^2 + 9.785181471\,10^7\,I\,\omega} \right|$$

```
> setoptions(gridlines=true, titlefont=[HELVETICA,BOLD,12],
            labelfont=[HELVETICA,12]):
> semilogplot(20*log[10](betrag), omega=10..10^5,
        title="Amplitudenkennlinie", labels=[omega,"|F2p| in dB"],
        labeldirections=[horizontal,vertical] );
```

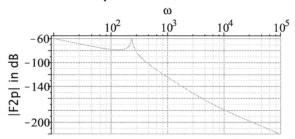

Amplitudenkennlinie

Die Phasenkennlinie ergibt sich aus der Differenz der Phasen von Zähler und Nenner des Frequenzganges *F2p*, dargestellt über log(ω). Die folgende graphische Darstellung wird mit der Umrechnung vom Bogen- in das Gradmaß verbunden.

```
> phase:= argument(numer(F2p))-argument(denom(F2p));
```

$$phase := \operatorname{argument}\left(-180\,I\,\omega - 1.0179\,10^6 \right) - \operatorname{argument}\left(\omega \left(1843.2000\,I\,\omega^2 \right.\right.$$
$$\left.\left. + 17304.0000\,\omega - 9.7852\,10^7\,I \right) \right)$$

```
> semilogplot(phase*180/Pi,omega=10..1000000,title="Phasenkennlinie",
    labels=[omega,"Phase in °"], labeldirections=[horizontal,vertical]);
```

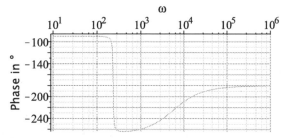

Phasenkennlinie

Die sehr schnelle Phasenabsenkung auf Werte unter −180° im Bereich der Kennkreisfrequenz ist für eine Drehzahlregelung kritisch. Hinsichtlich detaillierter Betrachtungen zu diesem Sachverhalt muss aber auf die Literatur (z. B. [Schr09]) verwiesen werden, denn diese gehen weit über die Lösung der hier gestellten Aufgabe hinaus.

6.7 Rotierendes Zweimassensystem mit Spiel

Zwei rotierende Massen mit den Trägheitsmomenten J_1 und J_2 sind über eine lange Welle mit der Federsteifigkeit c und eine Kupplung mit Spiel (Spielwinkel α) verbunden. Angetrieben wird das System durch das Drehmoment M_1.

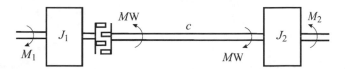

Bild 6.10 Rotierendes Zweimassensystem mit Spiel

Das im Abschnitt 6.6 verwendete Modell des Zweimassensystems ist bei diesem Beispiel durch das Modell des spielbehafteten Koppelelements zu ergänzen. Außerdem wird es an die aktuelle Aufgabenstellung angepasst, indem statt der Winkelgeschwindigkeiten die Winkel auf der Antriebs- und auf der Lastseite eingeführt werden, weil diese für die Auswertung der Ergebnisse nötig sind. Das Spiel wird durch eine Totzone-Kennlinie nachgebildet (siehe 5.2.5). Der Verringerung des Schreibaufwands dient die folgende Einführung von Alias-Bezeichnungen für die Winkeldifferenz $\Delta\varphi$ zwischen den beiden Seiten der Welle und für den Spielwinkel α.

```
> alias(Delta[phi]=dphi, alpha=a);
```

$$\Delta_\phi, \alpha$$

Die Abhängigkeit des Übertragungsmoments MW der Welle von der Torsionskonstanten c, dem Torsionswinkel $\Delta\varphi$ und dem Spielwinkel α kann man mit den Mitteln von Maple wie folgt beschreiben:

```
> G1:= MW(t)= piecewise(dphi(t)<=-a/2,c*(dphi(t)+a/2),
                dphi(t)>=a/2,c*(dphi(t)-a/2), 0);
```

$$G1 := MW(t) = \begin{cases} c\left(\Delta_\phi(t) + \frac{1}{2}\alpha\right) & \Delta_\phi(t) \le -\frac{1}{2}\alpha \\ c\left(\Delta_\phi(t) - \frac{1}{2}\alpha\right) & \frac{1}{2}\alpha \le \Delta_\phi(t) \\ 0 & \textit{otherwise} \end{cases}$$

Für die Beispielrechnung wird der Spiel-Winkel mit 10° relativ groß gewählt, damit der Effekt deutlich hervortritt. Das Programm rechnet im Bogenmaß.

```
> plot(subs(a=10/180*Pi,c=10000, rhs(G1)), dphi=-0.3..0.3);
```

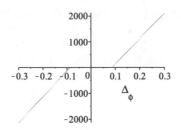

6.7.1 Antrieb durch konstantes Moment

Auf das vorher in Ruhe befindliche System wirkt ab dem Beginn der Simulationsrechnung ein konstantes Antriebsmoment M_1. Das Gegenmoment M_2 ist Null.

```
> DG1:= diff(phi1(t),t,t) = 1/J1*(M1-MW(t));
```

$$DG1 := \frac{d^2}{dt^2}\, \phi 1(t) = \frac{M1 - MW(t)}{J1}$$

```
> DG2:= diff(phi2(t),t,t) = 1/J2*MW(t);
```

$$DG2 := \frac{d^2}{dt^2}\, \phi 2(t) = \frac{MW(t)}{J2}$$

```
> G2:=  dphi(t) = phi1(t)-phi2(t);
```

$$G2 := \Delta_\phi(t) = \phi 1(t) - \phi 2(t)$$

```
> DGsys:= {DG1,DG2,G1,G2}:
```

Eine analytische Lösung dieser Aufgabenstellung ist wegen der Nichtlinearität nicht zu erwarten. Daher wird ein numerisches Lösungsverfahren für das aus Differentialgleichungen und algebraischen Gleichungen bestehende Modell gewählt.

Folgende Werte der Parameter und Anfangswerte liegen vor:

```
> M1:= 100: J1:= 1:  J2:= 5: a:= 10/180*Pi: c:=10000:
> AnfBed:= {phi1(0)=-a/2, phi2(0)=0, D(phi1)(0)=0, D(phi2)(0)=0};
```

$$AnfBed := \left\{ \phi 1(0) = -\frac{1}{36}\, \pi,\ \phi 2(0) = 0,\ \mathrm{D}(\phi 1)(0) = 0,\ \mathrm{D}(\phi 2)(0) = 0 \right\}$$

```
> Loes:= dsolve(DGsys union AnfBed,[phi1(t),phi2(t),dphi(t),MW(t)],
         numeric, method=rosenbrock_dae, output=listprocedure,
         maxfun=0, range=0..4);
```

$$Loes := \left[t = \mathbf{proc}(t)\ ...\ \mathbf{end\ proc},\ \phi 1(t) = \mathbf{proc}(t)\ ...\ \mathbf{end\ proc}, \right.$$

$$\frac{d}{dt}\, \phi 1(t) = \mathbf{proc}(t)\ ...\ \mathbf{end\ proc},\ \phi 2(t) = \mathbf{proc}(t)\ ...\ \mathbf{end\ proc},$$

$$\frac{d}{dt}\, \phi 2(t) = \mathbf{proc}(t)\ ...\ \mathbf{end\ proc},\ \Delta_\phi(t) = \mathbf{proc}(t)\ ...\ \mathbf{end\ proc},$$

$$\left. MW(t) = \mathbf{proc}(t)\ ...\ \mathbf{end\ proc} \right]$$

Wie aus der Lösung ersichtlich ist, umfasst diese bei Differentialgleichungen mit der Ordnung $n > 1$ automatisch auch die Ableitungen bis zur Ordnung $n - 1$. Zunächst wird der Zeitverlauf des Moments MW im Vergleich zum Antriebsmoment M_1 dargestellt.

```
> MW2:= subs(Loes, MW(t)):
> plot([MW2,M1], 0..0.6, legend=["MW(t)", "Antriebsmoment M1"]);
```

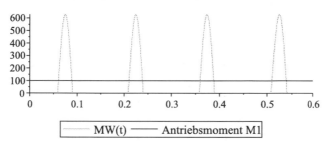

Der Anfangswert von $\varphi_1 = -\alpha/2$ hat zur Folge, dass nach dem Start das gesamte Spiel durchlaufen wird. Die dynamischen Belastungen der Welle sind wesentlich höher als bei einem spielfreien Antrieb, weil während des Spieldurchlaufs nur die relativ kleine Masse J_1 zu beschleunigen ist, diese deshalb eine relativ starke Beschleunigung erfährt und mit großer Geschwindigkeit auf die Gegenseite des spielbehafteten Koppelelementes prallt. Wie aus dem Verlauf des Moments $MW(t)$ ersichtlich ist, kommt es dabei zu erheblichen Drehmomentspitzen.

Die folgende Ausgabe stellt die Winkel von Antriebs- und Lastseite, die Winkeldifferenz, den Spielbereich α und das über die Welle übertragene Moment gegenüber.

```
> phi1_1:= evalf(subs(Loes, phi1(t))*180./Pi):
> phi2_1:= evalf(subs(Loes, phi2(t))*180./Pi):
> Delta1:= evalf(subs(Loes, dphi(t))*180/Pi):
> Optionen:= color=[blue,blue,blue,black,black],
             linestyle=[dash,dot,solid,solid,dash]:
> plot([phi1_1, phi2_1, Delta1, MW2/100, 5, -5],0..0.25, Optionen,
        legend=["phi1","phi2","Delta[phi]","MW/100 in Nm","alpha/2",
                "-alpha/2; alle Winkel in °"]);
```

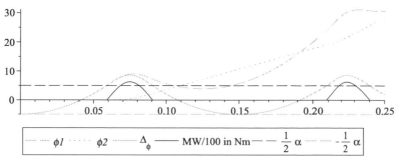

Nach dem anfänglichen Spieldurchlauf prallt die Drehmasse J_1 zum Zeitpunkt, bei dem $\varphi_1 = +\alpha/2$ ist, auf die noch still stehende Gegenseite und ein Gegenmoment (MW) wird wirksam, so dass der Anstieg des Drehwinkels φ_1 sich vorübergehend verringert bzw. sogar negativ wird. Auf der Antriebsseite kommt es zu Schwingungen, der Kontakt zwischen antreibender und angetriebener Seite des Zweimassensystems wird immer wieder unterbrochen. Nur dann wird ein Moment MW übertragen, wenn der Torsionswinkel $\Delta\varphi$ größer als der halbe Spiel-Winkel α, also größer als $5°$ ist. Außerhalb dieser Phasen wird die Drehmasse J_2 auf der Lastseite nicht beschleunigt, d. h. die Winkelgeschwindigkeit auf der Lastseite bleibt in dieser Zeit konstant und der Lastwinkel φ_2 wächst nur linear mit der Zeit.

6.7.2 Antriebsmoment mit periodisch wechselndem Vorzeichen

Das Vorzeichen des Moments M_1 auf der Antriebsseite soll bei den folgenden Rechnungen periodisch wechseln, der Betrag von M_1 bleibt aber konstant.

Der periodische Vorzeichenwechsel des Antriebsmoments wird mit der Heaviside-Funktion beschrieben. Eine andere Variante wäre die Verwendung der Funktion **piecewise**. T bezeichnet die Periodendauer des Moments M_1.

```
> T:= 1.6:
  M1:= 100*Heaviside(t)-200*Heaviside(t-T/2)+200*Heaviside(t-2*T/2)-
       200*Heaviside(t-3*T/2)+200*Heaviside(t-4*T/2)-
       200*Heaviside(t-5*T/2);
```

$$M1 := 100\,\text{Heaviside}(t) - 200\,\text{Heaviside}(t - 0.8000) + 200\,\text{Heaviside}(t - 1.6000)$$
$$- 200\,\text{Heaviside}(t - 2.4000) + 200\,\text{Heaviside}(t - 3.2000) - 200\,\text{Heaviside}(t$$
$$- 4.0000)$$

Die Parameterwerte und die Anfangswerte sind die gleichen wie unter 6.7.1.

```
> J1:= 1: J2:= 5: a:= 10/180*Pi: c:=10000:
> AnfBed:= {phi1(0)=-a/2, phi2(0)=0, D(phi1)(0)=0, D(phi2)(0)=0};
```

$$AnfBed := \left\{ \phi1(0) = -\frac{1}{36}\,\pi,\ \phi2(0) = 0,\ \text{D}(\phi1)(0) = 0,\ \text{D}(\phi2)(0) = 0 \right\}$$

```
> Loes:= dsolve(DGsys union AnfBed,[phi1(t),phi2(t),dphi(t),MW(t)],
         numeric, method=rosenbrock_dae, output=listprocedure,
         maxfun=0, range=0..4);
```

$$Loes := \left[t = \text{proc}(t) \ ... \ \text{end proc},\ \phi1(t) = \text{proc}(t) \ ... \ \text{end proc}, \right.$$
$$\frac{\text{d}}{\text{d}t}\,\phi1(t) = \text{proc}(t) \ ... \ \text{end proc},\ \phi2(t) = \text{proc}(t) \ ... \ \text{end proc},$$
$$\frac{\text{d}}{\text{d}t}\,\phi2(t) = \text{proc}(t) \ ... \ \text{end proc},\ \Delta_\phi(t) = \text{proc}(t) \ ... \ \text{end proc},$$
$$\left. MW(t) = \text{proc}(t) \ ... \ \text{end proc} \right]$$

```
> MW2:= subs(Loes, MW(t)):
```

```
> plot([MW2(t),M1(t)], t=0..4, legend=["MW(t)", "Antriebsmoment M1"]);
```

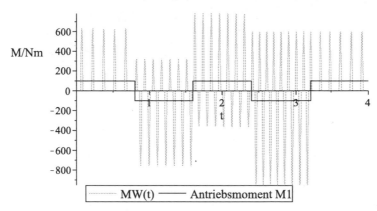

Die wechselnde Richtung des Antriebsmoments führt in Verbindung mit dem großen Spiel zu Schwingungen des Wellenmoments, die sich aufschaukeln und sehr große Werte annehmen.

Die nächste Graphik stellt die Winkelgeschwindigkeiten der beiden Drehmassen, die Winkeldifferenz $\Delta\varphi$ und den Spielbereich $-\alpha/2...\alpha/2$ für einen bestimmten Zeitausschnitt gegenüber.

```
> omega1:= subs(Loes, diff(phi1(t),t)):
> omega2:= subs(Loes, diff(phi2(t),t)):
> dphi2:= evalf(subs(Loes, dphi(t))*180/Pi): # Winkeldifferenz in Grad
> Optionen:= gridlines=true, thickness=1, numpoints=2000,
            labelfont=[TIMES,14]:
> t0:= 0: tend:= 1.2:
> p1:= plot([omega1, omega2], t0..tend, Optionen, color=[blue],
        linestyle=[solid,dash], thickness=2, labels=["t", omega],
        legend=[omega1,omega2], view=[t0..tend,-5..20]):
> p2:= plot([dphi2, 5, -5], t0..tend, Optionen, color=[black],
        linestyle=[solid,dash,dash], labels=["t", dphi],
        legend=[Delta[phi],''alpha/2'',-''alpha/2''],
        view=[t0..tend,-15..10]):
```

Durch das Einfassen von $\alpha/2$ in Apostroph-Zeichen wird die Auswertung dieses Ausdrucks verhindert, so dass $\alpha/2$ in der Legende nicht als Zahlenwert, sondern als Symbol ausgegeben wird. Zwei Apostroph-Zeichen blockieren die Auswertung zweimal, also auch im folgenden Befehl **dualaxisplot**.

```
> dualaxisplot(p1,p2);
```

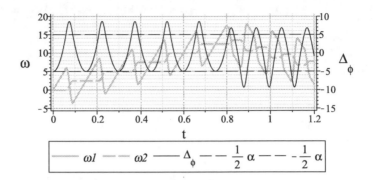

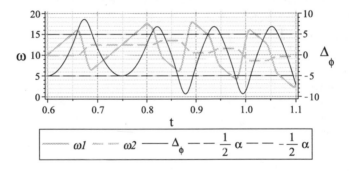

Um die Übersichtlichkeit des Diagramms zu erhöhen, wird der dargestellte Ausschnitt verkleinert. Die Maple-Anweisungen zur Ausgabe der folgenden Graphik unterscheiden sich nur durch andere Werte für t0 und tend und werden daher nicht mit aufgeführt.

Bei $t = 0.8$ wechselt M_1 sein Vorzeichen, ω_1 verringert sich daher ab diesem Zeitpunkt. Etwa bei $t = 0.807$ kommt es dann wieder zum Kontakt zwischen antreibender und angetriebener Seite – $\Delta\varphi$ wird größer als $\alpha/2$ – und durch das zusätzliche Gegenmoment verstärkt sich der Abfall von ω_1 nochmals, bis bei $t \approx 0.83$ $\Delta\varphi$ wieder Werte kleiner als $\alpha/2$ annimmt. Bei $t \approx 0.86$ wird dann $\Delta\varphi$ kleiner als $-\alpha/2$, so dass jetzt die bisher angetriebene Masse die Masse J_1 beschleunigt, dadurch aber selbst an Energie verliert, d. h. ω_2 verringert sich ab diesem Zeitpunkt. Dieses Zusammenspiel wiederholt sich in der Folge immer wieder.

6.7.3 Objektorientierte Modellierung und Simulation mit MapleSim

MapleSim ist ein Werkzeug zur objekt- bzw. komponentenorientierten Modellierung und Simulation, das auf der Sprache Modelica basiert und sich auf die symbolischen und numerischen Fähigkeiten von Maple stützt. Der Anwender beschreibt seine Systemmodelle nicht durch mathematische Gleichungen, sondern setzt es aus einzelnen Bausteinen (Objekten, Komponenten) zusammen, die MapleSim in Bibliotheken zur Verfügung stellt. Beispielsweise findet man in der Bibliothek *1-D Mechanical* unter anderen die Komponenten Drehmasse, Drehfeder, Dämpfer, Getriebe, Reibungskupplung, Bremse, Sensor und in der Bibliothek *Electrical* solche Komponenten, wie Gleichstrom-, Asynchron- und Synchronmaschine, aber auch „kleinere" Objekte, wie Widerstand, Kapazität und Induktivität. Auf die Komponenten, die wiederum in Untergruppen zusammengefasst sind, kann der Anwender über graphische Symbole zugreifen, so wie es unter 2.1.3 für die Paletten beschrieben wurde. Durch Anklicken und Ziehen mit der Maus werden die zum Aufbau eines Modells benötigten Bausteine nacheinander auf ein Arbeitsblatt gezogen, geordnet und durch Einfügen von Verbindungslinien zu einem Objektdiagramm verknüpft (Bild 6.11). Die Verbindungslinien stellen je nach Objekt die physikalischen Verbindungen, z. B. starre mechanische Verbindungen, elektrische oder hydraulische Leitungen, oder auch Signalflüsse, dar (siehe 5.1).

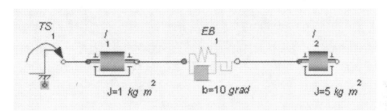

Bild 6.11 Objektdiagramm zum Zweimassensystem mit Spiel

Die in den Bibliotheken befindlichen Komponenten sind Maple-intern in der Sprache Modelica unter Verwendung von Differentialgleichungen und algebraische Gleichungen beschrieben oder setzen sich aus einfacheren Komponenten zusammen. Der Anwender kann die Bibliotheken auch mit eigenen Bausteinen erweitern. MapleSim erstellt aus einem vom Anwender konstruierten Objektdiagramm unter Verwendung dieser internen Komponentenbeschreibungen ein differential-algebraisches Gleichungssystem (DAE), das mittels symbolischer Transformationsalgorithmen in eine für die weitere Verarbeitung effiziente Darstellung umgeformt und dann numerisch gelöst wird. Eine detaillierte Beschreibung dieser Zusammenhänge und Verarbeitungsschritte enthält [Ott09].

Das oben dargestellte Objektdiagramm ist das MapleSim-Modell des Zweimassensystems mit Spiel. Es wird – wie im Beispiel des Abschnitts 6.7.1 – auf der Antriebsseite mit einem Momentensprung beaufschlagt. Die einzelnen Komponenten haben folgende Bedeutung:

I_1, I_2 *Inertia*; träge Massen

EB_1 *Elasto-Backlash*; Feder-Dämpfer-Komponente mit Spiel

TS_1 *Torque Step*; Drehmomentsprung

Für die Auswertung der Simulation stellt MapleSim außerdem eine Reihe von Sensoren zur Verfügung. Folgende Sensoren werden in das obige Objektdiagramm eingefügt:

AS   *Angle Sensor*; Sensor für absoluten Winkel

RAS   *Relative Angle Sensor*; Sensor für Winkeldifferenz

Damit ergibt sich das folgende Objektdiagramm (Bild 6.12), das im Bild 6.13 nochmals innerhalb der Arbeitsumgebung von MapleSim dargestellt ist.

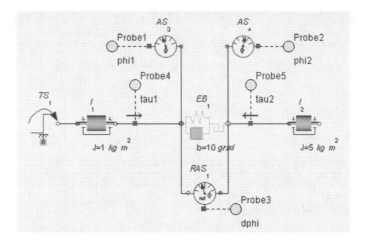

Bild 6.12 Objektdiagramm mit Sensoren

Die Komponenten Probe1 bis Probe5 legen die „Messpunkte" und die Art der zu erfassenden
Werte fest. Probe1 und Probe2 erfassen die Torsionswinkel φ_1 und φ_2, Probe3 die Winkeldifferenz $\Delta\varphi$, Probe4 und Probe5 die Drehmomente τ_1 und τ_2. MapleSim erlaubt es, diese und andere Angaben aus dem Diagramm auszublenden.

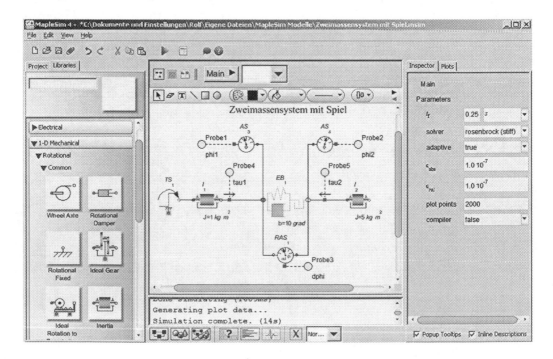

Bild 6.13 Arbeitsumgebung von MapleSim

Auf der linken Seite des Bildes 6.13 sind ausschnittsweise die Paletten sichtbar, über die auf die Bibliothekskomponenten zugegriffen werden kann. Der *Inspector* auf der rechten Seite des Bildes zeigt die aktuellen Einstellungen der Parameter des Simulationssystems. An dieser Stelle kann der Nutzer auch Änderungen vornehmen. Markiert der Nutzer eine Komponente des Objektdiagramms, erscheint im *Inspector* deren Parameterliste, die sich ebenfalls editieren lässt.

Nach der Vorgabe aller Parameter kann man die Simulation über das dreieckige Symbol in der Symbolleiste von MapleSim starten. Sobald diese abgeschlossen ist, werden die gewünschten Ergebnisse auf dem Bildschirm graphisch dargestellt. Die folgende Graphik wurde aus den von MapleSim für die einzelnen Variablen ausgegebenen Diagrammen kombiniert. Das ist problemlos über *Kopieren* und *Einfügen* möglich und auch sonstige Eigenschaften der Graphik, wie Gitterlinien, Kurvenstil und -farbe, zweite *y*-Achse, Skalierung usw. lassen sich so wie bei Maple nachträglich sehr einfach ändern. Lediglich für das Einfügen einer Legende gilt das nicht, so dass im Folgenden einige textliche Erläuterungen notwendig sind.

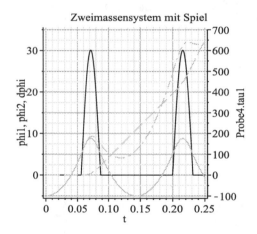

Bild 6.14 Plot von MapleSim

Die linke *y*-Achse ist dem Torsionsmoment der Welle, dessen Verlauf schwarz dargestellt ist, zugeordnet. Die blauen Kurven stellen wie im analogen Bild unter 6.7.1 die Torsionswinkel auf der Antriebsseite (strich-punktiert) und der Lastseite (gestrichelt) sowie den Differenzwinkel (glatte Linie) dar. Für die Simulation wurden die gleichen Parameter wie im Abschnitt 6.7.1 gewählt. Die Ergebnisse zeigen eine gute Übereinstimmung.

MapleSim-Modelle kann man auch in Maple-Worksheets mit Hilfe von Maple-Kommandos analysieren und manipulieren. Beispielsweise ist es möglich, Gleichungen zu extrahieren, damit *DynamicSystems*-Objekte zu erzeugen und für die weitere Analyse die vom Paket *DynamicSystems* bereitgestellten Funktionen zu nutzen. Das wird hier jedoch nicht weiter ausgeführt. Ziel dieses Abschnitts ist lediglich eine Kurzvorstellung von MapleSim am Beispiel einer Lösung des Problems „Zweimassensystem mit Spiel" verbunden mit der Bestätigung der im Abschnitt 6.7.1 ermittelten Ergebnisse. Die tatsächliche Leistungsfähigkeit von MapleSim wird daher nicht sichtbar.

Trotz der Kürze der Darstellung dürfte deutlich geworden sein, dass die Kombination Maple/MapleSim die Modellierung, Analyse und Simulation dynamischer Systeme sehr wirkungsvoll unterstützt. Bezüglich einer genaueren Einführung in MapleSim wird auf die Spezialliteratur verwiesen [MapleS]. Die Einarbeitung in dieses System ist, sofern sie sich auf die Nutzung der vorhandenen Bibliotheken beschränkt, relativ einfach und wird durch eine Vielzahl mitgelieferter Beispiele und Tutorien erleichtert. Bei der Anwendung der vorgefertigten Bibliothekskomponenten sollte man jedoch stets prüfen, ob diese die vorliegenden Bedingungen genau genug wiederspiegeln, denn jedes Modell entsteht durch Abstraktion – gültig sein kann es nur in Bezug auf seine beabsichtigte Anwendung, nie absolut.

Außerdem sollte man immer Folgendes bedenken: MapleSim macht es dem Anwender zwar sehr leicht, eine Simulation durchzuführen, numerische Simulationen haben aber gegenüber analytischen Methoden auch Nachteile. Im Kapitel 1 wurden diese beschrieben. Sofern sie also anwendbar sind, sollte man auch analytische Methoden nutzen, um zu tieferen Einsichten in das Systemverhalten zu gelangen. F. E. Cellier formulierte das wesentlich drastischer [Cell91]: "Only an idiot uses simulation *in place* of analytical techniques".

Anhang A

A.1 Mathematische Standardfunktionen (Auswahl)

Funktion	Bedeutung	Maple-Syntax
a^x	Potenzfunktion	a^x
e^x	Exponentialfunktion	exp(x)
$\sqrt{x}$	Quadratwurzel	sqrt(x)
$\sqrt[n]{x}$	n-te Wurzel	surd(x, n)
$\log_a x$	Logarithmus zur Basis a	log[a] (x)
$\ln x$	natürlicher Logarithmus	ln(x)
$\sin x, \cos x, \tan x, \ldots$	trigonometrische Funktionen[1]	sin (x), cos (x), tan (x),…
$\arcsin x, \ldots$	Arkusfunktionen[1]	arcsin (x), …
$\sinh x, \ldots$	Hyperbelfunktionen[1]	sinh (x), ...
Arsinh $x,\ldots$	Areafunktionen[1]	arcsinh (x), ...
$\lvert x \rvert$	Betragsfunktion	abs (x)
sgn x	Vorzeichenfunktion	signum (x)
n!	n-Fakultät	n!, factorial (n)
$\displaystyle\sum_{k=m}^{n} x_k$; $\displaystyle\prod_{k=m}^{n} x_k$	Summe über x_k für k=m bis n	sum (x, k=m . . n)
	Produkt über x_k für k=m bis n	product (x, k=m . . n)
$a \bmod b$	Restklasse	a mod b
floor	Abrunden zur nächstkleineren ganzen Zahl	floor (x)
ceil	Aufrunden zur nächstgrößeren ganzen Zahl	ceil (x)
frac	Nachkommateil von Zahl mit Vorzeichen	frac (x)
trunc	Abschneiden der Nachkommastellen	trunc (x)
round	Rundung zur nächsten ganzen Zahl	round (x)
Heaviside	Heaviside-Funktion	Heaviside(t-t1)

---

[1] Argumente und Funktionswert im Bogenmaß

A.2 Maple-Befehle (Auswahl)

Befehl / Syntax	Beschreibung
algsubs(teilausdr = ersatzausdr, ausdruck)	Substitution algebraischer Ausdrücke
allvalues(ausdruck)	Symbolische Lösung von RootOf-Ausdrücken

animate(plotcommand, plotargs, t = ..., optionen)
 animate3d(F, x=a..b, y=c..d, t=e..f, option)
 F   Funktion
	Animierte Graphik ausgeben (Paket plots)
	 plotcommand = plot, plot3d, implicitplot
	   plotargs = [funktion, x = a..b [, y = c..d]]
	   t Animationsparameter; t = e..f oder t = liste

assign(%) **assign**(Loesung)	Zuweisung der Werte von Lösungen (z. B. solve, dsolve) an die unbekannten Variablen
assume(relation) **assume**(variable, eigenschaft)	Setzen einer Annahme
ausdruck **assuming** relation ausdruck **assuming** var::typ	Setzen einer Annahme für aktuellen Ausdruck
collect(ausdruck, teilausdr1, teilausdr2, ...)	Zusammenfassung nach Teilausdrücken
combine(ausdruck [, name]) name = abs, arctan, exp, ln, power, product, sum, radical, trig	Zusammenfassung von Summen, Produkten und Potenzen
convert(ausdruck, form [,argumente]) form = degrees, exp, expsincos, ln, parfrac, polynom, radians, rational, sincos, trig	Umformung trigonometrischer und hyperbolischer Ausdrücke, Partialbruchzerlegungen, Umwandlung von Datentypen, Tabellen, Listen usw. (siehe Anhang A.4)
denom(ausdruck)	Nenner eines Ausdrucks ermitteln
dsolve(DG, y(t)); Lösungsfunktion: y(t) **dsolve**({DG, y(0) = q}, y(t))	Lösung gewöhnlicher Differentialgleichungen Lösung von Anfangswertproblemen; Anfangsbedingung: y(0)=q
eval(ausdruck)	Numerische Lösung von RootOf-Ausdrücken, Auswertung von Variablen und Ausdrücken
evalf(ausdruck [, stellenzahl])	Konvertieren in Gleitpunktzahl
expand(ausdruck)	Ausdruck ausmultiplizieren (expandieren)
factor(ausdruck)	Faktorisierung eines Ausdrucks
fsolve(gleichung) **fsolve**(gleichung, x, optionen) **fsolve**(gleichung, x = r, optionen) **fsolve**(gleichung, x = a..b, optionen)	Numerische Lösung von Gleichungen x Symbol für Unbekannte r Näherungswert a, b Grenzen des Lösungsbereichs

[ ] ... optionale Argumente

interface(name = wert) **interface**(name)	Setzen oder Abfragen von Interface-Variablen
isolate(gleichung, ausdruck)	Gleichung nach Ausdruck auflösen
limit(ausdruck, x=stelle [, richtung]) richtung: left oder right	Grenzwertberechnung; für stelle sind auch –infinity und infinity zulässig
lhs(gleichung)	linke Seite einer Gleichung ermitteln
map(funktion, ausdruck)	Anwendung einer Funktion auf einen Aus- druck, auf Vektoren, Mengen usw.
normal(ausdruck)	Brüche auf gemeinsamen Nenner bringen
numer(ausdruck)	Ermittlung des Zählers eines Ausdrucks
with(plots): **odeplot**(Loes [, t, y(t)], a .. b)	mit dsolve ermittelte Lösungsfunktion y(t) dar- stellen
op(ausdruck) **op**(n, ausdruck)	Bestandteile eines Ausdrucks bestimmen Term n von ausdruck zurückgeben
plot(funktion, x = a..b [, y = c..d] , optio- nen)	Graphik ausgeben
protect, (unprotect)	Schutz von Variablen (aufheben)
rationalize(ausdruck)	Wurzeln aus Nenner entfernen
restart:	Löschen aller Variablen, Maple rücksetzen
rhs(gleichung)	rechte Seite einer Gleichung ermitteln
seq(ausdruck, variable = a .. b	Erzeugen einer Folge von Ausdrücken
series(ausdruck, variable = stelle [,ordnung])	Reihenentwicklung; Taylor-, Laurent- od. Po- tenzreihe
simplify(ausdruck [,verfahren])	Vereinfachen von Ausdrücken; verfahren = abs, exp, ln, power, radical, sqrt, trig
solve(gleichung) **solve**(gleichung [,unbekannte]) **solve**({gleichungen} [,unbekannte])	Lösungsmenge einer Gleichung bzw. eines Gleichungssystems ermitteln
sort(ausdruck)	Polynome nach absteigendem Grad der Potenz, Listen in aufsteigender Wertefolge sortieren
subs(teilausdr=neuer_teilausdr, ausdruck)	Teilausdrücke von ausdruck ersetzen
subsop(pos= neuer_teilausdr, ausdruck)	Teilausdruck an Position pos ersetzen
time()	aktuelle Zeit erfassen
unapply(ausdruck, variablenfolge)	Ausdruck in (anonyme) Funktion umwandeln
unassign(‚name‘)	Zuweisung an Variable Löschen
with(paketname)	Laden von Paketen oder Modulen

A.3 Befehlsübersicht zum Kapitel 2

Variablen, Folgen Listen, Mengen (2.2)	
map	Anwendung einer Funktionsvorschrift auf jedes Element eines Ausdrucks
restart	Löschen aller Variablen, Rücksetzen von Maple in Anfangszustand
seq	Erzeugung einer Folge
unassign	Aufheben einer Zuweisung
Zahlen, Funktionen und Konstanten (2.3)	
eval	Auswertung einer Variablen oder eines Ausdrucks
evalf	Auswertung eines (rationalen) Ausdrucks in Gleitpunktdarstellung
protect	Namen (Bezeichner) gegen Überschreiben schützen
unprotect	Überschreibschutz eines Namens aufheben
Umformen und Zerlegen von Ausdrücken und Gleichungen (2.4)	
algsubs	Substitution algebraischer Ausdrücke unter Beachtung math. Regeln
alias	Einführung von Alias-Namen
collect	Zusammenfassung in Bezug auf den angegebenen Ausdruck
combine	Zusammenfassen von Summen, Produkten und Potenzen
convert	Umwandlung eines Ausdrucks in eine andere Darstellungsform
denom	Ermittlung des Nenners eines Bruches
eval	Auswertung eines Ausdrucks für vorgegebenen Variablenwert
expand	Ausmultiplizieren eines Ausdrucks
factor	Faktorisierung eines Ausdrucks, eines Polynoms
isolate	Auflösung nach einem bestimmten Ausdruck
lhs, rhs	Ermittlung der linken, rechten Seite einer Gleichung
normal	Zusammenfassung nicht-gleichnamige Brüche
numer	Ermittlung des Zählers eines Bruches
op	Zerlegung eines Ausdrucks in seine Bestandteile
rationalize	Entfernen von Wurzeln aus den Nennern von Brüchen
simplify	Vereinfachung eines Ausdrucks
sort	Sortieren der Glieder eines Ausdrucks
subs	Ersetzen von Teilausdrücken auf Datenstrukturebene
subsop	Ersetzen von Teilausdrücken an bestimmten Positionen

Graphik (2.5); Fortsetzung Befehlsübersicht Kapitel 2	
animate	Erzeugen einer 2D-Animation (Paket **plots**)
animate3d	Erzeugen einer 3D-Animation (Paket **plots**)
display	Ausgabe von unter einem Namen gespeicherten Graphiken (Paket **plots**)
plot	Erzeugung einer 2D-Graphik
plot3d	Erzeugung einer 3D-Graphik
with	Laden eines Pakets oder einer Funktion eines Pakets
Komplexe Zahlen und Zeigerdarstellungen (2.6)	
abs	Absolutwert, Betrag
argument	Phasenwinkel eines komplexen Ausdrucks
arrow	Erzeugen einer Zeigerdarstellung (Paket plots oder plottools)
Complex	Bildung einer komplexen Variablen aus Real- und Imaginärteil
evalc	Umwandlung eines komplexen Ausdrucks in die Form a+jb
Im, Re	Imaginärteil, Realteil eines komplexen Ausdrucks
polar	Definition einer komplexen Zahl in Polarkoordinaten
Lösung von Gleichungen und Gleichungssystemen (2.7)	
allvalues	Bestimmung einer symbolischen Lösung aus einer RootOf-Darstellung
assign	Zuweisung der Werte einer Lösungsmenge an die enthaltenen Unbekannten
evalf	Bestimmung numerischer Lösungen aus einer RootOf-Darstellung
fsolve	Numerische Lösung von Gleichungen oder Gleichungssystemen
solve	Lösung von Gleichungen oder Gleichungssystemen
Definition von Funktionen (2.8)	
piecewise	Definition einer stückweise zusammengesetzten Funktion
Spline	Ermittlung einer Spline-Funktion (Paket Curvefitting)
unapply	Umwandlung eines Ausdrucks in eine Funktion
Differentiation und Integration (2.9)	
D	Differentialoperator
diff	Berechnung der Ableitung eines Ausdrucks
Diff	Ableitung eines Ausdrucks symbolisch darstellen, aber nicht berechnen
int	Berechnung eines unbestimmten oder bestimmten Integrales
Int	Integral eines Ausdrucks symbolisch darstellen, aber nicht berechnen
value	Berechnung inerter („träger") Ausdrücke

A.4 Funktion convert

form	konvertiert	Beispiel
degrees	Bogenmaß in Gradmaß	`> convert(Pi, degrees);` $$180\,degrees$$
exp	trigonometrische Ausdrücke in Exponentialdarstellung	`> convert(sin(x), exp);` $$-\frac{1}{2}\,I\left(e^{Ix}-e^{-Ix}\right)$$
expsincos	trigonometrische Ausdrücke in Darstellungen mit sin, cos und hyperbolische Fkt. in Exponentialdarstellung	`> convert(cosh(x), expsincos);` $$\frac{1}{2}\,e^{x}+\frac{1}{2\,e^{x}}$$
ln	Arcus- und Area-Funktionen in logarithmische Darstellung	`> convert(arccos(x), ln);` $$-I\ln\!\left(x+I\sqrt{1-x^{2}}\right)$$
parfrac	in Partialbruchzerlegung; Unbekannte als 3. Argument angeben	`> convert((x^2-1/2)/(x-1),parfrac,x);` $$x+1+\frac{1}{2\,(x-1)}$$
polynom	Reihen mit O-Glied in Polynom	`> convert(series(exp(x),x,5),polynom);` $$1+x+\frac{1}{2}\,x^{2}+\frac{1}{6}\,x^{3}+\frac{1}{24}\,x^{4}$$
radians	Gradmaß in Bogenmaß	`> convert(90*degrees, radians);` $$\frac{1}{2}\,\pi$$
rational	in rationalen Ausdruck	`> convert(0.125, rational);` $$\frac{1}{8}$$
sincos	trigonometrische Ausdrücke in Darstellung mit sin und cos bzw. sinh und cosh	`> convert(cot(x), sincos);` $$\frac{\cos(x)}{\sin(x)}$$
trig	Exponentialfunktionen in trigonometrische oder hyperbolische Ausdrücke	`> convert((exp(x)-exp(-x))/2, trig);` $$\sinh(x)$$

A.5 Der Ausgabebefehl printf

Der Befehl **printf** liefert Ausgaben, die exakt einem vorgegebenen Ausgabebild entsprechen. Seine allgemeine Form ist

printf(″Format-String″, wert1, wert2, …)

Im Format-String wird festgelegt, in welcher Form die folgenden Werte *wert1, wert2* usw. darzustellen sind. Er enthält für jeden auszugebenden Wert eine Formatangabe, die mit dem Prozentzeichen eingeleitet wird und als „Platzhalter" für den zugehörigen Wert dient. Die Zugehörigkeit ist durch die Reihenfolge der Formatangaben und der Werte festgelegt. Häufig benötigte Formatangaben sind in der folgenden Tabelle zusammengestellt.

Angabe	Bedeutung
%d	ganze Dezimalzahl mit Vorzeichen
%5d	ganze Dezimalzahl mit Vorzeichen; Ausgabe von 5 Zeichen, ggf. als Leerzeichen, rechtsbündig
%f	Dezimalzahl in Dezimalform, max. 6 Stellen nach Dezimalpunkt
%10.4f	Dezimalzahl in Dezimalform mit insgesamt 10 Positionen (einschließlich Vorzeichen und Dezimalpunkt), davon 4 Stellen nach dem Dezimalpunkt
%e	Dezimalzahl in Exponentialform: Eine Ziffer vor Dezimalpunkt und max. 6 danach
%12.3e	Dezimalzahl in Exponentialform mit insgesamt 12 Positionen (einschließlich Vorzeichen, Dezimalpunkt und Exponentendarstellung), davon 3 Stellen nach dem Dezimalpunkt
%c	einzelnes Zeichen (character)
%s	Zeichenkette (string)
\n	Zeilenwechsel, neue Zeile

Beispiele:

```
> printf("a = %f    b = %e", 12.3456789, -12.3456789);
a = 12.345679      b = -1.234568e+01
> Anz:= 14:  Summe:= -1562.66:
> printf("Anzahl =%3d;     Summe =%12.3e", Anz, Summe);
Anzahl = 14;      Summe =   -1.563e+03
> printf("   %s\n    %s", "Maple", "Version 13");
   Maple
    Version 13
```

Wie die Beispiele zeigen, können in den Format-String auch Texte bzw. einzelne Zeichen eingefügt werden. Mit dem Zeichen Backslash (\) eingeleitete Formatangaben werden speziell interpretiert. \n bewirkt die Fortsetzung der Ausgabe am Anfang der nächsten Zeile.

A.6 Steuerung des Programmablaufs

A.6.1 Verzweigungsanweisung if-then-else

Syntax:

```
if bedingung1 then anweisungsfolge1
   [elif bedingung2 then anweisungsfolge2]
   [else anweisungsfolge3]
end if
```

Die Bedingungen (bedingung1 usw.) müssen Ausdrücke vom Typ boolean sein, d. h. den Wert true oder false (wahr oder falsch) haben. Eine Anweisungsfolge besteht aus durch Semikolon oder Doppelpunkt getrennten Maple-Befehlen.

Die Bedeutung des Schlüsselworts **elif** ist ‚sonst prüfe ob' und die des Schlüsselworts **else** ist ‚sonst führe aus'. Die in eckige Klammern gesetzten Anweisungsteile sind optional, können also auch entfallen.

Logische (Boolsche) Ausdrücke

Sie werden mit Vergleichsoperatoren und logischen Operatoren gebildet. Eine Bedingung kann aus mehreren Einzelbedingungen bestehen, die durch logische Operatoren miteinander verknüpft sind.

Vergleichs-operatoren	<	kleiner als
	<=	kleiner als oder gleich
	>	größer als
	>=	größer als oder gleich
	=	gleich
	<>	ungleich
Logische Operatoren	and	Konjunktion (logisches UND); Verknüpfung hat den Wert *true*, wenn alle Teilbedingungen wahr sind
	or	Disjunktion (logisches ODER); Verknüpfung hat den Wert *true*, wenn mindestens eine Teilbedingung wahr ist
	xor	Exklusive Disjunktion (exkl. ODER); Verknüpfung hat den Wert *true*, wenn der Wahrheitswert der Operanden verschieden ist
	not	logische Negation
	implies	Implikation; die Verknüpfung $A{\to}B$ hat nur dann den Wert *false*, wenn $A = true$ und $B = false$, sonst den Wert true

A.6.2 Schleifenanweisungen

Schleifen erlauben die mehrmalige Bearbeitung von Befehlen. Schleifenanweisungen können in Maple in sehr unterschiedlichen Formen auftreten, i. Allg. genügt jedoch die Beschreibung der drei im Folgenden vorgestellten Grundformen, hier als **for/from**-Schleife, **for/in**-Schleife und **while**-Schleife bezeichnet [Walz02].

Schleifenanweisung for/from

Steht die Anzahl der Schleifendurchläufe fest bzw. lässt sie sich rechnerisch bestimmen, dann kann man eine **for**-Schleife, auch Zählschleife genannt, verwenden.

Syntax:

```
[for bezeichner][from ausdruck][to ausdruck][by ausdruck]
   do
      anweisungsfolge
   end do
```

Die Schlüsselworte **do** und **end do** umfassen den Schleifenkörper. In eckige Klammern gesetzten Anweisungteile sind optional. Die Reihenfolge der Schlüsselwörter **from, to** und **by** ist beliebig.

- **for** definiert die Laufvariable, die während der Abarbeitung der Schleife unterschiedliche Werte annimmt,
- **from** setzt den Anfangswert der Laufvariablen (Standard: 1),
- **to** bezeichnet den Endwert der Laufvariablen,
- **by** legt die Schrittweite fest (Standard: 1),

Die Laufvariable kann Werte vom Typ **numeric** annehmen (**integer, fraction, float**), die Schrittweite muss daher nicht ganzzahlig sein.

Schleifenanweisung for/in

Diese Schleifenkonstruktion dient der Bearbeitung von Ausdrücken. Von links nach rechts gehend wird auf jedes Glied eines Ausdrucks der im Schleifenkörper notierte Algorithmus angewendet.

- Das Schlüsselwort **in** bestimmt den Ausdruck, der gliedweise verwendet wird (z. B. Folgen, Mengen, Listen, Polynome usw.)

Syntax:

```
for bezeichner in ausdruck
   do
      anweisungsfolge
   end do
```

Schleifenanweisung while

Diese Schleifenart wird verwendet, wenn die Anzahl der Durchläufe nicht bekannt ist. Die Schleife wird solange durchlaufen, bis die angegebene Bedingung den Wert ‚Falsch' annimmt.

Syntax:

```
while bedingung do
    anweisungsfolge
  end do
```

while- und **for**-Schleifen darf man auch kombinieren und Schleifen können auch geschachtelt auftreten.

A.6.3 Sprungbefehle für Schleifen

break

führt zum Verlassen einer Schleife. Die Programmabarbeitung wird mit der auf die Schleife folgenden Anweisung fortgesetzt.

next

übergeht die weiteren Befehle des aktuellen Durchlaufs. Es wird die Abarbeitung der Schleife mit der erneuten Auswertung der Bedingung im Schleifenkopf fortgesetzt. Bei **for/from**-Schleifen wird die Laufvariable um eine Schrittweite verändert, bei **for/in**-Schleifen wird zum nächsten Glied des **in**-Ausdruckes übergegangen und dann der Schleifenrumpf erneut durchlaufen.

A.7 Befehle für komplexe Zahlen und Ausdrücke

Befehl/ Syntax	Beschreibung
abs(komplexer ausdruck)	Betrag eines Zeigers, einer komplexen Zahl
argument(zeiger)	Winkel eines Zeigers in komplexer Ebene
arrow siehe 2.6 bzw. Paket plots bzw. plottools	Zeigerdarstellung (graphisch) erzeugen
Complex(realteil, imaginärteil)	komplexe Variable bilden
conjugate(komplexe zahl)	konjugierte Zahl bestimmen
convert(ausdruck, **exp**)	Umformung in Exponentialschreibweise
evalc(ausdruck)	komplexen Ausdruck in Form a+Ib umwandeln
fsolve(gleichung, variable, **complex**)	komplexe Wurzeln berechnen
Im(ausdruck)	Imaginärteil von ausdruck
interface(imaginaryunit = j)	Bezeichnung I der imaginären Einheit in j ändern
isolate(gleichung, ausdruck)	Gleichung nach Ausdruck auflösen
polar(komplexer ausdruck)	komplexen Ausdruck in Polarkoordinaten wandeln
Re(ausdruck);	Realteil von ausdruck

A.8 Griechische Buchstaben

Unter Maple können kleine und große griechische Buchstaben verwendet werden. Ihre Eingabe wird durch die Palette *Greek* unterstützt. Man kann aber auch den Namen des jeweiligen Buchstabens gemäß folgender Tabelle als Symbol eingeben.

Buchstabe	Kleinbuchstabe	Großbuchstabe
α, A	alpha	Alpha
β, B	beta	Beta *
γ, Γ	gamma *	Gamma
δ, Δ	delta	Delta
ε, E	epsilon	Epsilon
ζ, Z	zeta	ZETA
η, H	eta	Eta
θ, Θ	theta	Theta
ι, I	iota	Iota
κ, K	kappa	Kappa
λ, Λ	lambda	Lambda
μ, M	mu	Mu
ν, N	nu	Nu
ξ, Ξ	xi	Xi
o, O	omicron	Omicron
π, Π	pi	PI
ρ, P	rho	Rho
σ, Σ	sigma	Sigma
τ, T	tau	Tau
υ, Υ	upsilon	Upsilon
ϕ, Φ	phi	Phi
χ, X	chi	CHI
ψ, Ψ	psi	Psi *
ω, Ω	omega	Omega

Ein Stern in der Tabelle zeigt an, dass es sich um ein geschütztes Symbol handelt, dem kein Wert zugewiesen werden kann.

Das erste Zeichen des Buchstabennamens ist bei kleinen griechischen Buchstaben in der Regel ein Kleinbuchstabe, bei großen Buchstaben ein Großbuchstabe. Ausnahmen liegen dann vor, wenn die so entstehenden Namen für Maple-Konstanten oder Maple-Prozeduren vergeben sind. In diesen Fällen ist für die Eingabeform der Buchstaben eine von der Regel abweichende Schreibweise festgelegt.

Maple-Konstanten: gamma, Pi

Maple-Prozeduren: Beta, GAMMA, Zeta, Chi und Psi

Symbol	Anzeigeform
gamma	γ (Kleinbuchstabe)
Pi	π (Kleinbuchstabe)
Beta	B (Großbuchstabe)
GAMMA	Γ (Großbuchstabe)
Zeta	ζ (Kleinbuchstabe)
Chi	Chi
Psi	Ψ (Großbuchstabe)

Folgt auf das Symbol des Buchstabens eine nichtnegative ganze Zahl, so wird diese Zahl an den entsprechenden griechischen Buchstaben angefügt.

Anhang B

B.1 Optionen der Funktion plot

Name	Bedeutung	zulässige Werte
adaptive	Übergang zwischen den Punkten eines Graphen anpassen	**true**, false [1]
axes	Achsentyp	none, **normal**, boxed, frame
axesfont	Beschriftung der Rasterpunkte	siehe font
axis	Informationen zu den Achsen (color, location, mode, gridlines)	siehe Hilfesystem
color	Linienfarben	Liste von RGB-Farbwerten
coords	Form des Koordinatensystems	bipolar, cardioid, **cartesian**, cassinian, elliptic, hyperbolic, invcassinian, invelliptic, logarithmic, logcosh, maxwell, parabolic, polar, rose, tangent
discont	vertikale Gerade an Unstetigkeitsstelle ausblenden (true)	true, **false**
filled	Flächenfüllung	true, **false**
font	Font für Texte im Plot [Familie, Stil, Größe in Punkten]	Familie = TIMES, COURIER, HELVETICA, SYMBOL Stile für TIMES: ROMAN, BOLD, ITALIC, BOLDITALIC
gridlines	Rasterlinien	**false**, true
labels	Achsenbezeichnungen	[x-String, y-String]
labeldirections	Ausrichtung Achsenbezeichnung	**horizontal**, vertical
labelfont	Font Achsenbezeichnung	siehe font
legend	Einfügen individueller Legenden	Stringliste
linestyle	Linienstil der Kurve	**solid**, dot, dash, dashdot, longdash, spaccdash, spacedot
numpoints	Min. Zahl berechneter Punkte	ganze Zahl
resolution	horizontale Auflösung in Pixeln	ganze Zahl

---

[1] Standardwerte fett markiert

Optionen der Funktion plot (Fortsetzung)

Name	Bedeutung	zulässige Werte
scaling	Skalierung	constrained, **unconstrained**
symbol	Symbol für *point* in *style*	box, circle, cross, diamond, point
symbolsize	Symbolgröße in Punkten	ganze Zahl (Standard: **10**)
thickness	Liniendicke	$0, ..., n$ (ganze Zahl ≥ 0)
tickmarks	Mindestzahl Skalenmarkierungen	$[n_x, n_y]$; (ganze Zahlen)
title	Überschrift (Titel) des Plots	String
titlefont	Format der Überschrift	siehe font
transparency	Transparenz	$0 ... 1$; $0 \equiv$ keine
view	Darstellungsbereich der Kurven	$[x_{min}..x_{max}, y_{min}..y_{max}]$
xtickmarks	Skalenmarkierungen auf x-Achse	siehe Hilfeseite
ytickmarks	Skalenmarkierungen auf y-Achse	siehe Hilfeseite

B.2 Befehle des Graphik-Pakets plots

Befehl	Wirkung
animate, animate3d	Zwei- bzw. dreidimensionale Animation mit einem Parameter
animatecurve	2D-Animation der Erzeugung eines Kurvenzuges
arrow	Zeichnen eines Pfeils
changecoords	Transformation vom kartesischen Koordinatensystem in ein anderes
complexplot, -3d	Graphische Darstellung komplexer Funktionen
conformal, -3d	Konforme Abbildung komplexer Funktionen
contourplot, -3d	Darstellung von Höhenlinien
coordplot, -3d	Gitterlinien für verschiedene Koordinatensysteme
densityplot	2D-Darstellung einer Funktion zweier Variabler durch Farbschattierungen
display, -3d	Ausgabe graphischer Objekte
display(array(..))	Ausgabe graphischer Objekte als Feld mit mehreren Spalten bzw. Zeilen
fieldplot, -3d	Zeichnen eines zwei- bzw. dreidimensionalen Vektorfeldes
gradplot, -3d	Darstellung des Gradienten einer Funktion durch Pfeile (Vektorfeld)
graphplot3d	Graph in 3D, ungerichtet
implicitplot, -3d	Graphische Darstellung impliziter Funktionen
inequal	Graphische Anzeige der Lösungsmenge linearer Ungleichungen
listcontplot, -3d	Plot der Höhenlinien durch Listen definierter Funktionen
listdensityplot	Zweidimensionaler Dichte-Plot (Farbschattierungen)
listplot, -3d	Plot von Funktionen, die durch Listen definiert sind
loglogplot	Logarithmische Skalierung beider Achsen
logplot	Abszisse linear skaliert, Ordinate logarithmisch
matrixplot	Matrix als dreidimensionales Histogramm darstellen
multiple	Plot multipler Funktionen
odeplot	Graphische Darstellung der numerischen Lösung von Differentialgleichungen
pareto	Pareto-Diagramm (Histogramm, Säulen nach Größe sortiert)
plotcompare	Graphischer Vergleich zweier komplexer Ausdrücke

Befehle des Graphik-Pakets plots (Fortsetzung)	
Befehl	**Wirkung**
pointplot, -3d	Plot in punktweiser Darstellung
polarplot	Graphik in Polarkoordinaten
polygonplot, -3d	Darstellung eines oder mehrerer Polygone
polyhedraplot	3D-Plot mit polyhedra
polyhedra_supported	Liste von Namen, die durch polyhedraplot unterstützt werden
rootlocus	Wurzelortskurven darstellen
semilogplot	Abszisse logarithmisch skaliert, Ordinate linear
setoptions, -3d	Voreinstellung von Optionen für Graphikanweisungen (plot, display, textplot usw.)
spacecurve	Darstellung von Raumkurven mit Parametrisierung
sparsematrixplot	2D-Darstellung einer dünn besetzten Matrix
sphereplot	Graphische Darstellung von Flächen in Kugelkoordinaten
surfdata	3D-Darst. von Flächen, die durch Punktkoordinaten def. sind
textplot, -3d	Platzierung von Texten in Graphiken
tubeplot	Rotationskörper von Raumkurven

-3d ... 3D-Form der jeweiligen Funktion hat gleichen Namen wie die 2D-Form, aber mit angehängtem 3d

B.3 2D-Objekte des Pakets plottools

Befehl	Syntax	Beschreibung
arc	arc(center, radius, starting_angle,... .finishing_angle, optionen)	Kreisbogen
arrow	arrow(base, dir, wb, wh, hh) oder arrow(base, dir, wb, wh, hh, sh, fr, optionen)	Pfeil
circle	circle(center, radius, optionen)	Kreis
cone	cone(scheitel, radius, hoehe, optionen)	Kegel
cuboid	cuboid(a, b, options); a, b … 3D-Punkte	Würfel
curve	curve([[x1,y1], [x2, y2], ...] , optionen)	Kurve
cutout	cutout([p1, p2, ...], r)	Window in Polygon
cylinder	cylinder(center, radius, hoehe, optionen); c…Mittelpunkt Grundfläche	Zylinder
disk	disk([x, y], r, optionen)	Disk
ellipse	ellipse(c, a, b, filled=boolean, numpoints=n, optionen)	Ellipse
ellipticArc	ellipticArc(c, a, b, range, filled=boolean, numpoints=n, optionen)	Ellipsenbogen
hyperbola	hyperbola(center, a, b, range, optionen)	Hyperbel
line	line(a_point, b_point, optionen)	Liniensegment
pieslice	pieslice([x, y], radius, a..b, optionen)	Sektor einer Disk
point	point([x,y], optionen)	Punkteschar
polygon	polygon([[x1, y1], [x2, y2], ..., [xn, yn]] , optionen)	Linienzug (Polygon)
project	Projektion einer 2D- oder 3D-PLOT-Struktur	
rectangle	rectangle([x1, y1], [x2, y2], optionen) 1=top left corner, 2=bottom right c.	Rechteck
reflect	aus PLOT-Struktur neue PLOT-Struktur erzeugen	
rotate	rotate(object, angle) rotate(object, angle, pt_2d)	Drehen PLOT-Struktur oder 2D-Objekt
scale	scale(object, a, b, c, optionen) a, b, c … Skalierungsfaktoren in Richtungen x, y, z	Skalieren PLOT-Struktur oder 2D-Objekt

Anhang C

Numerische Lösung von Anfangswertproblemen

C.1 Grundprinzip numerischer Lösungsverfahren

Jede Differentialgleichung n-ter Ordnung lässt sich in ein System von n Differentialgleichungen erster Ordnung überführen. Ausgangspunkt ist deshalb die einzelne Differentialgleichung

$$\dot{y}(t) = \frac{dy(t)}{dt} = f(t, y(t)) \tag{C.1}$$

mit der Anfangsbedingung

$$y(t_0) = y_0$$

Daraus folgt

$$y(t_k) = y(t_0) + \int_{t_0}^{t_k} f\big(t, y(t)\big)\, dt \tag{C.2}$$

$$y(t_{k+1}) = y(t_0) + \int_{t_0}^{t_k} f\big(t, y(t)\big)\, dt + \int_{t_k}^{t_{k+1}} f\big(t, y(t)\big)\, dt$$

und mit (C.2) sowie

$$h = t_{k+1} - t_k \qquad h\ldots\text{Schrittweite}$$

ergibt sich

$$y(t_k + h) = y(t_k) + \int_{t_k}^{t_k + h} f\big(t, y(t)\big)\, dt \tag{C.3}$$

Gl. (C.3) beschreibt das Grundprinzip der numerischen Lösung von Anfangswertproblemen. Die Rechnung beginnt mit $t_k = t_0$. Der so ermittelte Wert $y(t_0 + h)$ dient dann als Ausgangswert für die Berechnung von $y(t_0 + 2h)$ usw. Auf diese Weise lassen sich schrittweise alle gewünschten Werte der Lösungsfunktion $y(t)$ bestimmen. Eine Schwierigkeit bei der Berechnung des Integrals ist allerdings, dass die darin auftretende Funktion $y(t)$ nicht bekannt ist – es ist die gesuchte Lösungsfunktion. Das Integral kann daher nur durch ein Näherungsverfahren berechnet werden. Die Art und Weise dieser Näherung unterscheidet die verschiedenen Verfahren zur numerischen Lösung von Differentialgleichungen. Einige von ihnen werden im Folgenden kurz vorgestellt.

Polygonzug-Verfahren nach Euler-Cauchy

Dieses Verfahren, das auch unter den Namen Explizites Euler-Verfahren und Euler-vorwärts-Verfahren bekannt ist, nähert das Integral über dem Intervall $[t_k, t_k{+}h]$ durch ein Rechteck der Breite h und der Höhe $f(t_k, y(t_k))$ an (Bild C.1).

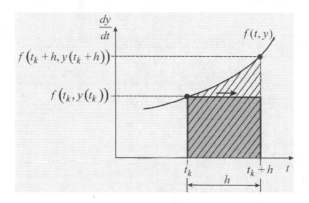

Bild C.1 Approximation des Integrals beim Euler-Cauchy-Verfahren

An die Stelle des genauen Wertes des bestimmten Integrals, der durch die schraffierte Fläche gekennzeichnet ist, setzt dieses Verfahren also die grau unterlegte Fläche.

$$\int_{t_k}^{t_{k+1}} f(t,y)\, dt \approx h \cdot f\left(t_k, y(t_k)\right) \tag{C.4}$$

Durch Einsetzen der obigen Näherung in Gleichung (C.3) ergibt sich die mathematische Formulierung des Euler-Cauchy-Verfahrens

$$y(t_k + h) = y(t_k) + h \cdot f\left(t_k, y(t_k)\right)$$

bzw. in einprägsamer Kurzschreibweise

$$\begin{aligned} y_{k+1} &= y_k + h \cdot \dot{y}_k \\ \dot{y}_k &= f\left(t_k, y_k\right) \end{aligned} \tag{C.5}$$

Mit (C.5) ergibt sich folgender Ablauf bei der Berechnung der ersten zwei Lösungspunkte:

$y_0 = y(t_0)$ Gegebene Anfangsbedingung

$\dot{y}_0 = f(t_0, y_0)$ Auswertung der Differentialgleichung mit Anfangsbedingung

$t_1 = t_0 + h$ Zeitschritt ausführen

$y_1 = y_0 + h \cdot \dot{y}_0$ Berechnung des 1. Näherungswerts für y(t)

$\dot{y}_1 = f(t_1, y_1)$ Auswertung der Differentialgleichung

$t_2 = t_1 + h$ Zeitschritt ausführen

$y_2 = y_1 + h \cdot \dot{y}_1$ Berechnung des 2. Näherungswerts für $y(t)$

Der Name Polygonzugverfahren resultiert aus der Tatsache, dass die zu berechnende Funktion $y(t)$ im Intervall $[t_k, t_k + h]$ durch eine Gerade mit der durch die Differentialgleichung definierten Steigung $f(t_k, y_k)$ approximiert wird, die am Punkt (t_k, y_k) ansetzt. Die Lösungsfunktion wird also durch lauter Geradenstücke angenähert.

Das Euler-Cauchy-Verfahren ist zwar sehr einfach, aber auch nicht besonders genau. Der Fehler der verwendeten Näherung wächst mit der Schrittweite h. Man muss die Schrittweite h sehr klein wählen, um den Fehler des Verfahrens gering zu halten, dadurch wird aber die notwendige Zahl der Lösungsschritte sehr groß, was zu großen Rechenzeiten und zu einer Zunahme des Einflusses der Rundungsfehler (siehe Abschnitt C.2) führt.

Das implizite Euler-Verfahren (Euler-rückwärts-Verfahren)

Als Annäherung des Integrals in Gl. (C.3) kann man statt der in Gl. (C.4) gewählten Form auch ein Rechteck der Breite h und der Höhe $f(t_k+h, y(t_k+h))$ verwenden (vergleiche Bild C.1, Rechteck aber dort nicht eingezeichnet). Damit ergibt sich folgende Berechnungsformel

$$y(t_k + h) = y(t_k) + h \cdot f\left(t_k + h, y\left(t_k + h\right)\right) \tag{C.6}$$

bzw. in Kurzschreibweise

$$y_{k+1} = y_k + h \cdot \dot{y}_{k+1} \tag{C.7}$$

Die Schwierigkeit bei der Anwendung von Gl. (C.7) ist, dass

$$\dot{y}_{k+1} = f\left(t_{k+1}, y_{k+1}\right) \tag{C.8}$$

nicht bekannt ist, weil es sich dabei um die Steigung am erst noch zu berechnenden Punkt der Lösungskurve handelt. Gl. (C.7) beschreibt also eine implizite Beziehung für die Berechnung von y_{k+1}. Man kann sie durch Iteration lösen. Ausgegangen wird von einem Schätzwert der unbekannten Ableitung. Gl. (C.7) liefert mit diesem einen ersten Näherungswert der Lösung y_{k+1}, für den nun über die Differentialgleichung ein neuer Näherungswert der unbekannten Ableitung (C.8) bestimmt wird, der wiederum zur Berechnung eines neuen Näherungswertes y_{k+1} dient usw. Die Iteration wird fortgesetzt, bis die Abweichung zweier aufeinander folgender Werte für y_{k+1} kleiner als ein festgelegter Toleranzwert ist. Erst dann schließt sich der nächste Integrationsschritt an. Jeder Integrationsschritt enthält also beim impliziten Euler-Verfahren eine Iterationsschleife und ist deshalb rechenzeitaufwändiger als beim expliziten Verfahren. Ein Vorteil des impliziten Euler-Verfahrens ist allerdings seine größere Stabilität (siehe C.3). Der erste Näherungswert für den Start der Iteration könnte beispielsweise mit dem expliziten Euler-Verfahren ermittelt werden (siehe Prädiktor-Korrektor-Verfahren unter C.4).

Das verbesserte Euler-Cauchy-Verfahren

Das verbesserte Euler-Cauchy-Verfahren, auch als modifiziertes Polygonzugverfahren und Halbschrittverfahren bekannt, arbeitet im Prinzip wie die oben beschriebenen Euler-vorwärts-Verfahren, benutzt zur Berechnung von y_{k+1} aber einen Schätzwert der Ableitung an der Stelle $(t_k+h/2)$. Dieser wird wie folgt bestimmt: Unter Verwendung der Steigung im Punkt (t_k, y_k) wird analog zum expliziten Euler-Verfahren ein Integrationsschritt über die Distanz $h/2$ ausgeführt, der den Wert $y_{k+h/2}$ liefert. Mit dem so ermittelten Punkt $(t_k+h/2, y_{k+h/2})$ wird durch

Auswertung der Differentialgleichung eine neue Steigung bestimmt, mit der dann ein Integrationsschritt von t_k bis t_k+h ausgeführt wird, der den endgültigen Wert y_{k+1} ergibt.

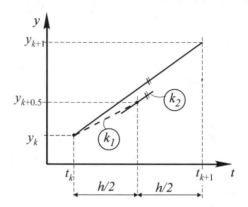

Bild C.2 Verbessertes Euler-Cauchy-Verfahren

Die Lösungsformel lautet damit

$$y(t_k + h) = y(t_k) + h \cdot f\left(t_k + \frac{h}{2}, y(t_k) + \frac{h}{2} f\left(t_k, y(t_k)\right)\right) \tag{C.9}$$

bzw. in Kurzform

$$y_{k+1} = y_k + h \cdot f\left(t_k + \frac{h}{2}, y_k + \frac{h}{2} f\left(t_k, y_k\right)\right) \tag{C.10}$$

Das modifizierte Euler-Verfahren liefert genauere Ergebnisse als das explizite und das implizite Euler-Verfahren.

C.2 Genauigkeit und Konsistenzordnung

Die numerisch berechneten Werte weichen von denen der exakten Lösungsfunktionen ab, weil die Ergebnisse durch Daten-, Rundungs- und Verfahrensfehler beeinflusst werden.

C.2.1 Datenfehler

Abweichungen der Eingangsgrößen der Rechnung, z. B. der Modellparameter, von den realen Werten werden als Datenfehler und ihre Auswirkungen auf die zu ermittelnden Resultate als *Datenfehlereffekte* bezeichnet. Deren Größe kann man durch Konditionsuntersuchungen abschätzen.

Als gut konditioniert bezeichnet man ein mathematisches Problem, wenn eine relativ kleine Änderung der Eingangsgrößen nur geringe Änderungen der Ausgangsgrößen zur Folge hat. Beispielsweise ist das Produkt $z = x \cdot y$ immer gut konditioniert, die Summe $z = x + y$ ist aber schlecht konditioniert für $x \approx -y$.

C.2.2 Rundungsfehler

Bei Gleitpunktzahlen wird die Genauigkeit, mit der diese rechnerintern gespeichert und verarbeitet werden, durch die Stellenzahl der Mantisse festgelegt. Periodische Dezimalzahlen und irrationale Zahlen, aber auch sonstige Zahlen, bei denen die Anzahl der Dezimalstellen die verfügbare oder eingestellte Mantissenlänge überschreitet, können daher nur mit einer bestimmten Abweichung vom exakten Wert verarbeitet werden – es entstehen Abbrech- bzw. Rundungsfehler. Diese Fehler pflanzen sich in den Ergebnissen numerischer Rechnungen fort und können gegebenenfalls zu beträchtlicher Größe anwachsen.

Der Einfluss von Rundungsfehlern auf das Ergebnis des Computeralgebra-Systems Maple ist über die Vorgabe der Rechengenauigkeit (**Digits**) steuerbar. Durch entsprechend große Werte von Digits kann man ihn klein halten, allerdings zu Lasten von Rechenzeit und Speicherplatzbedarf.

Wenn die Bedingung **Digits** $\leq$ **evalhf (Digits)** erfüllt ist, dann berechnet **dsolve** numerische Lösungen unter Benutzung der Hardware-Arithmetik im Format *double precision*. Das ist der Standard, da Maple bei der Initialisierung **Digits** auf den Wert 10 setzt und evalhf (Digits) bei der üblichen Hardware einen Wert >14 anzeigt. Die Vorgabe eines Wertes Digits > evalhf (Digits) veranlasst **dsolve**, zu Rechnung mit Maple-Gleitpunktzahlen überzugehen.

Werden numerische Lösungen von **dsolve** in Kombination mit **fsolve** verwendet, dann muss der Wert von **Digits**, der beim Anruf von **fsolve** gesetzt ist, etwa um den Wert 5 oder mehr kleiner sein als bei der vorherigen Ausführung von **dsolve** (siehe Hilfe zu **dsolve/numeric**).

Der Einfluss der **Rundungsfehler** ist bei der numerischen Lösung von Differentialgleichungen meist unwesentlich, denn beim Hardware-Gleitpunktformat *double precision*, mit dem **dsolve** vorzugsweise arbeitet, ist der Rundungsfehler relativ klein ($\approx 10^{-15}$).

C.2.3 Verfahrensfehler

Fehler, die daraus resultieren, dass numerische Verfahren Näherungsverfahren sind, fasst man unter dem Begriff Verfahrensfehler zusammen. Als Beispiel für das Auftreten eines Verfahrensfehlers wurde bereits im Abschnitt 1.2 des Buches die Berechnung eines bestimmten Integrals mit der Keplerschen Fassregel angeführt. Verfahrensfehler bei der numerischen Lösung von Anfangswertaufgaben lassen sich in Diskretisierungs- und Steigungsfehler einteilen.

Diskretisierungsfehler entstehen, wenn zur Berechnung des Wertes y_{k+1} eine Näherung verwendet wird und nicht die exakte Taylorentwicklung

$$y_{k+1} = y_k + h \cdot \dot{y}_k + \frac{h^2}{2!} \cdot \ddot{y}_k + \frac{h^3}{3!} \cdot \dddot{y}_k + ... \tag{C.11}$$

Beispielsweise stimmt das Euler-Cauchy-Verfahren mit der Taylorentwicklung (C.11) nur bis zum 2. Glied überein. Der Fehler eines Integrationsschritts mit dem Euler-Cauchy-Verfahren hat also die Größe

$$\varepsilon_{n+1} = \sum_{i=2}^{\infty} \frac{y_k^{(i)}}{i!} \cdot h^i \qquad\qquad\qquad\qquad (C.12)$$

Man bezeichnet ihn als **lokalen Fehler** am Punkt t_{k+1}. Der lokale Fehler ist die Differenz, die sich bei einem Lösungsschritt zwischen dem numerisch berechneten Wert und dem Wert, der bei fehlerfreier Ausführung des Lösungsschrittes gefunden würde, ergibt.

Steigungsfehler entstehen dadurch, dass der Fehler eines berechneten Wertes y_{k+1} der Lösungsfunktion auch zu einem fehlerbehafteten Wert $\dot{y}_{k+1}$ bei der Auswertung der Differentialgleichung im folgenden Lösungsschritt führt.

C.2.4 Lokale Fehlerordnung und Konsistenzordnung

Wenn zwischen Integrationsformel und Taylor-Entwicklung bis zum Glied

$$\frac{y_k^{(p)}}{p!} \cdot h^p \qquad\qquad\qquad\qquad (C.13)$$

Übereinstimmung besteht, dann hat der lokale Fehler die Ordnung $O(h^{p+1})$. Die lokale Fehlerordnung des expliziten Euler-Verfahrens ist demnach $O(h^2)$. Diese Aussage bedeutet, dass der lokale Fehler mit h^2 gegen Null geht, wenn h gegen Null geht.

Statt der lokalen Fehlerordnung wird häufig die Konsistenzordnung eines Verfahrens angegeben. Für diese gilt folgende Definition:

> Ein numerisches Verfahren besitzt die **Konsistenzordnung** p, wenn für den lokalen Diskretisierungsfehler gilt
>
> $$|\varepsilon_{k+1}| \le C \cdot h^{p+1} \qquad k = 0,1,2,\dots$$
>
> mit einer von h unabhängigen Konstanten C.

Das Euler-Cauchy-Verfahren hat demnach die Konsistenzordnung 1. Die Konsistenzordnung kennzeichnet die Übereinstimmung von numerischer Lösung und exakter Lösung gemäß Taylorreihe bei einem Lösungsschritt.

C.2.5 Globaler Verfahrensfehler und globale Fehlerordnung

Der lokale Fehler geht in die nächsten Lösungsschritte ein, d. h. es kommt zur Fehlerfortpflanzung. Dabei machen sich insbesondere auch Steigungsfehler bemerkbar.

> Der **globale Verfahrensfehler** am Punkt t_{k+1} ist der Fehler, der unter Berücksichtigung aller Fehler der Integrationsschritte im Intervall $[t_0, t_{k+1}]$ entsteht.

Die Bestimmung des globalen Verfahrensfehlers ist meist schwierig. Beim Euler-Cauchy-Verfahren lässt sich eine Abschätzung noch relativ leicht angeben. Sie lautet: Der globale Fehler des Euler-Verfahrens geht mit h gegen Null, wenn h gegen Null geht. Diese Aussage lässt sich verallgemeinern [Schw97]:

> Strebt der lokale Fehler eines Integrationsverfahrens mit Ordnung h^{p+1} gegen Null, so strebt der globale Fehler im besten Fall mit h^p gegen Null.

Der Gesamtfehler einer numerischen Rechnung setzt sich aus Verfahrensfehlern und Rundungsfehlern zusammen (Bild C.3). Während die Verfahrensfehler mit kleiner werdender Schrittweite h abnehmen, erhöht sich der Einfluss der Rundungsfehler infolge der bei kleinerer Schrittweite notwendigen größeren Zahl von Integrationsschritten.

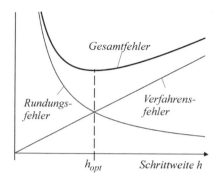

Bild C.3 Rundungsfehler, Verfahrensfehler und Gesamtfehler beim Euler-Verfahren

C.3 Stabilität

C.3.1 Der Stabilitätsbegriff

Bei der Auswahl eines Verfahrens zum numerischen Lösen einer Differentialgleichung oder eines Differentialgleichungssystems muss man auch die Eigenschaften der zu lösenden Differentialgleichungen bzw. der Lösungsfunktionen berücksichtigen, weil andernfalls die Lösungen große Fehler aufweisen können oder eventuell völlig sinnlos sind. Voraussetzung für praktisch nutzbare Ergebnisse numerischer Rechnungen ist immer die Stabilität des Rechenprozesses. Diese ist nur gewährleistet, wenn

a) die Aufgabe (in diesem Fall das Anfangswertproblem) und

b) das verwendete numerische Verfahren

stabil sind. Man nennt eine Aufgabe stabil, wenn bei kleinen Änderungen der Eingangs- bzw. Anfangsgröße sich auch die Lösung nur geringfügig ändert.

Im Verlaufe der numerischen Lösung einer Anfangswertaufgabe entsteht durch das Auflaufen bzw. Fortpflanzen der lokalen Fehler ein akkumulierter Fehler und damit die Möglichkeit einer zunehmenden Verfälschung der Ergebnisse bzw. der Instabilität des Rechenprozesses auch dann, wenn die Aufgabe stabil ist. Ein Standardbeispiel für die Untersuchung der Stabilität ist die Anfangswertaufgabe

$$\frac{dy}{dt} = \lambda \cdot y(t); \qquad y(0) = y_0 \tag{C.14}$$

Die exakte Lösung dieser Aufgabe lautet

$$y(t) = y_0 e^{\lambda \cdot t}$$

Behandelt man ein spezielles Anfangswertproblem der Form (C.14) mit dem Euler-Cauchy-Verfahren, dann erhält man abhängig von der gewählten Größe der Lösungsschritte sehr unterschiedliche Ergebnisse. Für das Beispiel

$$\frac{dy}{dt} = -y(t); \qquad y(0) = 2$$

wird das im Bild C.4 demonstriert. Mit der Schrittweite $h = 0.5$ ergibt sich ein Polygonzug, dessen Eckpunkte (die berechneten Lösungspunkte) zwar vom Verlauf der exakten Lösung deutlich abweichen (die Schrittweite $h = 0.5$ ist relativ groß gewählt), aber doch noch in deren Nähe liegen. Bei der Wahl von $h = 1.5$ liegt der erste berechnete Punkt der Lösungskurve bei (1.5, -1), also im 4. Quadranten, obwohl die exakte Lösungskurve keine negativen Ordinatenwerte aufweist. Im weiteren Verlauf wechseln die berechneten y-Werte ständig ihr Vorzeichen – es ergibt sich eine abklingende Schwingung.

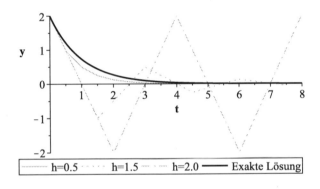

Bild C.4 Euler-Cauchy-Verfahren bei verschiedenen Schrittweiten

Erhöht man die Schrittweite auf $h = 2.0$, dann klingt die Schwingung nicht mehr ab und bei noch größeren Schrittweiten würden die Schwingungsamplituden sogar zunehmen. Offensichtlich liegt also bei $h = 2.0$ die Grenze zwischen abklingender und aufklingender Schwingung – die Stabilitätsgrenze. Diese experimentell ermittelte Grenze wird auch durch die folgende Rechnung bestätigt.

Wendet man das Euler-Cauchy-Verfahren auf die Testaufgabe an, so ergibt sich durch Einsetzen der Testaufgabe (C.14) in die Lösungsformel (C.5)

$$y_{k+1} = y_k + h \cdot \dot{y}_k = y_k + h\lambda y_k$$

$$y_{k+1} = (1 + h\lambda) y_k$$

Durch fortlaufende Substitution mit

$$y_k = (1 + h\lambda) y_{k-1} \quad \text{usw.}$$

folgt

$$y_{k+1} = y_0 \cdot (1 + h\lambda)^{k+1} \quad k = 0,1,2,\ldots$$

Die Wertefolge $y_0, y_1, y_2, \ldots$ ist demnach genau dann monoton fallend, wenn

$$|1 + h\lambda| < 1$$

Daraus folgt für das explizite Euler-Verfahren bei reellen λ-Werten die **Stabilitätsbedingung**

$$h < \frac{-2}{\lambda}; \quad \lambda < 0, \text{ reell}$$

Für die Differentialgleichung (C.14) ergibt sich damit wegen $\lambda = -1$ bei Anwendung des Euler-Cauchy-Verfahrens asymptotische Stabilität bei $h < 2$.

Differentialgleichungen bzw. ihre Lösungen besitzen oft auch oszillierende, exponentiell abklingende Komponenten. Diesen entsprechen komplexe Werte von λ. Mit $\lambda = a + ib$ wird

$$|1 + h\lambda| = |1 + h(a + ib)| = |1 + ha + ihb| < 1$$

und damit

$$(ha + 1)^2 + (hb)^2 < 1$$

Das Stabilitätsgebiet des Euler-Cauchy-Verfahrens ist somit in der komplexen $h\lambda$-Ebene das Innere des Einheitskreises mit dem Mittelpunkt ($ha = -1$, $hb = 0$).

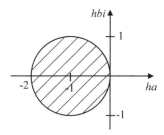

Bild C.5 Stabilitätsgebiet des Euler-Cauchy-Verfahrens

Ob mit dem Euler-Cauchy-Verfahren Lösungen einer bestimmten Anfangswertaufgabe ermittelt werden können, ist also abhängig von der Größe des Produkts $h \cdot \lambda$, also sowohl von den Eigenschaften der Differentialgleichungen bzw. der Lösungsfunktionen als auch von der Wahl der Schrittweite h. Je größer die Eigenwerte λ, desto kleiner müssen die Schrittweiten sein. Das gilt auch für andere Verfahren, sofern sie nicht die besondere Eigenschaft der A-Stabilität (siehe unten) aufweisen. Wie die oben mit dem Euler-Cauchy-Verfahren bei verschiedenen Schrittweiten h ermittelten Lösungen des Anfangswertproblems (C.14) zeigen (Bild C.4), muss bei der Festlegung von h ein relativ großer Abstand zur Grenze des Stabilitätsbereich gewahrt werden, weil sonst die Ergebnisse mit unzulässig großen Fehlern behaftet sind, obwohl der Rechenprozess stabil ist.

Obige Aussage zum Stabilitätsgebiet des expliziten Euler-Verfahrens ist genau genommen nur für die benutzte Testaufgabe gültig. Man verwendet sie für den Vergleich dieses Verfahrens mit anderen, für die das Stabilitätsgebiet mit der gleichen Testaufgabe bestimmt wurde. Die für das Anfangswertproblem (C.14) berechneten Stabilitätsgebiete werden aber auch zur Schätzung der zu wählenden Integrationsschrittweite genutzt, wenn andere Aufgaben mit Hilfe des Euler-Cauchy-Verfahrens gelöst werden sollen.

Die beim expliziten Euler-Verfahren angewandte Vorgehensweise zur Ermittlung des Stabilitätsbereichs kann man auch für die Untersuchung anderer Einschrittverfahren verwenden. Die Testanfangswertaufgabe (C.14) wird in die Lösungsformel des jeweiligen Verfahrens eingesetzt und der Ausdruck in die Form $y_{k+1} = F(h\lambda) \cdot y_k$ gebracht. Dann heißt

$$B := \left\{ h\lambda \in \mathbb{C} \;\middle|\; \left| F(h\lambda) \right| < 1 \right\} \tag{C.15}$$

das **Gebiet der absoluten Stabilität** [Schw97].

C.3.2 A-Stabilität

Einige Verfahren, beispielsweise die implizite Euler-Methode, haben für die Testaufgabe (C.14) einen Stabilitätsbereich, der die für dynamische Systeme wichtige Halbebene links von der imaginären Achse der komplexen $h\lambda$-Ebene vollständig einschließt (Bild C.6). Diese Verfahren bezeichnet man als A-stabil oder auch als steife Verfahren.

- A-stabil sind u. a.: implizites Euler-Verfahren, Trapezmethode, implizite RK2- und RK4-Formeln, BDF1- und BDF2-Formeln sowie Rosenbrock-Verfahren.
- Explizite Verfahren sind niemals A-stabil.
- Nicht alle impliziten Verfahren sind A-stabil.
- Die globale Fehlerordnung eines A-stabilen Mehrschrittverfahrens ist maximal zwei.

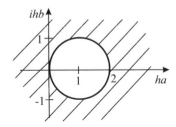

Bild C.6 Stabilitätsgebiet des impliziten Euler-Verfahrens
(Gebiet außerhalb des Einheitskreises)

C.3.3 Steife Differentialgleichungssysteme

Wie oben dargelegt, muss sich die Wahl der Schrittweite an den Eigenschaften der Lösungen der Differentialgleichung bzw. des Differentialgleichungssystems orientieren[1]. Viele Anwendungen in der Technik und Naturwissenschaft werden durch Differentialgleichungssysteme beschrieben, deren Lösungsanteile sich hinsichtlich ihres Zeitverhaltens sehr stark unterschei-

---

[1] Diese werden beispielsweise bei linearen Systemen durch die Größe der Eigenwerte der Matrix **A** und bei nichtlinearen Systemen durch die Eigenwerte der Jacobimatrix charakterisiert.

den, die z. B. eine Lösung mit einem exponentiell sehr schnell und eine andere mit einem langsam abklingenden Anteil haben. In einem solchen Fall muss bei Verwendung eines Verfahrens, das keinen großen Stabilitätsbereich hat bzw. nicht A-stabil ist, wegen des sehr schnell abklingenden Anteils (kleine Zeitkonstante bzw. großer Eigenwert) eine relativ kleine Schrittweite gewählt werden, auch wenn dieser Anteil auf den eigentlich interessierenden Zeitverlauf, der sich im langsam abklingenden Anteil wiederspiegelt, keinen oder kaum einen Einfluss hat, denn andernfalls käme es zu einem instabilen Lösungsprozess. Die Gesamtlösung benötigt dann sehr viele Rechenschritte mit sehr kleiner Schrittweite. Mit der Zahl der Integrationsschritte steigt jedoch der Einfluss der Rundungsfehler. Die Konsequenz sind neben großen Rechenzeiten daher meist auch große Fehler oder gar numerische Instabilität.

Differentialgleichungssysteme mit Lösungen stark unterschiedlichen dynamischen Verhaltens erfordern also Verfahren mit einem sehr großen Stabilitätsbereich bzw. A-Stabilität. Diese besondere Eigenschaft wird durch die Bezeichnung „steife Systeme" beschrieben.

C.4 Grundtypen von Lösungsverfahren

Die verschiedenen Verfahren zur numerischen Lösung von Differentialgleichungen kann man einteilen in

- Einschritt- und Mehrschrittverfahren

- Extrapolationsverfahren

- Taylorreihen-Verfahren

Einschritt- und Mehrschrittverfahren lassen sich nochmals untergliedern in explizite und implizite Verfahren sowie Prädiktor-Korrektor-Verfahren. **Explizite Verfahren** berechnen y_{k+1} ausschließlich auf der Basis zurückliegender Werte von y bzw. dy/dt. **Implizite Verfahren** erfordern eine iterative Berechnung, weil in die Bestimmung von y_{k+1} dieser erst zu berechnende Wert schon mit eingeht. Sie benötigen daher gegenüber expliziten Verfahren größere Rechenzeiten. **Prädiktor-Korrektor-Verfahren** bilden eine extra Klasse unter den Ein- bzw. Mehrschrittverfahren. Sie bestimmen mit einer expliziten Prädiktorformel einen Näherungswert für y_{k+1} und verbessern diesen dann mit Hilfe einer impliziten Korrektorformel.

Extrapolationsverfahren berechnen für einen Gitterpunkt $t_k + h_0$ mittels eines Einschrittverfahrens unter Benutzung einer monoton fallenden Folge lokaler Schrittweiten $h_i < h_0$ ($i = 1$, 2, ...) eine Folge von Näherungen $y^{hi}(t_k + h_0)$. Danach legen sie durch diese Näherungen ein Interpolationspolynom $P(h)$ und führen eine Extrapolation $h \rightarrow 0$ durch. Diese liefert die gesuchte Lösung $y(t_k + h_0)$.

Vorgestellt werden im Folgenden Vertreter dieser Grundtypen aus der der Gruppe **classical** von Maple (Tabelle C.1). Die in dieser Gruppe zusammengefassten Verfahren arbeiten mit fester Schrittweite und sind lt. Maple-Hilfe vor allem für Zwecke der Lehre implementiert. Trotzdem haben einige dieser Verfahren auch praktische Bedeutung. Hier werden sie beschrieben, um den oben vermittelten Einblick in die prinzipielle Arbeitsweise der numerischen Verfahren und die mit ihrer Anwendung verbundenen Probleme zu vertiefen. Der Befehl **dsolve** verwendet diese Methoden bei Angabe der Option **method = classical**(*Verfahren*). Sofern bei ihrer Anwendung nicht eine automatisch ermittelte Schrittweite verwendet werden soll, kann diese über die Option **stepsize**=... vorgegeben werden.

Tabelle C.1 Verfahren der Gruppe classical in Maple

Verfahren	Beschreibung	Konsistenzordnung
foreuler	Euler-vorwärts-Verf. (Polygonzugverfahren)	1
impoly	Verbessertes Euler-Cauchy-Verfahren	2
heunform	Heun-Verfahren	2
rk2, rk3, rk4	Runge-Kutta-Verfahren 2 bzw. 3. bzw. 4. Ordnung	2 bzw. 3 bzw. 4
adambash	Adams-Basforth-Verfahren	4
abmoulton	Adams-Basforth-Moulton-Verfahren	4

C.4.1 Einschrittverfahren

Einschrittverfahren verwenden zur Berechnung von y_{k+1} nur den vorangegangenen Wert y_k bzw. damit berechnete Werte aus dem Intervall $[t_k \dots t_{k+1}]$. Alle Verfahren, die unter 1. beschrieben wurden, gehören in diese Gruppe.

Trapezverfahren

Eine genauere Approximation des Integrals als bei den Euler-Verfahren wird erreicht, wenn das Integral in Gl. (3) durch die Trapezfläche mit den Seiten f_k und f_{k+1} (Bild C.1) angenähert wird.

$$\int_{t_k}^{t_{k+1}} f\left(t, y(t)\right) dx \approx \frac{h}{2}\left(f_k + f_{k+1}\right)$$

Damit folgt

$$y_{k+1} = y_k + \frac{h}{2}\left[f\left(t_k, y_k\right) + f\left(t_{k+1}, y_{k+1}\right) \right] \tag{C.16}$$

Die Gl. (C.16) zeigt, dass es sich beim Trapezverfahren um ein implizites Einschrittverfahren handelt. Es hat die globale Fehlerordnung 2 und zeichnet sich dadurch aus, dass es A-stabil ist.

Verfahren von Heun

Das Heun-Verfahren kombiniert zwei Einschrittverfahren. Mit dem expliziten Euler-Verfahren berechnet es einen Startwert für die implizite Trapezformel. Es handelt sich also um ein Prädiktor-Korrektor-Verfahren.

$$y_{k+1}^{(0)} = y_k + h \cdot f\left(t_k, y_k\right) \qquad \text{(Prädiktor)}$$

$$y_{k+1}^{(i+1)} = y_k + \frac{h}{2}\left[f(t_{k+1}, y_{k+1}^{(i)}) + f(t_k, y_k) \right] \qquad \text{(Korrektor)} \tag{C.17}$$

$$\text{für } i = 0, 1, \dots$$

Die zweite Gleichung von (C.17) beschreibt eine Fixpunktiteration. Mit dem durch die Prädiktorformel berechneten Wert $y^{(0)}$ wird ein neuer Näherungswert $y^{(1)}$ ermittelt, der dann zur Berechnung des nächsten Wertes $y^{(2)}$ dient usw. Dieser Prozess wird solange fortgesetzt, bis die Differenz zweier aufeinanderfolgender Näherungswerte eine gewählte Toleranz unterschreitet.

Der globale Verfahrensfehler des Heun-Verfahrens hat die Ordnung 2. Bei hinreichend kleiner Schrittweite sind i. Allg. nur ein bis zwei Berechnungen der Korrektorformel erforderlich, um die gewünschte Genauigkeit der Lösung zu erreichen. Bei Beschränkung auf einen Korrektorschritt entspricht das Heun-Verfahren dem Runge-Kutta-Verfahren 2. Ordnung.

Runge-Kutta-Verfahren

Grundgedanke aller Runge-Kutta-Verfahren ist die Ermittlung einer Steigung k, mit der eine Gerade durch den Punkt (t_k, y_k) einen neuen Punkt (t_{k+1}, y_{k+1}) erreicht, der einen möglichst kleinen lokalen Fehler hat. Die Steigung k wird als gewichteter Mittelwert aus verschiedenen Steigungen, die im Intervall $[t_k, t_{k+1}]$ berechnet werden, gewonnen. Mit jeder Berechnung einer Steigung ist eine Auswertung der Differentialgleichung verbunden.

Runge-Kutta-Verfahren 2. Ordnung

Dieses Verfahren verwendet den Mittelwert zweier Steigungen k_1 und k_2 zur Berechnung von y_{k+1}. Die erste Steigung wird am Punkt (t_k, y_k) bestimmt, die zweite am Punkt $(t_{k+1}, y_k + h \cdot k_1)$. Das Verfahren hat die globale Fehlerordnung 2.

$$k_1 = f\left(t_k, y_k\right)$$
$$k_2 = f\left(t_k + h, y_k + h \cdot k_1\right) \tag{C.18}$$
$$y_{k+1} = y_k + \frac{h}{2}\left(k_1 + k_2\right)$$

Runge-Kutta-Verfahren 4. Ordnung

Das Runge-Kutta-Verfahren 4. Ordnung berechnet im Intervall $[t_k, t_{k+1}]$ vier Steigungen. Diese gehen in die Berechnung der resultierenden Steigung k mit unterschiedlichen Gewichten ein, die so gewählt sind, dass mit der Taylorreihenentwicklung von y_{k+1} an der Stelle t_k bis zum Glied 4. Ordnung Übereinstimmung besteht. Die lokale Fehlerordnung dieses Verfahren ist daher 5, die globale Fehlerordnung 4.

Dieses Verfahren, oft auch als klassische Runge-Kutta-Methode bezeichnet, wird wegen seiner Einfachheit und relativ hohen Genauigkeit häufig angewendet. Wie beim Verfahren 2. Ordnung wird für die Bestimmung einer Steigung k_i immer nur der unmittelbar vorangehende Wert k_{i-1} benötigt.

$$k_1 = f\left(t_k, y_k\right)$$

$$k_2 = f\left(t_k + \frac{h}{2}, y_k + \frac{h}{2}k_1\right)$$

$$k_3 = f\left(t_k + \frac{h}{2}, y_k + \frac{h}{2}k_2\right) \tag{C.19}$$

$$k_4 = f\left(t_k + h, y_k + h \cdot k_3\right)$$

$$y_{k+1} = y_k + \frac{h}{6}\left(k_1 + 2k_2 + 2k_3 + k_4\right)$$

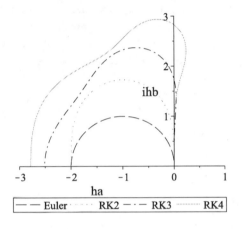

Bild C.7 Stabilitätsgebiete für explizite Runge-Kutta-Methoden

Alle Einschrittverfahren zeichnen sich dadurch aus, dass sie gegen Unstetigkeiten der Eingangsgrößen oder der Differentialgleichungen unempfindlich sind. Das ist bei vielen Aufgaben, beispielsweise in der Elektrotechnik, sehr wesentlich. Einschrittverfahren benötigen aber u. U. mehr Rechenzeit als Mehrschrittverfahren, weil bei gleichen Anforderungen an die Genauigkeit eine größere Zahl von Auswertungen der Differentialgleichungen notwendig ist.

C.4.2 Mehrschrittverfahren

Mehrschrittverfahren unterscheiden sich von Einschrittverfahren dadurch, dass sie zur Berechnung des Funktionswertes y_{k+1} auch Werte der s vorangehenden (äquidistanten) Stellen benutzen. Sie sind somit nur anwendbar, wenn außer dem Punkt (t_k, y_k) noch vorhergehende Punkte der Lösungsfunktion vorliegen, d. h. ihnen muss eine Anlaufrechnung vorgeschaltet werden. Für deren Bestimmung können Einschrittverfahren eingesetzt werden. Diese sollten aber mindestens die gleiche Genauigkeitsordnung wie das betreffende Mehrschrittverfahren haben, weil die Anlaufwerte auf die Genauigkeit der Gesamtrechnung entscheidenden Einfluss haben. Moderne Mehrschrittverfahren sind selbststartend.

Bei der Ableitung eines Mehrschrittverfahrens kann man wie folgt vorgehen (Bild C.8):

1. Als bekannt vorausgesetzt werden die Lösungspunkte (t_k, y_k), (t_{k-1}, y_{k-1}), (t_{k-2}, y_{k-2}), … und die zu diesen gehörigen Ableitungen $f_i = f(t_i, y_i)$.

2. Die Abhängigkeit $f_i = f(t_i, y_i)$ wird durch ein Interpolationspolynom $P(t)$ angenähert.

3. Das Polynom $P(t)$ wird über das Intervall $[t_k, t_{k+1}]$ integriert, d. h. die Integration wird mit einem Extrapolationsschritt verbunden.

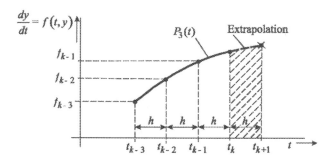

Bild C.8 Konstruktion eines Mehrschrittverfahrens

Adams-Bashforth-Verfahren

Adams-Bashforth-Verfahren sind explizite Mehrschrittverfahren. Je Integrationsschritt ist nur eine Funktionsauswertung $f(t, y)$ erforderlich. Ein Adams-Bashforth-s-Schrittverfahren hat die Konsistenzordnung $p = s$.

Verfahren 4. Ordnung

Dieses Verfahren benötigt zur Berechnung von y_{k+1} vier bekannte Lösungspunkte (t_i, y_i) bzw. die Ableitungen $f(t_i, y_i)$ an diesen.

$$y_{k+1} = y_k + \frac{h}{24}\left(55f_k - 59f_{k-1} + 37f_{k-2} - 9f_{k-3}\right)$$
$$\text{mit } f_{k-i} = f\left(t_{k-i}, y_{k-i}\right) \tag{C.20}$$

Verfahren 5. Ordnung

$$y_{k+1} = y_k + \frac{h}{720}\left(1901f_k - 2774f_{k-1} + 2616f_{k-2} - 1274f_{k-3} + 251f_{k-4}\right) \tag{C.21}$$

Alle Adams-Bashforth-Methoden besitzen nur kleine Gebiete der absoluten Stabilität.

Adams-Moulton-Verfahren

Adams-Moulton-Verfahren sind implizite Mehrschrittverfahren, d.h. jeder Integrationsschritt erfordert die Lösung einer impliziten Gleichung mittels Iteration. Ein Adams-Moulton-s-

Schrittverfahren hat die Konsistenzordnung $p = s+1$. Das Gebiet der absoluten Stabilität ist bei diesen Verfahren wesentlich größer, als bei den expliziten Adams-Bashforth-Methoden.

Verfahren 4. Ordnung

$$y_{k+1} = y_k + \frac{h}{24}\left(9f_{k+1} + 19f_k - 5f_{k-1} + f_{k-2}\right) \tag{C.22}$$

Verfahren 5. Ordnung

$$y_{k+1} = y_k + \frac{h}{720}\left[251f_{k+1} + 646f_k - 264f_{k-1} + 106f_{k-2} - 19f_{k-3}\right] \tag{C.23}$$

Tabelle C.2 Stabilitätsintervalle für reelle Werte von $h \cdot \lambda$ (nach [DaReu06])

2-Schritt-Verfahren nach Adams-Bashforth	(-1.0, 0)
4-Schritt-Verfahren nach Adams-Bashforth	(-0.3, 0)
3-Schritt-Verfahren nach Adams-Moulton	(-3.0, 0)

Adams-Bashforth-Moulton-Verfahren

Durch Kombination einer Adams-Bashforth-Formel (Prädiktor) mit einer impliziten Adams-Moulton-Formel als Korrektor ergibt sich ein Adams-Bashforth-Moulton-Verfahren (ABM-Verfahren).

Adams-Bashforth-Moulton-Verfahren 4. Ordnung

$$y_{k+1}^{(0)} = y_{k+1}^{(P)} = y_k + \frac{h}{24}\left(55f_k - 59f_{k-1} + 37f_{k-2} - 9f_{k-3}\right) \quad \text{(Prädiktor)}$$

$$y_{k+1}^{(i+1)} = y_k + \frac{h}{24}\left(9f_{k+1}^{(i)} + 19f_k - 5f_{k-1} + f_{k-2}\right) \quad \text{(Korrektor)} \tag{C.24}$$

$$i = 0,1,2,\ldots$$

Die Anzahl der Korrekturschritte kann man beim Verfahren **abmoulton** der Gruppe **classic** mit Hilfe der Option **corrections** festgelegen.

Mehrschrittverfahren sind gegen Unstetigkeiten der Eingangsgrößen oder der Differentialgleichungen empfindlich; an den Unstetigkeitsstellen muss eine neue Anlaufrechnung durchgeführt werden. Das ist insbesondere bei einer Häufung von Unstetigkeitsstellen (z. B. Schaltsysteme) sehr nachteilig. Gegenüber Einschrittverfahren haben Mehrschrittverfahren jedoch den Vorteil, dass je Integrationsschritt einschließlich evtl. Iteration weniger Auswertungen der Differentialgleichungen notwendig sind. Bei vielen Verfahren muss nur ein Funktionswert neu berechnet werden.

Literaturverzeichnis

Kapitel 1 bis 3

[Corl02]   Corless, R. M.: Essential MAPLE 7. An Introduction for Scientific Programmers. Springer-Verlag New York, Berlin, Heidelberg 2002

[DaReu06]   Dahmen, W.; Reusken, A.: Numerik für Ingenieure und Naturwissenschaftler. Springer-Verlag Berlin Heidelberg 2006

[Fakl99]   Fakler, W.: Algebraische Algorithmen zur Lösung von linearen Differentialgleichungen. B.G. Teubner Stuttgart Leipzig 1999

[Föll92]   Föllinger, O.: Regelungstechnik. 7. Aufl., Hüthig Verlag 1992

[Forst05]   Forst, W./ Hoffmann, D.: Gewöhnliche Differentialgleichungen. Springer-Verlag Berlin Heidelberg 2005

[Gear71]   Gear, C.W. Numerical Initial Value Problems in Ordinary Differential Equations. Prentice-Hall, 1971

[Gräbe99]   Gräbe, H.-G.: Kurzeinführung in die CAS Maple, MuPAD und Reduce. Begleitmaterial zum Praktikum „Symbolisches Rechnen" 1998/99. Uni Leipzig

[HaWa96]   Hairer, E., and Wanner, G. Solving Ordinary Differential Equations II. 2nd ed. Springer-Verlag New York 1996

[Heck03]   Heck, A.: Introduction to Maple. Springer-Verlag New York Berlin Heidelberg 2003

[Henke]   Henke, D.: Einführung in Maple. http://henked.de/maple/uebersicht.htm

[Herr09]   Herrmann, M.: Numerik gewöhnlicher Differentialgleichungen. Verlag Oldenbourg München Wien 2009.

[Heu04]   Heuser, H.: Gewöhnliche Differentialgleichungen. B.G. Teubner Suttgart Leipzig Wiesbaden 2004.

[Hin80]   Hindmarsh, A.C.: LSODE and LSODI, two new initial value ordinary differential equation solvers. ACM-SIGNUM Newsletter 15 (1980), 10 – 11

[HiSt83]   Hindmarsh, Alan C.; Stepleman, R. S.; u.a.: Odepack, a systemized collection of ODE solvers. Amsterdam: North-Holland, 1983

[Jent69]   Jentsch, W.: Digitale Simulation kontinuierlicher Systeme. Verlag R. Oldenbourg München Wien 1969

[Kamke]   Kamke, E.: Differentialgleichungen: Lösungsmethoden und Lösungen. Geest & Portig, Leipzig 1956

[Koe06]   Koepf, W.: Computeralgebra. Eine algorithmisch orientierte Einführung. Springer-Verlag Berlin Heidelberg 2006

[MapleM]   Maple 12. Maple User Manual. Maplesoft 2008

[MapleP]   Maple 12. Introductory Programming Guide. Maplesoft 2008

[MuWe06]   Munz, C.-D.; Westermann, Th.: Numerische Behandlung gewöhnlicher und partieller Differenzialgleichungen. Springer-Verlag Berlin Heidelberg 2006

[Neu03]   Neundorf, W.: Spezielle Aspekte zu CAS Maple und Matlab. Preprint M 10/03, TU Ilmenau, Institut für Mathematik

[Schw97]   Schwarz, H.R.: Numerische Mathematik. B.G. Teubner Stuttgart 1997

[StoB05]   Stoer, J.; Bulirsch, R.: Numerische Mathematik 2. 5. Aufl. Springer-Verlag Berlin Heidelberg 2005

[Swit04]   Switkes, J. u.a.: Differential Equations. A Modeling Perspective. Maple Technology Resource Manual. Sec. Ed., John Wiley & Sons, Inc. 2004

[Über92]   Überberg, J.: Einführung in die Computer-Algebra mit REDUCE. Bibliographisches Institut Mannheim 1992

[Vern78]   Verner, J.H. "Explicit Runge-Kutta Methods with Estimates of the Local Truncation Error." SIAM Journal of Numerical Analysis, Aug. 1978

[Walz02]   Walz, A.: Maple 7. Oldenbourg Verlag München Wien 2002

[We99]   Wester, M.: "A Critique of the Mathematical Abilities of CΛ Systems". http://math.unm.edu/~wester/cas_review.html

[Wes08]   Westermann, Th.: Mathematische Probleme lösen mit Maple. Springer-Verlag Berlin Heidelberg 2008

[West08]   Westermann, Th.: Mathematik für Ingenieure. Ein anwendungsorientiertes Lehrbuch. Springer-Verlag Berlin Heidelberg 2008

[Wib02]   Wibmer, M.: C7 Constrained Pendulum – Maple 8. SIMULATION NEWS EUROPE 35/36, S. 80; ARGESIM Benchmarks

[Wün07]   Wünsch, F.: Einführung in Maple. Skript Uni Regensburg 2007. www.physik.uni-regensburg.de/studium/edverg/maple/

Kapitel 4 bis 6

[Beck03]   Beckert, U.: Dynamisches Verhalten des Doppelkäfigläufermotors. antriebstechnik 42(2003) 7, S. 44 – 49

[Bön92]   Böning, W.: Einführung in die Berechnung elektrischer Schaltvorgänge. VDE-Verlag Berlin und Offenbach 1992

[BoPa82]   Bo, L.; Pavelescu, D.: The Friction-Speed Relation and its Influence on the Critical Velocity of Stick-Slip-Motion. Wear 82 (1982), 277 – 288

[BöSe65]   Bödefeld, Th., Sequenz, H.: Elektrische Maschinen. Springer-Verlag Wien New York 1965

[Bud01]   Budig, P.-K.: Stromrichtergespeiste Drehstromantriebe. VDE-Verlag Berlin 2001

[DreHo09]   Dresig, H.; Holzweißig, F.: Maschinendynamik. Springer-Verlag Berlin Heidelberg 2009

[Dres06]   Dresig, H.: Schwingungen und mechanische Antriebssysteme. Springer Berlin Heidelberg 2006

[Dubb07]   Dubbel – Taschenbuch für den Maschinenbau. Springer-Verlag Berlin Heidelberg New York 2007

[Floc99]   Flockermann, D.: Description of electrical machines with non-linear equivalent circuits. IPST '99, Intern. Conf. on Power Systems Transients. Budapest

[Föll92]   Föllinger, O.: Regelungstechnik. Hüthig Buch Verlag Heidelberg 1992

[Fowk96]   Fowkes, N. D./ Mahony, J. J.: Einführung in die Mathematische Modellierung. Spektrum Akademischer Verlag Heidelberg Berlin Oxford 1996

[FreKö63]   Freitag, K.; Körner, S.: Theorie der Leitungen. 4. Lehrbrief, TU Dresden: VEB Verlag Technik Berlin 1963

[Gross06]   Gross, D. u.a.: Technische Mechanik. Bd. 3: Kinetik. 9. Aufl., Springer-Verlag Berlin Heidelberg 2006

[Her03]   Herold, G.: Elektrische Energieversorgung IV. J. Schlembach Fachverlag Wilburgstetten 2003

[Her08]   Herold, G.: Elektrische Energieversorgung II. Parameter elektr. Stromkreise, Leitungen, Transformatoren. J. Schlembach Fachverlag Wilburgstetten 2003

[Hütte08]   Czichos, H.; Hennecke, M. (Hrsg.): Hütte. Das Ingenieurwissen. 33. Aufl. Springer Berlin Heidelberg New York 2008

[Iser08]   Isermann, R.: Mechatronische Systeme. Grundlagen. 2. Aufl. Springer-Verlag Berlin Heidelberg New York 2008

[Jent69]   Jentsch, W.: Digitale Simulation kontinuierlicher Systeme. R. Oldenbourg Verlag München Wien 1969

[Kiel]   Kiel; Beineke; Bünte: Bestimmung von arbeitspunktabhängigen Maschinenparametern bei Synchronmaschinen. Uni Paderborn und Lust-Antriebstechnik.

[KloHe02]   Klotzbach, S.; Henrichfreise, H.: Ein nichtlineares Reibmodell für die numerische Simulation reibungsbehafteter mechatronischer Systeme. http://www.dmecs.de/pdfs/DMecS_Reibung_paper.pdf

[Küm86]   Kümmel, F.: Elektrische Antriebstechnik. Teil 1: Maschinen. VDE-Verlag Berlin und Offenbach 1986

[Las88]   Laschet, A.: Simulation von Antriebssystemen. Springer Verlag, Berlin 1988

[Leon00]   Leonhard, W.: Regelung elektrischer Antriebe. Springer-Verlag Berlin Heidelberg 2000

[MapleS]   MapleSim User's Guide. Maplesoft, Waterloo Maple Inc. 2010

[Mein49]   Meinke, H.H.: Die komplexe Berechnung von Wechselstromschaltungen. Walter de Gruyter & Co. 1949

[Miri00]   Miri, A.M.: Ausgleichsvorgänge in Elektroenergiesystemen. Springer-Verlag Berlin Heidelberg New York 2000

[Mrug89]   Mrugowsky, H.: Bestimmung der Modellparameter und der aktuellen Läufer-
           temperatur für Drehstrom-Asynchronmaschinen mit Kurzschlußläufer.
           etzArchiv 11(1989) H.6, S. 187 – 192

[MüG95]   Müller, G.: Theorie elektrischer Maschinen. Verlag VCH Mannheim 1995.

[MüR99]   Müller, R.: Ausarbeitung z. Prakt. Simulationstechnik. HTWK Leipzig 1999.

[NoGu02]   Nordin, M.; Gutman, P.-O.: Controlling mechanical systems with backlash – a
           survey. Automatica 38 (2002) S. 1633 – 1649

[NüHa00]   Nürnberg, W.; Hanitsch, R.: Die Prüfung elektrischer Maschinen. Springer-
           Verlag Berlin Heidelberg 2000

[Oll28]   Ollendorff, F.: Zur qualitativen Theorie gesättigter Eisendrosseln.
           Archiv für Elektrotechnik XXI. Band (1928) S. 9 – 24

[Ott99]   Otter, M.: Objektorientierte Modellierung physikalischer Systeme. Automati-
           sierungstechnik 47(1999)3, S. A9 – A12

[Pfei84]   Pfeiffer, F.: Mechanische Systeme mit unstetigen Übergängen. Ingenieur-
           Archiv 54(1984)3, S. 232 – 240

[Phil59]   Philippow, E.: Grundlagen der Elektrotechnik. Akademische Verlagsgesell-
           schaft Leipzig 1959

[Rom77]   Roman, H.: Zur Bestimmung der Parameter des Ersatzschaltbildes von Dreh-
           stromasynchronmotoren großer Leistung (> 100 kW) mit Kurzschlussläufer.
           Wiss. Berichte der TH Leipzig 1977

[Rüd74]   Rüdenberg, R.: Elektrische Schaltvorgänge. Springer-Verlag 1974

[SchG80]   Schmidt, G.: Simulationstechnik. R. Oldenbourg Verlag München 1980

[Schl06]   Schlecht, B.: Modellbildung und Simulation mechanisch-elektrischer An-
           triebssysteme. Skript. TU Dresden SS 2006

[Schr09]   Schröder, D.: Elektrische Antriebe – Regelung von Antriebssystemen. 3.
           Aufl., Springer-Verlag Berlin Heidelberg 2009

[SchW58]   Schmidt, W.: Vergleich der Größtwerte des Kurzschluß- und des Einschalt-
           stromes bei Einphasentransformatoren. ETZ-A 79(1958) 21, S. 801 – 806

[SlaWa72] Slamecka, E.; Waterschek, W.: Schaltvorgänge in Hoch- und Niederspan-
           nungsnetzen: Siemens Aktiengesellschaft Berlin und München 1972

[Taka72]   Takahashi, Y.; Rabins, M.J.; Auslander, D.M.: Control and Dynamic Systems.
           Addison-Wesley 1972

[THI01]   Übungsaufgabe 5; TUR 32.2-66.2; TH Ilmenau, Inst. f. elektrische Antriebe

[Unb02]   Unbehauen, R.: Systemtheorie 1. R. Oldenbourg Verlag München Wien 2002

[Unb90]   Unbehauen, R.: Elektrische Netzwerke. 3. Aufl., Springer-Verlag Berlin Hei-
           delberg 1990

[UnHo87]   Unbehauen, R.; Hohneker, W.: Elektrische Netzwerke. Aufgaben. Springer-
           Verlag Berlin Heidelberg 1987.

[VöZa93]   Vöth, S.; Zablowski, R.: Simulation von spielbehafteten Antriebssystemen.
           Fördern und Heben 43 (1993) 9, S.622 – 624

[Wil74]   Wilharm, H.: Formulation and Use of Mathematical Models for Mechanical Systems. Siemens Forsch.- u. Entwicklungsber. Bd. 3 (1974) 5, S. 281 – 287

[Wohn90]   Wohnhaas, A.: Modeling Techniques of Link Mechanism with Nonlinearities. Proc. of the Summer Computer Simulation Conf. Calgary, Kanada 1990

[Wun69]   Wunsch, G.: Systemanalyse. Bd. 1: VEB Verlag Technik Berlin

Sachwortverzeichnis